西安石油大学优秀学术著作出版基金资助

群智能蝙蝠算法的研究及应用

陈　思◎著

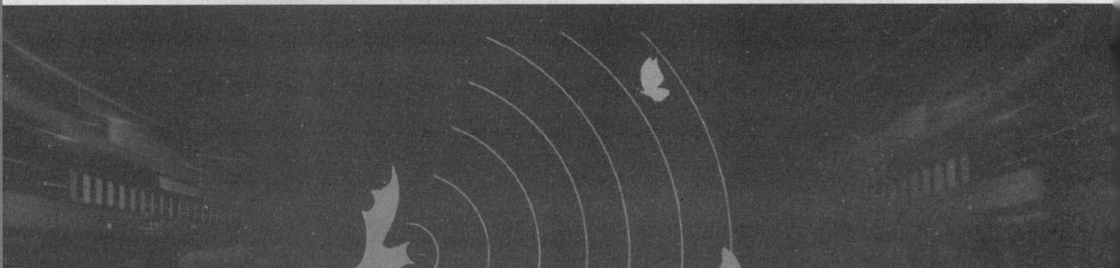

中国石化出版社

·北　京·

内容提要

本书主要内容包括蝙蝠算法（BA）的基础理论分析、算法优化设计及其应用研究。运用严谨的数学推导方式，深度剖析其收敛性与稳定性，为后续研究筑牢根基。充分挖掘BA在寻优性能上的提升潜力，致力于突破基本BA的局限，创新性地提出了三种融入全新学习策略与机制的BA变体，为该领域注入新鲜活力，并将其应用于极具挑战性的图像分割问题，切实展现了算法的实用价值。

本书可供专业算法研究者、工程技术人员等借鉴和参考，也可作为高等院校相关专业师生的学习资料。

图书在版编目（CIP）数据

群智能蝙蝠算法的研究及应用 / 陈思著 . -- 北京 :
中国石化出版社 , 2025. 3. -- ISBN 978-7-5114-7892-4
Ⅰ. TP301.6
中国国家版本馆 CIP 数据核字第 2025WS4009 号

中国石化出版社出版发行
地址：北京市东城区安定门外大街58号
邮编：100011 电话：（010）57512500
发行部电话：（010）57512575
http：//www. sinopec-press. com
E-mail：press@ sinopec. com
天津嘉恒印务有限公司印刷
*
710 毫米 ×1000 毫米 16 开本 12.25 印张 264 千字
2025 年 3 月第 1 版 2025 年 3 月第 1 次印刷
定价：68.00 元

前言

PREFACE

群智能优化算法是一类模拟生物群体行为的随机优化算法，该类算法模拟了群体中个体之间存在的交流协作现象，使得群智能优化算法与传统优化方法相比在寻优性能方面实现了质的突破。在群智能优化算法中，生物群体通常依据某种合作机制搜寻食物，个体能够通过学习自身和其他个体的经验不断改善搜索方向，因此群智能优化算法的寻优过程具有随机性、并行性和分布式等特点，已被广泛应用于求解各类优化问题。蝙蝠算法（Bat Algorithm，BA）作为一种新兴的群智能优化算法，由于其参数设置少、操作简单、编程易于实现等特点，受到了国内外众多学者的青睐。然而，BA也存在群智能算法的普遍缺陷，如早熟现象，寻优性能有待进一步提高，BA的收敛性及稳定性等须进一步完善。

本书以BA为主要研究对象，对算法进行收敛性、稳定性的理论分析；同时，为了提升BA的收敛速度和精度，平衡算法全局勘探和局部开发能力，对BA进行改进性能的研究，并通过数值实验进行验证；最后，为了进一步验证改进算法的性能，将其应用于图像分割问题中，为相应的图像分割问题提供新的求解方法。本书共6章。第1章为绪论，介绍BA的仿生原理与流程，以及BA的理论、应用研究现状。第2章为BA的收敛性及稳定性分析，从不同角度对BA的收敛性和稳定性进行证明，为BA提供理论保障。第3章针对BA收敛性改进方面，为改善基本BA容易陷入局部最优、过早进入停滞状态等缺点，在BA中分别引入随机的惯性权重策略及时变的惯性权重策略改进算法。第4章针对BA进行改进性能的研究，提出了融合自适应多普勒策略及动态权重优化策略的BA（SDDW-BA）并对其有效性进行评估。第5章针对具有量子行为的BA展开分析并进行改进算法的研究，通过不同角度的数值仿真实验验证两种改进算法的有效性。第6章对SDDW-BA和APMQ-QBA进行应用拓展，为图像分割问题提供新的有效方案。

本书出版获得西安石油大学优秀学术著作出版基金资助，并获得陕西省教育厅高校青年创新团队项目（项目编号：23JP130）、陕西数理基础科学研究项目（批准号：23JSQ047）和陕西省自然科学基础研究计划项目（项目编号：2025JC-YBQN-102）资助，在此表示感谢。

由于作者水平和时间有限，书中不足之处在所难免，敬请读者批评指正。

目录

CONTENTS

第 1 章　绪论 ………………………………………… 1

1.1　引言 ………………………………………… 1

1.2　群智能优化算法 ………………………………………… 4

1.3　蝙蝠算法 ………………………………………… 7

1.4　蝙蝠算法的国内外研究现状 ………………………………………… 11

1.5　蝙蝠算法有待进一步研究的问题 ………………………………………… 15

第 2 章　蝙蝠算法的收敛性及稳定性分析 ……………17

2.1　基于动态系统方法的 BA 收敛性及稳定性分析 ………… 17

2.2　基于随机过程方法的 BA 收敛性分析 ………………………… 32

2.3　本章小结 ………………………………………… 38

第 3 章　提升收敛性能的改进蝙蝠算法 ………………40

3.1　基于随机惯性权重学习机制的改进 ………………………… 40

3.2　基于时变惯性权重学习机制的改进 ………………………… 45

3.3　本章小结 ………………………………………… 54

第 4 章　融合自适应多普勒策略及动态权重优化策略的蝙蝠算法 ………………………55

4.1　SDDW-BA 描述 ………………………………………… 55

4.2　SDDW-BA 的收敛性分析 ………………………………………… 60

4.3　SDDW-BA 的时间复杂度分析 ………………………………………… 61

4.4　数值实验与结果分析 ………………………………………… 63

4.5　本章小结 ………………………………………… 77

第 5 章　具有量子行为的蝙蝠算法 …………………… 78

5.1　量子行为 BA（QBA） ………………………………………… 78
5.2　QBA 的收敛性分析 …………………………………………… 84
5.3　QBA 核心参数的控制分析 …………………………………… 87
5.4　基于能量函数及跳跃变异机制的 QBA（EFJM-QBA）……… 99
5.5　自适应预判变异及频率优化协同作用的 QBA（APMQ-QBA）……109
5.6　本章小结 ……………………………………………………… 132

第 6 章　改进蝙蝠算法的应用 …………………… 133

6.1　SDDW-BA 在多阈值图像分割中的应用 …………………… 133
6.2　APMQ-QBA 在脉冲耦合神经网络图像分割中的应用 ……… 158
6.3　本章小结 ……………………………………………………… 176

参考文献…………………………………………… 177

第 1 章　绪论

1.1　引言

随着科学技术的不断发展，多学科之间互相交叉、互相渗透影响的特点愈加明显，在数理科学、生物科学、计算机科学以及信息科学等学科之间存在相互影响、相互促进、共同发展的特点。在科学技术不断发展的过程中，大多数实际问题可以转化为最优化问题（Optimization Problem）。所谓“最优化”就是从一个问题的所有可行解决方案中找出最好或较好的方案，最优化问题是求解一个目标函数的最大值或最小值，它的一般形式如式（1–1）所示。

$$\begin{aligned}&\min_{x\in U} f(x)\\&\text{s.t.}\quad x\in U\subset \mathcal{R}^N\end{aligned}\qquad(1\text{–}1)$$

式中，$f(x)$ 为优化目标函数；x 为 N 维的优化变量；U 为可行域，是 $\mathcal{R}^N$ 的一个子集，$U=\{x\in\mathcal{R}^N : g_i(x)\leqslant 0, i=1,2,\cdots,q\}$。若 $U=\mathcal{R}^N$，则称该优化问题是无约束优化问题。此外，由于 $\max\{f(x):x\in U\}=-\min\{-f(x):x\in U\}$，最大值问题也包含在上述数学模型中。最优化问题的分类情况如图 1–1 所示。

最优化问题中一些复杂数学模型的求解往往非常困难，这是由于随着优化问题规模的不断扩大，决策变量取值的不同组合量、可行解数量以及寻找最优解时需要考虑的组合量也会迅速大幅度增加，最终导致无法在有限时间内找到最优解。因此，解决这类问题的关键就在于寻求有效的具有大规模并行性特点的最优化方法。

- 最优化问题
  - 静态问题
    - 无约束问题
      - 线性问题
      - 非线性问题
        - 一维问题
        - N维问题
    - 约束问题
      - 线性规划
      - 非线性规划
  - 动态问题
    - 无约束
    - 约束

图1–1　最优化问题分类

最优化方法指运用数学理论和方法研究各类系统，找到优化途径和解决方案，为决策者提供科学的决策依据。从数学意义上说，最优化方法就是一类求极值的方法，已被成功地应用于众多领域，发挥着不可替代的作用。总的来说，它的应用可分为以下四大类：最优设计中的优化方法、最优计划中的优化方法、最优管理中的优化方法以及最优控制中的优化方法。此外，最优化方法在当今的军事、工程、经济管理等领域也都有着极其广泛的应用，如图1–2所示。

（a）军事领域

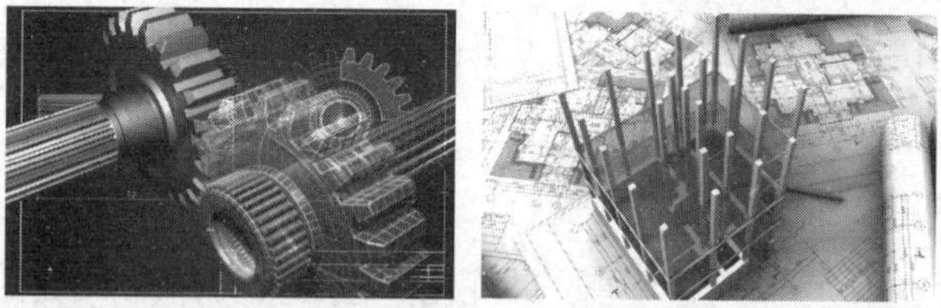

（b）工程领域

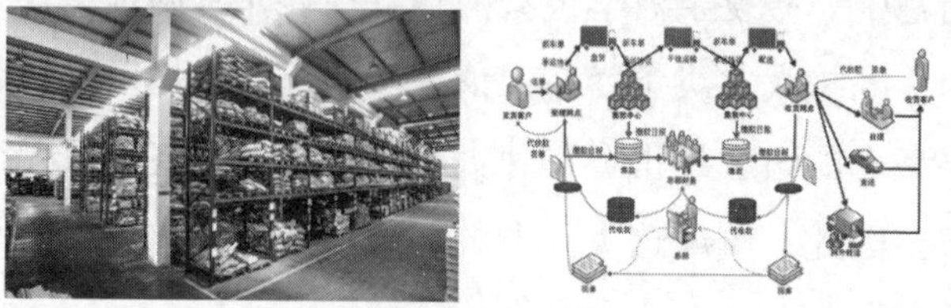

（c）经济管理领域

图1–2　最优化方法的应用领域

这些成功的应用实践表明，最优化方法已经发展为一类不可或缺的优化问题求解方法，其类别主要包括以下几种。

1.1.1　传统优化算法

该类算法的典型代表有牛顿法、最速下降法、共轭梯度法、枚举法、动态规划法、单纯形法、拉格朗日乘子法等。然而，随着问题种类的变化以及问题规模的不断扩大，传统的优化算法在实际问题中的求解结果往往不尽如人意，在一些复杂的优化问题中尽管使用了目前先进的计算工具仍无法对问题进行有效求解。实质上，传统优化算法或多或少存在一些局限，例如枚举法的时间消耗非常大；牛顿法和共轭梯度法等解析优化算法通常采用点到点的搜索方式，虽然求解时间短，但对目标函数的性质要求很高，往往要求目标函数是连续且光滑的，而且一般情况下也只能找到局部最优解而非全局最优解。

1.1.2　构造型优化算法

该类算法的典型代表有 Johnson 法及 Palmer 法等。这类算法能够反映问题的条件与结论间的内在联系，利用了问题本身的信息指导搜索过程，大大缩短了求解时间，尤其是在求解生产调度问题、加工排序问题中有较好的应用效果，但在高维复杂的优化问题中求解能力仍有限。

1.1.3　进化算法

该类算法是从自然界中的一些现象获取灵感，根据算法的灵感来源可将其分为以下几类，包括但不限于：①受自然进化机制的启发所提出的算法，有遗传算法、差分进化算法等；②对自然现象和自然规律的模拟提出的算法，有和声搜索算法、黑洞优化算法、小世界优化算法、水循环优化算法等；③模拟大自然中生物的群体搜索、协作行为提出的算法，包括粒子群优化（Particle Swarm Optimization，PSO）算法、蚁群优化（Ant Colony Optimization，ACO）算法、蝙蝠算法（Bat Algorithm，BA）、人工蜂群算法、萤火虫算法、细菌觅食算法、布谷鸟搜索算法、灰狼优化算法、蜻蜓算法、鲸鱼优化算法、蝗虫优化算法、麻雀搜索算法等；④模拟自然学科提出的算法，例如物理、化学现象，包括中心力算法、引力搜索优化算法、拟态物理学算法、人工化学过程算法等；⑤其他类别算法，包括社会情感优化算法、内分泌算法、人工免疫优化算法等。上述这些进化算法由于具有大规模并行性的特点，已被成功地应用于求解各类优化问题，成为解决复杂优化问题的新方向。

进化算法是一类基于仿生的计算智能方法，其与传统优化算法相比，具有以下突出的优点。①进化算法具有本质的并行性。这是因为进化算法一般采用多种模式的搜索策略，不再是解析优化算法中单点的搜索方式。它的本质并行性主要表现在两个方面：进化算法具有内在并行性质，这使得进化算法本身非常适合大规模的并行性计算；进化算法具有内含并行性质，这使得进化算法能够同时对解空间内多个区域进行搜索，并且能够互相进行信息交流。②进化算法具有通用性。这是进化算法能够应用于各类优化问题的关键原因，它不单针对于某种类型的特定性问题，易于编程实现，能够用于求解不同类型的优化问题。③进化算法具有自组织性、自适应性和自学习性。进化算法通常可以利用各种转换规则，具有在一些学习机制的作用下根据环境变化自动发现环境特征和规律的能力，能够引导其搜索过程朝着搜索空间更优化的方向移动。它不再像枚举法一样穷举之后再比较，而是朝着更优的方向前进，这一特点是枚举法等传统优化方法所望尘莫及的。

1.2 群智能优化算法

尽管进化算法的表现非常出色，但由于科学技术及工业工程领域中更复杂优化问题的需要，对进化算法计算能力的要求也越来越高。针对复杂的优化问题，群智能优化算法是一类有效的新兴优化技术，因其在大量复杂优化问题中得到了有效应用而受到众多学者的关注。

群智能（Swarm Intelligence，SI）的概念最早是由Bonabeau等正式提出的，群智能优化算法主要是模拟自然界中昆虫、兽群、鸟群和鱼群等种群的行为，这些群体通常是按照某种合作的机制寻找食物，群体中的每个个体均能够通过学习自身和其他个体的经验不断地改善搜索方向，该类算法的思想来源如图1–3所示。这种由一类群体或生物的社会行为机制带来灵感而设计出的算法称为群智能优化算法。

图 1-3　群智能优化算法的思想来源

群智能优化算法作为一类新兴的随机优化方法，自提出以来已受到众多不同学科领域学者的关注，成为优化技术领域的研究热点，它属于人工智能、经济、社会及生物等交叉学科的前沿领域。群智能优化算法主要包括以下几个原则：①邻近性原则，群体能够进行空间和时间计算，并依据时间和空间的消耗产生最大化群体整体效用的行为；②品质性原则，群体能够对环境中的品质因子，例如位置的安全性、有效性进行响应；③多样性原则，群体的求解范围一般遍布整个解空间，能够利用多样的方式进行资源分散；④稳定性原则，群体在每一次的迭代过程中使用的都是稳定的求解参数和策略，没有随机改变自身搜索策略的行为；⑤适应性原则，在每一次迭代结束时根据目标函数适应度值的情况，群体能够依据学习机制改变自身的行为模式。

此外，群智能优化算法与传统优化算法相比，具有稳健性和灵活性的特点，其具体优势可归纳如下。①强稳健性，群智能系统具有分布式的控制方式，使得它具有更强的适应能力，即使群体中某些个体出现故障，仍能维持整体的性能；②强自组织性，群智能优化算法中个体的操作简单、易于实现，但相互之间的协同合作使算法表现出复杂且智慧的搜索行为；③强并行性，由于群智能优化算法能够对解空间内多个区域同时进行搜索，能够更好地利用多处理器；④强通用性，群智能优化算法对优化问题的目标函数是否具有连续性、可微性、可导性并无要求，算法的通用性较传统算法更强。

群智能优化算法实质上就是模拟了种群中各个个体之间存在的交流合作现象，从而实现智能行为。正如前文中提到的一样，基于群体智能的各种方法涉及众多学科之间的交叉，如计算机科学、人工智能、管理学、生态学以及哲学等。随着对群智能优化算法的不断深入研究，这些探索与其他学科有机结合开辟了许多崭新的研究方向，成为人工智能及经济、社会、生物等交叉学科的前沿领域，从整体上积极推动了其他学科的发展，这一点在复杂科学领域的表现尤为突出，是群智能优化算法的卓越贡献。

在群智能优化算法中，Kennedy等人于1995年提出了模拟鸟群运动行为的粒子群优化算法；Dorigo等人于1996年提出了模拟蚂蚁觅食行为的蚁群优化算法；Smith等于2000年发表了题为“Swarm intelligence：From natural to artificial systems”（《群智能：从自然到人工系统》）的论文，给出了群智能的定义。自此，群智能优化算法的相关研究日益受到学者们的广泛关注。近20年来，关于群智能优化算法的探索依旧保持着持续增长的研究热度，国内外学者们先后提出了多种群智能优化算法。作为其中的代表之一，蝙蝠算法的提出使得研究者们在解决复杂问题时受益匪浅，它为各类优化问题的求解提供了新的解决方案。然而，美中不足的是BA在收敛性、稳定性方面的理论分析须进一步完善，这方面的相关研究日益成为一项有意义的科研课题。同时，BA在求解高维复杂优化问题中存在早熟现象以及算法后期收敛速度慢、收敛精度降低等问题。如何平衡算法的全局勘探和局部搜索能力，增加新的学习策略以加快收敛速度和提高收敛精度成为BA提升性能的重要研究方向。此外，在应用方面，图像处理问题较一般系统中的优化问题更加复杂，传统的优化技术由于对求解问题具有较高的要求和约束条件，或因“维数灾难”而难以进行求解，以BA为代表的群智能优化算法能够有效地解决该类问题。

本书以BA为研究对象，运用数学方法对算法的收敛性、稳定性进行分析，运用算法优化设计对BA开展寻优性能的改进，提出3种带有新的学习策略和机制的BA，并将所提出的算法应用于图像分割问题。这些研究不仅促进了群智能优化算法的发展，也使得BA在收敛性、稳定性分析和改进算法及其应用方面不断得到完善。因此，本书的内容具有重要的理论意义和实践价值。

1.3 蝙蝠算法

1.3.1 BA的仿生原理

蝙蝠属于哺乳类动物，它是目前发现的唯一带有翅膀的哺乳类动物，具有超强的回声定位能力。蝙蝠通常昼伏夜出，主要在夜间捕食，它们依靠自身强大的回声定位系统避开障碍物、捕捉猎物。蝙蝠在飞行中会产生声波脉冲，这是一种非常响亮的脉冲信号，它们可以根据飞行环境中其他物体反射回来的声波，对这些物体进行准确定位。BA的思想来源如图1–4所示。蝙蝠会依据不同的狩猎策略发出不同的脉冲信号，具体来说，绝大多数的蝙蝠种类在飞行过程中会向四周发出不同频率的声波，对周围的物体进行雷达式扫描，也有一些蝙蝠向四周发出固定频率的声波进行扫描。根据生物学家的研究，发出不同频率声波的蝙蝠种群更具优势，这个观点是对BA进行频率优化设计的灵感来源。

图1–4 BA的思想来源

一般情况下，蝙蝠发出的声波脉冲信号仅持续8~10ms，声波脉冲的频率在25k~150kHz范围内。大多数蝙蝠的脉冲频率是在25k~100kHz范围内，仅有少量蝙蝠种类的频率达到150kHz。在搜寻猎物的过程中，蝙蝠有着惊人的信息处理能力，它们能够在每秒内发出10~20个声波脉冲信号，随着与猎物的位置越来越靠近，蝙蝠的脉冲频度能够迅速增加到每秒200次，从蝙蝠接收信号开始计算，到处理完信息，它仅仅需要300~400μs。这是蝙蝠回声定位能力的强有力证明，也是BA设计的灵感来源，将蝙蝠发出的声波脉冲行为抽象地定义为目标函数的最优化形式，受蝙蝠群体猎捕过程中的回声定位系统原理的启发，英国学者Yang于2010年提出了蝙蝠算法。

1.3.2　基本蝙蝠算法

蝙蝠算法是在理想状态下，模拟蝙蝠群体在夜间捕食的过程，该算法使用数学方法抽象了捕猎过程中的回声定位系统，简化了蝙蝠个体在捕食飞行中发出声波的响度和脉冲频度的变化，接收频率、速度和位置信息用以搜寻最优解。其主要基于以下几点理想状态。

1）蝙蝠群体区别猎物和普通障碍物间的差异，是采用回声定位的方法。

2）蝙蝠个体在解 x_i 处的速度是 v_i，其搜索解的飞行方式是随机的，采取的是向四周发出不同的声波脉冲频率 f_i 和响度 A_i 扫描物体，对猎物进行搜索。

3）在搜索过程中，每一次迭代时蝙蝠会动态调整所发出的脉冲频率。

4）假设脉冲响度 A_i 是随着迭代次数的增加而动态递减的，递减范围为 $[A_{min}, A_{max}]$。

此外，在BA中部分参数使用近似值策略，例如频率参数 f 的取值范围简化地设置为 $[f_{min}, f_{max}]$，通过在这个范围内调整频率的大小去动态调整搜索范围。

BA的数学模型表示如下。

在搜索空间中，蝙蝠个体 i 在 $t+1$ 时刻的速度信息如式（1–2）所示，位置信息如式（1–3）所示。

$$v_i^{t+1} = \omega v_i^t + \left(p_i^t - x_i^t\right) \cdot f_i \tag{1–2}$$

$$x_i^{t+1} = x_i^t + v_i^{t+1} \tag{1–3}$$

式中，v_i^t、v_i^{t+1} 分别为蝙蝠个体 i 在 t、$t+1$ 时刻的速度信息；x_i^t、x_i^{t+1} 分别为蝙蝠个体 i 在 t、$t+1$ 时刻的位置信息；p_i^t 为蝙蝠个体 i 在 t 时刻的全局最优解，它是在比较蝙蝠个体的所有解之后得到的；ω 为蝙蝠个体速度信息的权重；f_i 为蝙蝠个体 i 的脉冲频率，其表达式如式（1–4）所示。

$$f_i = f_{min} + \left(f_{max} - f_{min}\right) \cdot \beta_* \tag{1–4}$$

式中，β_* 为一个随机数，取值范围为 $[0, 1]$；f_{min}、f_{max} 分别为脉冲频率取值的最小值和最大值。

除了上述全局搜索方式，BA还带有局部搜索方式，这是BA同其他群智能优化算法相比的独特之处。BA的局部搜索方式如式（1–5）所示。

$$x_{\text{new}} = p^t + \varepsilon A^t \tag{1-5}$$

式中，p^t 为当前的全局最优解；ε 为一个随机数，取值范围为[−1，1]；A^t 为蝙蝠群体在 t 时刻所有个体的平均响度。搜索过程中的响度和脉冲频度分别如式（1–6）及式（1–7）所示。

$$A_i^{t+1} = \alpha_* A_i^t \tag{1-6}$$

$$r_i^{t+1} = r_i^0 \left(1 - \mathrm{e}^{-\gamma t}\right) \tag{1-7}$$

式中，r_i^0 为初始脉冲频度或最大脉冲频度；r_i^{t+1} 为蝙蝠个体 i 在 $t+1$ 时刻的脉冲频度；A_i^t 、A_i^{t+1} 分别为蝙蝠个体 i 在 t、$t+1$ 时刻的响度；α_* 、γ 分别为脉冲频度递增系数和响度的衰减系数，这两个系数满足式（1–8）所示条件。

$$0 < \alpha_* < 1, \quad \gamma > 0 \tag{1-8}$$

1.3.3　蝙蝠算法流程

假设优化问题如式（1–9）所示。

$$\begin{aligned} &\min f(x) \\ &\text{s.t. } x \in H_* \end{aligned} \tag{1-9}$$

式中，$f(x)$ 为目标函数；H_* 为可行解空间。BA 的操作流程，可表示为以下步骤。

步骤 1：初始化。

①确定优化目标函数，设置算法参数（种群规模、初始化频率、脉冲频度、响度等基本参数）。

②种群初始化，即蝙蝠个体以随机的方式在 D 维空间中扩散分布一组初始解。

步骤 2：根据式（1–4）产生每个蝙蝠个体的频率 f_i，并根据初始的蝙蝠个体的位置信息 x_i，计算目标函数适应度值进行排序，寻找种群最优个体。

步骤 3：根据式（1–2）和式（1–3）迭代更新蝙蝠个体的速度和位置。

步骤 4：对于每个蝙蝠个体，生成随机数 rand_1，若满足 $\text{rand}_1 > r_i^t$，则进行随机扰动，产生新解 x_{new}。

步骤 5：对于每个蝙蝠个体，生成随机数 rand_2，若满足 $\text{rand}_2 < A_i^t$ 且目标函数适应度值 $f(x_{\text{new}}) < f(p^t)$，则接受新解 x_{new}。

步骤6：更新蝙蝠个体的脉冲频度 r_i 及响度 A_i。

步骤7：更新全局最优解并判断是否达到最大迭代次数的终止条件，若不满足条件，重复操作步骤3~6，直到符合终止条件则输出全局最优解，寻优结束。

蝙蝠算法的流程如图1–5所示。

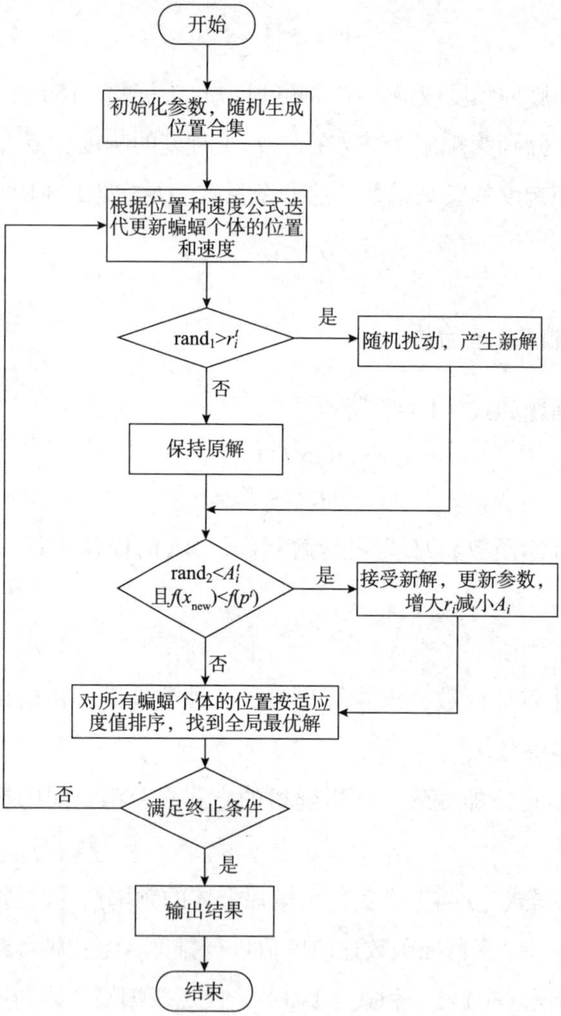

图1–5　蝙蝠算法流程

1.3.4　算法性能评价标准

通过标准测试函数对群智能优化算法进行数值仿真实验是有效检验算

法寻优性能的常用方法，电气与电子工程师协会国际进化计算大会（IEEE Congress on Evolutionary Computation）是进化计算领域最权威的会议之一，该会议提出了众多标准测试函数。标准测试函数集合中包括不同类型的函数优化问题，这些测试函数具有不同的特征，包括不同的模态，例如单峰函数（Unimodal Function）、多峰函数（Multimodal Function）以及复杂函数（Composition Function）。依据群智能优化算法性能评价的经典方法，本书在算法的性能测试中使用了以上3种不同模态的标准测试函数，通过在标准测试函数上的寻优效果对算法性能进行验证，具体所使用的测试函数在相关章节列出。由于大多数群智能优化算法包含随机项，因此想要更客观地评价算法性能须独立将算法运行超过20次，并取多次运行结果的平均值。本书主要通过以下几个指标对算法性能进行评价：①目标函数适应度值，这是群智能优化算法性能评价最常用的指标。②收敛速度，这个指标往往以算法的收敛曲线图的形式展示。③运行时间，通常比较各算法多次独立运行后所耗费时间的平均值。④所需迭代次数，在算法最大迭代次数设置的前提下比较各算法运行所需的迭代次数，能够直观反映算法的搜索速度以及算法迭代过程中寻优的有效性。⑤统计检验，为了更科学地评价算法性能，往往会对算法的运行结果尤其是目标函数适应度值进行统计检验，以此保证算法结果具有统计意义。本书使用了无参数Kruskal-Wallis检验（H检验）分析各对比算法的结果是否存在显著性差异，进而评价算法性能是否具有明显差异。

1.4　蝙蝠算法的国内外研究现状

蝙蝠算法是一类基于群智能的优化算法，它针对优化问题有着较优的求解性能。BA还具有参数设置少、收敛速度快、对初值设置不敏感、易于编程等优点。同时，BA本身集全局探索和局部搜索能力于一体，当条件满足时，BA能够自动从全局探索转换到局部搜索，具有动态控制全局探索和局部搜索的能力。这些优点使得BA一经提出就受到众多学者的关注，并被成功应用于一些复杂优化问题。尽管BA能够解决大规模、复杂化的优化问题，但其作为一类经典的群智能优化算法，也不可避免地存在一些局限，比如算法在某些情况下易陷入局部最优，在搜索过程中其全局探索和局部搜索能力略显不足而导致在搜索后期的收敛效率降低；BA的收敛性、稳定性等基础理论方面还有待进一步完善。为了更好地分析算法、克服算法缺点、改进算法性能，国内外学者们针对BA展开了一系列研究。

群智能优化算法中，在基础理论方面研究较为深入的是微粒群算法和蚁群算法，BA收敛性分析目前少有文献提及，李枝勇等将蝙蝠算法简化到一维的单个蝙蝠，重新定义了速度信息和位置信息的两种更新模式，利用特征方程的方法分别对其进行了收敛性分析。在BA的性能改进研究方面，众多学者从多个角度出发尝试了许多策略，提出了很多变形的蝙蝠算法。这些改进性研究的方向大致可分为以下4个方面。

1）与其他算法有机结合，利用其他算法的优势弥补不足。例如，Wang等将和声搜索算法中的音调微调算子引入BA，提出了一种具有稳健性的混合算法，用微调算子作为蝙蝠个体更新过程中的变异算子，从而使算法的收敛速度得到有效提升；Fister等使用差分进化算法中的变异策略替换BA中的局部搜索模式，增加种群多样性；Chandrasekhar等将蛙跳算法与BA有机结合，提升算法性能；Sakkayaphop等将遗传算法和杂草算法的机制引入BA，对算法性能进行改善；Yildizdan等将BA与差分算法结合为一个新的混合系统，该混合系统使用一个共同的种群，根据概率值选择BA或差分算法应用于个体的搜索过程，该概率值是依据两种算法的性能进行计算的，提高了算法的寻优性能。

2）利用非线性系统中的混沌映射改进算法。例如，混沌映射是由简单的确定性系统随机产生的，有学者使用该策略优化算法性能。Liu等将Logistic混沌映射引入BA，强化了算法的局部搜索能力；Jordehi等利用混沌映射替换脉冲响度和频度中的随机数，研究了不同混沌映射对BA优化效率的影响。

3）引入新的学习策略优化搜索方式。例如，Chen等去掉了速度参数，更改了新位置的产生策略，使用最优解和随机解产生新的位置信息，同时根据平均解和最优解调整频率，以此方式提高收敛性能；Cai等引入了最佳觅食策略，将历史最优位置替换为最佳觅食策略产生的新解，并引入随机扰动机制强化算法能力；Bahmani等将轮盘赌机制和概率论方法引入BA，加强蝙蝠个体的学习能力改善算法性能；Gan等对最优解实施适当的随机变异策略，帮助算法跳出局部极值的困扰；Cui等为了测试和提高BA在大规模问题上的全局探索能力，设计了两个使用主成分分析的新变形算法，并使用黄金分割法确定相关阈值和生成阈值以提高改进策略的有效性。

4）进一步模拟生物行为，从生物学角度改善BA，使其更贴合自然规律。例如，Meng等模拟了蝙蝠在不同栖息地间的移动策略，引入具有机械性能和量子特性的飞行策略改进算法性能；Chakri等模拟了蝙蝠回声定位系统的延迟特性，引入最优区域和随机区域两个不同飞行方向的策略确定最终飞行方向，进而改善算法；Xie等将许多飞行动物都具有的Lévy飞行特征引入BA，拓展搜索空间提升算法性能；Deotti等提出了一种增强型Lévy飞行蝙蝠算法，采用基于Lévy飞行的数学表达式执行有效的局部搜索策略，并对算法中控制参数的方程进行了调整，使对算法的探索和开发机制之间能够更好地平衡。

此外，还有学者从其他角度改进BA。例如，Huang等提出了一种改进的二进制BA；Lu等提出了离散BA；Li等提出了基于势阱的具有量子行为的BA（QBA），该算法是将BA推广至量子空间中，利用了量子系统能描述更多状态的特点强化算法的搜索能力，并且该算法中以概率函数描述的束缚状态使蝙蝠个体能够以一定概率搜索可行空间的任意区间，这些特点使量子行为的BA具有更高层次的搜索模式。

众多学者提出了改进的BA，并将其成功应用到各个领域，例如数据挖掘、模型预测、经济调度、特征选择等。具体来说，BA的应用领域可大致分为以下几类。

1）约束与非约束优化问题。例如，作为一类具有挑战性的高维优化问题，无人作战飞机（Unmanned Combat Aerial Vehicles，UCAV）的三维路径规划主要研究的是在复杂作战环境下具有不同约束条件的飞行路线的优化。Wang等提出了结合差分进化算法的改进BA，并将其应用于UCAV三维路径规划；Zhou等提出了一种结合人工蜂群算法的改进BA，并由此算法得到了使无人机在复杂的三维战场环境中获得无事故、更短、更安全的飞行路径。Selim等通过3种不同的方法增强了BA的局部和全局搜索特性，并将其应用于无约束函数优化问题中；Liu等提出一种改进的BA，并将其应用于求解函数优化问题；Gandomi等将BA应用于约束优化任务中；Zhu等提出一种具有平均最佳位置的量子行为BA，并将其应用于数值优化问题。

2）工程领域的持续优化问题。例如，Li等将BA应用于全局优化问题中；

Bora等将BA应用于无刷直流电机的优化中；Yang等将BA应用于8个非线性工程优化问题中；Thammarat等将BA应用于工业中广泛使用的液位系统的最优比例积分微分加速控制器中，基于BA的控制器能够提供更快、更平滑的响应。

3）组合优化调度问题。例如，Dao等提出了一种基于并行理念的BA，并采用随机密钥编码方案、通信策略方案和makespan方案解决调度问题；Nguyen等使用改进的混合并行蝙蝠算法求解旅行商组合问题；Chen等研究了改进BA在作业车间调度问题上的应用；Limota等提出了一种改进的离散BA并将其应用于大学课程时间表的组合优化问题；Mahdi等将具有量子行为的BA应用于基于三次准则函数的多目标组合经济排放调度问题；Vasant等将量子行为BA应用于非线性经济负荷分配（Economic Load Dispatch，ELD）问题。

4）数据挖掘问题。例如，Cheruku等将改进BA用于糖尿病检测大数据分析，为疾病诊断提供新的技术支持；Zhu等提出了一种带有收敛因子和局部搜索因子的改进BA，并将其应用于高维数据处理问题，获得了很好的聚类效果；Ashish等提出了基于并行蝙蝠算法的MapReduce聚类方法，将其成功应用于大数据处理的聚类问题中。

5）图像处理问题。例如，Nakamura等使用二进制蝙蝠算法求解分类和特征选择问题；Satapathy等使用改进的BA进行多阈值图像分割，提升了分割效果；Gupta等使用优化二进制BA对白细胞进行分类。

6）无线传感器定位问题。例如，Goyal等使用蝙蝠算法评估节点定位精度，提高了定位的成功率；Asadi等使用BA找到节点和簇头之间的最短路径，降低了节点能耗，有效延长了网络的寿命；Ng等提出了一种基于决策理论和模糊逻辑技术的BA，将其应用于3D环境下部署无线传感器网络的任务；Cai等提出了融合曲线策略的改进BA，将改进算法与低能耗自适应聚类层次协议相结合，在选择函数中同时考虑了簇中节点之间消耗的能量及簇头与基站之间传输所消耗的功率，将其用于解决无线传感器网络问题。

7）模型预测问题。例如，Hong等将改进的混合BA成功应用于浮动平台的运动预测模型，获得了令人满意的预测精度；Jaddi等使用改进BA优化人工神经网络的结构和权重，将其应用于降雨数据预测问题；Tien-Bui等提出一种混合最小二乘支持向量分类和BA的机器学习方法，将其用于浅层滑坡的空间预测，为减轻和管理滑坡灾害提供有效预测工具；Li提出一种混沌率BA，将其应用于LightGBM优化航空发动机排气温度预测模型，对航空发动机的性能进行有效监测；Rauf等提出带有高斯自适应惯性权重和高斯游走的增强型BA，将其应用于优化长短期记忆网络预测有关病例并减少平均绝对误差。

8）多目标优化问题。例如，Chen等针对电力系统多目标优化潮流（MOOPF）问题提出了一种新型混合蝙蝠算法，为了处理不合格状态变量，克服传统惩罚函数方法的缺陷，增加了约束先验帕累托优势的规则，并设计了有效约束先验对象模糊排序的策略，将其应用于解决MOOPF多目标优化问题；Chen等还提出一种多目标改进BA，改进策略包括：非线性惯性权重、全局最优引导机制、基于极值的单调随机填充模型、具有约束优先级的Pareto-dominant策略，所提出的改进算法被应用于MOOPF问题，同时优化基本燃料成本、排放、功率损失、价值点负载4个目标。

9）其他应用。例如，Liang等将多目标混合BA成功应用于求解功率流条件限制下的经济型排放问题；Khooban等将改进的自适应BA应用于解决自动发电控制多区域负载频率控制调整问题；Bekdas等提出了一种超级电容器在线模型参数的识别方法，解决了最佳参数问题；Wu等将改进的BA应用于有多峰值的光伏系统中，对光伏系统的最大功率点进行有效追踪，得到了更优的结果。

1.5 蝙蝠算法有待进一步研究的问题

BA经过不断发展取得了丰硕的研究成果，在各类优化问题中获得了成功的应用，但还存在以下几个方面的问题有待解决。

1）算法的理论性分析是基础保障，目前BA的收敛性大多通过在测试函数或应用问题上的实验结果进行展示，使用数学方法分析收敛性和稳定性还有待进一步完善。

2）同其他群智能优化算法一样，易陷入局部极值及算法后期收敛效率下降等问题在BA处理高维复杂优化问题时比较突出。如何提出更加有效的学习机制，提高算法种群多样性，平衡全局探索和局部搜索间的关系也是值得研究的方向。

3）尽管BA已经成功应用于众多领域，但任何算法都有自身的应用局限性，如何进一步拓展BA的应用领域，同样非常重要。

针对以上几个问题，本书对BA进行了理论分析及提升算法性能的改进研究，并将改进算法应用于图像分割问题。

第2章 蝙蝠算法的收敛性及稳定性分析

对于一种算法而言，其数学描述的完善程度决定了算法的成熟程度，随着BA在众多领域的有效应用，其理论方面的相关研究成为一项很有意义的课题。考察一种算法能否成功且有效地应用于某一领域，首先要解决的就是收敛性问题，若算法无法在可接受的时间条件下收敛，那么这样的算法就没有实用的价值。同时，如何验证算法的稳定性也日益受到学者关注，确保算法的稳定性是判断其能否行之有效的重要标准。截至目前，基于数学方法探索BA收敛性、稳定性的分析须进一步完善。

针对BA的收敛性及稳定性问题，本章运用动态系统方法、Lyapunov方法、随机过程方法等对BA建立模型进行分析，得到算法在收敛性和稳定性方面的结论，为BA的应用拓展提供理论基础保障。

2.1 基于动态系统方法的BA收敛性及稳定性分析

作为群智能优化算法中的重要一员，BA在众多优化问题的求解中表现颇佳，深受学者们的青睐。为了能够直观地比较BA与其他群智能优化算法在寻优性能方面的优势，使用经典的PSO（粒子群优化）算法与BA进行对比，针对Schaffer提出的一个经典的群智能优化算法测试函数（Schaffer函数）进行说明，该函数优化问题如式（2-1）所示。

$$\min f(x)=\min f\left(x_1,x_2\right)=\min\frac{\sin^2\sqrt{x_1^2+x_2^2}-0.5}{\left(1+0.001x_1^2+x_2^2\right)^2}+0.5 \tag{2-1}$$

$$\text{s.t.}-10\leqslant x_i\leqslant 10,\quad i=1,2$$

Schaffer函数曲面图如图2–1所示，该优化问题的全局最优解附近存在无穷多个局部极小值，并且具有强烈震荡的特性，因此一般算法难以得到全局最优解，其最优状态和最优值为$\min[f(x^*)]=f(0,0)=0$。为保证对比实验的公平性，将两种算法的最大迭代次数均设置为50次，粒子个数及蝙蝠个体数目均设置为20，PSO算法中c_1=1.495、c_2=1.495、ω=0.729，BA中A=0.85、r=0.8。两种算法的收敛迭代曲线如图2–2所示，可以明显看到当迭代次数小于5时BA就搜索到了全局最优解，而PSO算法即使达到最大迭代次数仍无法搜索到全局最优解。图2–1为该函数优化问题的求解三维图，其中，深色圆点标记BA最终搜索到的全局最优解，浅色圆点标记PSO算法最终搜索到的最优解，可以清晰地看到BA找到了理论最优值，寻优性能更佳。

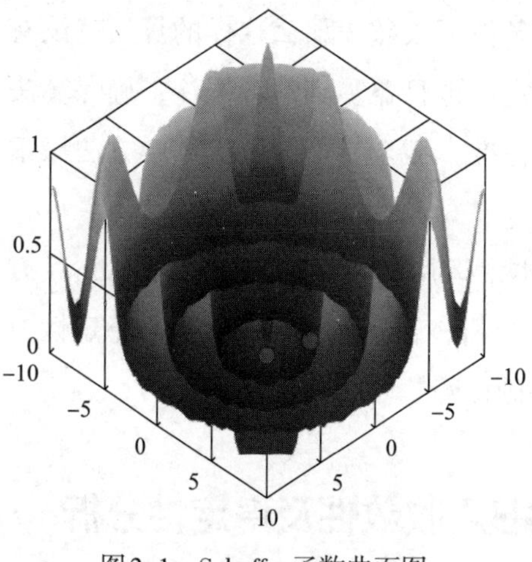

图2–1　Schaffer函数曲面图

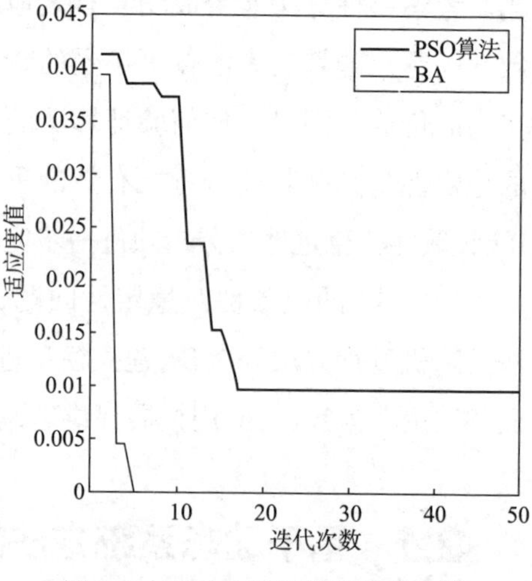

图2–2　两种算法的收敛迭代曲线

记录算法迭代过程中PSO算法和BA在每一次迭代下搜索到的最优解，如表2–1所示。从表2–1可得：BA在迭代进行到第5次的时候就收敛到了理论最优解并保持了稳定的收敛性能，PSO算法在迭代进行到第21次还没有搜索到全局最优解，并且陷入了局部极值9.70×10^{-3}无法跳出，最终也未能收敛到全局最优解。不难发现，在这个函数优化问题的求解过程中PSO算法陷入了局部极值，这是群智能优化算法普遍存在的不足，BA 却表现出了不受局部极值干扰并收敛到全局最优解的性能。通过这个经典的函数优化问题，我们得知 BA 在求解某些优化问题时具有良好的收敛性。接下来，针对 BA 的收敛性及稳定性问题，我们运用数学方法给出分析。

表 2-1　PSO 算法和 BA 对 Schaffer 函数优化问题的迭代解

迭代次数	1	2	3	4	5	6
PSO 算法	4.12×10^{-2}	4.12×10^{-2}	4.12×10^{-2}	3.85×10^{-2}	3.85×10^{-2}	3.85×10^{-2}
BA	3.94×10^{-2}	3.94×10^{-2}	4.60×10^{-3}	4.60×10^{-3}	0.00	0.00
迭代次数	7	8	9	10	11	12
PSO 算法	3.85×10^{-2}	3.73×10^{-2}	3.73×10^{-2}	3.73×10^{-2}	2.35×10^{-2}	2.35×10^{-2}
BA	0.00	0.00	0.00	0.00	0.00	0.00
迭代次数	13	14	15	16	17	18
PSO 算法	2.35×10^{-2}	1.53×10^{-2}	1.53×10^{-2}	1.32×10^{-2}	9.80×10^{-3}	9.80×10^{-3}
BA	0.00	0.00	0.00	0.00	0.00	0.00
迭代次数	19	20	21	…	…	50
PSO 算法	9.80×10^{-3}	9.80×10^{-3}	9.70×10^{-3}	…	…	9.70×10^{-3}
BA	0.00	0.00	0.00	0.00	0.00	0.00

根据 BA 的迭代过程，得到其核心数学模型，即包含 n 个蝙蝠个体的蝙蝠群在 D 维空间进行搜索时，任意个体 i 在 $t+1$ 时刻的速度信息和位置信息如式（2–2）及式（2–3）所示。

$$v_i^{t+1}=\omega v_i^t+\left(p_i^t-x_i^t\right)\cdot f_i \tag{2–2}$$

$$x_i^{t+1}=x_i^t+v_i^{t+1} \tag{2–3}$$

式中，v_i^t、v_i^{t+1} 分别为蝙蝠个体 i 在 t、$t+1$ 时刻的速度信息；x_i^t、x_i^{t+1} 分别为蝙蝠个体 i 在 t、$t+1$ 时刻的位置信息；p_i^t 为蝙蝠个体 i 在 t 时刻的全局最优解，它是在比较蝙蝠个体的所有解之后得到的；ω 为蝙蝠个体速度信息的权重；f_i 为蝙蝠个体 i 的脉冲频率，其表达式如式（2–4）所示。

$$f_i=f_{\min}+\left(f_{\max}-f_{\min}\right)\cdot\beta \tag{2–4}$$

式中，β为一个随机数，取值范围为[0，1]；$f_{\min}$、$f_{\max}$分别为脉冲频率取值的最小值和最大值。n个蝙蝠个体的脉冲频率f_i均由式（2–4）随机产生。

2.1.1 BA的动态系统模型及分析

针对BA上述迭代过程，运用动态系统的相关方法对算法收敛性进行分析。对式（2–2）及式（2–3）进行推导，得到以蝙蝠个体位置信息为核心的迭代式，如式（2–5）所示。

$$x_i^{t+1}=\left(1+\omega-f_i\right)x_i^t-\omega x_i^{t-1}+f_i p_i^t \tag{2–5}$$

根据式（2–5），设向量$[x_i^t,x_i^{t-1},p_i^t]$为第i个蝙蝠个体在第t次迭代时的状态向量，则第i个蝙蝠个体的线性离散动态系统模型如式（2–6）所示。

$$\begin{bmatrix} x_i^{t+1} \\ x_i^t \\ p_i^t \end{bmatrix}=\begin{bmatrix} 1+\omega-f_i & -\omega & f_i \\ 1 & 0 & 0 \\ 0 & 0 & 1 \end{bmatrix}\begin{bmatrix} x_i^t \\ x_i^{t-1} \\ p_i^t \end{bmatrix} \tag{2–6}$$

该模型可被记作一阶离散系统：

$$\boldsymbol{\eta}_i(t+1)=\boldsymbol{A}_i(t)\boldsymbol{\eta}_i(t) \tag{2–7}$$

式中，$\boldsymbol{\eta}_i(t+1)=\begin{bmatrix} x_i^{t+1} \\ x_i^t \\ p_i^t \end{bmatrix}$，$\boldsymbol{\eta}_i(t)=\begin{bmatrix} x_i^t \\ x_i^{t-1} \\ p_i^t \end{bmatrix}$，$\boldsymbol{A}_i(t)=\begin{bmatrix} 1+\omega-f_i & -\omega & f_i \\ 1 & 0 & 0 \\ 0 & 0 & 1 \end{bmatrix}$。

系统矩阵$\boldsymbol{A}_i(t)$中包括随机参数ω和f_i，根据BA的迭代模型可知，f_i为时变的因子，因此BA对应的系统是时变随机动态系统。另记$\boldsymbol{\eta}_i(t+1)$为式（2–8）。

$$\boldsymbol{\eta}_i(t+1)=\begin{bmatrix} x_i^{t+1} \\ x_i^t \\ p_i^t \end{bmatrix}=\begin{bmatrix} \eta_{i1}(t) \\ \eta_{i2}(t) \\ \eta_{i3}(t) \end{bmatrix} \tag{2–8}$$

考虑BA中n个蝙蝠个体，式（2–7）可转化为式（2–9）。

$$\begin{bmatrix} \eta_1(t+1) \\ \vdots \\ \eta_i(t+1) \\ \vdots \\ \eta_n(t+1) \end{bmatrix}=\begin{bmatrix} A_1(t) & \cdots & 0 & \cdots & 0 \\ \vdots & & \vdots & & \vdots \\ 0 & \cdots & A_i(t) & \cdots & 0 \\ \vdots & & \vdots & & \vdots \\ 0 & \cdots & 0 & \cdots & A_n(t) \end{bmatrix}\begin{bmatrix} \eta_1(t) \\ \vdots \\ \eta_i(t) \\ \vdots \\ \eta_n(t) \end{bmatrix} \tag{2–9}$$

进而，式（2–9）可记作式（2–10）。

$$\boldsymbol{\eta}(t+1)=\boldsymbol{A}(t)\boldsymbol{\eta}(t) \tag{2-10}$$

式中，$\boldsymbol{A}(t)=\begin{bmatrix} A_1(t) & \cdots & 0 & \cdots & 0 \\ \vdots & & \vdots & & \vdots \\ 0 & \cdots & A_i(t) & \cdots & 0 \\ \vdots & & \vdots & & \vdots \\ 0 & \cdots & 0 & \cdots & A_n(t) \end{bmatrix}$为 $3n\times 3n$ 矩阵。

第 i 个蝙蝠个体的随机系统模型为：$\boldsymbol{\eta}_i(t+1)=\boldsymbol{A}_i(t)\boldsymbol{\eta}_i(t)$，其主要属性由动态矩阵 $\boldsymbol{A}_i(t)$ 的特征值确定。依据离散动态系统的相关理论，系统达到收敛的充要条件是特征值的模小于 1。根据特征根方程计算 $\boldsymbol{A}_i(t)$ 矩阵的特征根，如式（2–11）所示。

$$\begin{cases} \lambda_{i1}=1 \\ \lambda_{i2,i3}=\dfrac{1+\omega-f_i\pm\sqrt{(1+\omega-f_i)^2-4\omega}}{2} \end{cases} \tag{2-11}$$

由式（2–11）易知，在 $|\lambda_{ij}|<1,(i=1,2,\cdots,n\;;\;j=1,2,3)$ 的条件下，上述对应动态系统终将达到收敛状态。式（2–11）中，$\varDelta=(1+\omega-f_i)^2-4\omega$，综合分析 $\varDelta>0,\varDelta<0,\varDelta=0$ 三种情况，可得 BA 达到收敛的参数范围为：

$$\begin{cases} -1<\omega<1 \\ f_i>0 \\ 2\omega-f_i+2>0 \end{cases} \tag{2-12}$$

由此可得，当频率和动态权重选取在式（2–12）所示收敛区域时，算法能够收敛。为了进一步证明 BA 的稳定性，接下来对该动态系统构造 Lyapunov 函数。

为保证矩阵 $\boldsymbol{A}(t)$ 的每一个元素均非负，进一步约束 $-1\leqslant\omega\leqslant 0$。当 BA 的参数 ω、f_i 选择为以上区域时，由于 $\boldsymbol{A}(t)$ 中的每一个元素都是非负的，且其行和为 1，由此，$\boldsymbol{A}(t)$ 为线性随机矩阵。

定义 2.1　对于随机矩阵 $\boldsymbol{A}(t)$，如果它的一个特征根为 1，其代数重数为 1，其余特征根满足 $|\lambda|<1$，且矩阵 $\boldsymbol{A}(t)$ 满足 $\lim\limits_{k\to\infty}[\boldsymbol{A}(t)]^k=\boldsymbol{1}\cdot\boldsymbol{v}^{\mathrm{T}}$，对于 $\boldsymbol{v}$ 有：$\boldsymbol{A}(t)^{\mathrm{T}}\boldsymbol{v}=\boldsymbol{v}$，$\boldsymbol{1}^{\mathrm{T}}\boldsymbol{v}=1$，$\boldsymbol{1}=[1,1,\cdots,1]^{\mathrm{T}}$。式中，$\boldsymbol{v}$ 为 $3n$ 维列向量，$\boldsymbol{1}$ 为 $3n$ 维列向量，则称矩阵 $\boldsymbol{A}(t)$ 为 SIA 矩阵。

定理 2.1 BA 的动态系统模型满足：$\lim_{k\to\infty}[\boldsymbol{A}(t)]^k=\frac{1}{n}\cdot\mathbf{1}\cdot\boldsymbol{\pi}^{\mathrm{T}}$，$\boldsymbol{\pi}^{\mathrm{T}}$ 满足式（2-13）。

$$\begin{cases}\sum_{i=1}^{n}\sum_{l=1}^{3}\pi_{il}=n\\ \boldsymbol{\pi}^{\mathrm{T}}\boldsymbol{A}(t)=\boldsymbol{\pi}^{\mathrm{T}}\end{cases} \tag{2-13}$$

式中，$\boldsymbol{\pi}=[\pi_{11},\pi_{12},\pi_{13},\cdots,\pi_{i1},\pi_{i2},\pi_{i3},\cdots,\pi_{n1},\pi_{n2},\pi_{n3}]^{\mathrm{T}}$ 为式（2-13）的解，是 $3n\times1$ 矩阵，$i=1,2,\cdots,n$，n 为蝙蝠群中的个体数目。

证明：对随机矩阵 $\boldsymbol{A}_i(t)$，它的特征根 $\lambda_{i1}=1$，其代数重数为 1，其余特征根也满足 $|\lambda_{i2,i3}|<1$。故 $\boldsymbol{A}_i(t)$ 是 SIA 矩阵，$\boldsymbol{\pi}_i=[\pi_{i1},\pi_{i2},\pi_{i3}]^{\mathrm{T}}$，$\boldsymbol{\pi}_i$ 满足式（2-14）。

$$\begin{cases}\boldsymbol{\pi}_i^{\mathrm{T}}\boldsymbol{A}_i(t)=\boldsymbol{\pi}_i^{\mathrm{T}}\\ \pi_{i1}+\pi_{i2}+\pi_{i3}=1\end{cases} \tag{2-14}$$

系统中其他蝙蝠个体的随机矩阵也满足式（2-13），由此易知，BA 对应的系统满足式（2-15）。

$$\begin{aligned}\boldsymbol{\pi}^{\mathrm{T}}\boldsymbol{A}(t)&=\left[\boldsymbol{\pi}_1^{\mathrm{T}},\boldsymbol{\pi}_2^{\mathrm{T}},\cdots,\boldsymbol{\pi}_n^{\mathrm{T}}\right]_{1\times3n}\begin{bmatrix}A_1(t)&\cdots&0&\cdots&0\\ \vdots&&\vdots&&\vdots\\ 0&\cdots&A_i(t)&\cdots&0\\ \vdots&&\vdots&&\vdots\\ 0&\cdots&0&\cdots&A_n(t)\end{bmatrix}_{3n\times3n}=\\ &\left[\boldsymbol{\pi}_1^{\mathrm{T}}\boldsymbol{A}_1(t)\quad\boldsymbol{\pi}_2^{\mathrm{T}}\boldsymbol{A}_2(t)\quad\cdots\quad\boldsymbol{\pi}_n^{\mathrm{T}}\boldsymbol{A}_n(t)\right]=\\ &\left[\boldsymbol{\pi}_1^{\mathrm{T}}\quad\boldsymbol{\pi}_2^{\mathrm{T}}\quad\cdots\quad\boldsymbol{\pi}_n^{\mathrm{T}}\right]\end{aligned} \tag{2-15}$$

并且，$\sum_{i=1}^{n}\sum_{l=1}^{3}\pi_{il}=\pi_{11}+\pi_{12}+\pi_{13}+\cdots+\pi_{n1}+\pi_{n2}+\pi_{n3}$。

因此，$\lim_{k\to\infty}[\boldsymbol{A}(t)]^k=\frac{1}{n}\cdot\mathbf{1}\cdot\boldsymbol{\pi}^{\mathrm{T}}$，$\boldsymbol{\pi}_i$ 满足式（2-13）。

定义 2.2 对于线性离散时变系统，若满足：$\boldsymbol{\phi}(t,s)=\boldsymbol{A}(t)\cdot\boldsymbol{A}(t-1)\cdots\boldsymbol{A}(s)=\prod_{m=s}^{t}\boldsymbol{A}(m)$，则称 $\boldsymbol{\phi}(t,s)$ 为该系统的传递矩阵。对应的零输入离散系统 $\boldsymbol{\eta}(t+1)=\boldsymbol{A}(t)\boldsymbol{\eta}(t)$ 的解表示为 $\boldsymbol{\eta}(t)=\boldsymbol{\phi}(t,s)\cdot\boldsymbol{\eta}(s)$。

定理 2.2 BA 的动态系统满足：$\lim_{t\to\infty}\boldsymbol{\phi}(t,s)=\lim_{t\to\infty}\prod_{m=s}^{t}\boldsymbol{A}(m)=\frac{1}{n}\cdot\mathbf{1}\cdot\boldsymbol{\pi}^{\mathrm{T}}$。

证明：由定义 2.1 有 $\lim_{t\to\infty}\boldsymbol{\phi}(t,s)=\lim_{t\to\infty}\boldsymbol{A}(t)\cdot\boldsymbol{A}(t-1)\cdots\boldsymbol{A}(s)=\lim_{t\to\infty}\prod_{m=s}^{t}\boldsymbol{A}(m)$，很

明显，根据定理2.1，易得 $\lim\limits_{t\to\infty}\boldsymbol{\phi}(t,s)=\dfrac{1}{n}\cdot\mathbf{1}\cdot\boldsymbol{\pi}^{\mathrm{T}}$。

定理2.3　BA对应动态系统的所有个体状态具有期望加权平均不变性。

证明：记 $\overline{\boldsymbol{\eta}(t+1)}=\boldsymbol{\pi}^{\mathrm{T}}\boldsymbol{\eta}(t+1),\overline{\boldsymbol{\eta}(t)}=\boldsymbol{\pi}^{\mathrm{T}}\boldsymbol{\eta}(t)$，由式（2–13），有：$\boldsymbol{\pi}^{\mathrm{T}}\boldsymbol{A}(t)=\boldsymbol{\pi}^{\mathrm{T}}$。$\boldsymbol{\pi}^{\mathrm{T}}\boldsymbol{\eta}(t+1)$ 的期望值为 $\mathrm{E}[\boldsymbol{\pi}^{\mathrm{T}}\boldsymbol{\eta}(t+1)]=\mathrm{E}[\boldsymbol{\pi}^{\mathrm{T}}\boldsymbol{A}(t)\boldsymbol{\eta}(t)]=\mathrm{E}[\boldsymbol{\pi}^{\mathrm{T}}\boldsymbol{\eta}(t)]$。这表明了蝙蝠个体状态具有期望加权平均不变性，即 $\mathrm{E}[\overline{\boldsymbol{\eta}(t+1)}]=\mathrm{E}[\overline{\boldsymbol{\eta}(t)}]$。

上述定理保证了BA对应的动态系统存在合适的Lyapunov函数。

接下来，构造相应的Lyapunov函数模型。

根据大规模系统的结构原则，大规模系统可分解为若干个孤立的子系统，整体系统的稳定性取决于各个子系统的稳定性，并且关系到各个子系统之间的联系。分析大规模系统的稳定收敛性包括Lyapunov函数方法和输入—输出法，其中Lyapunov函数的加权求和方法是一种运用于可分离系统的分析方法，我们利用该方法，通过分析各个子系统的性能，设计对应子系统的Lyapunov函数，得到合成的整体系统的Lyapunov函数的加权和如式（2–16）所示。

$$\boldsymbol{V}(x)=d_1v_1\left(x_1\right)+d_2v_2\left(x_2\right)+\cdots+d_nv_n\left(x_n\right) \tag{2–16}$$

式中，$v_1,v_2,\cdots,v_n$ 为各个子系统的Lyapunov函数；$d_1,d_2,\cdots,d_n$ 为权重因子，固定值，代表各个子系统对整体系统性能的影响。

具体来说，对于算法的子系统（即蝙蝠个体对应的动态系统），选择正定矩阵 $\boldsymbol{J}=\left(\boldsymbol{I}-\boldsymbol{\pi}_i\cdot\mathbf{1}^{\mathrm{T}}\right)\boldsymbol{D}_*\left(\boldsymbol{I}-\mathbf{1}\cdot\boldsymbol{\pi}_i^{\mathrm{T}}\right)$，其中矩阵 $\boldsymbol{I}$ 为三阶单位阵，$\mathbf{1}$ 为3维列向量，$\boldsymbol{D}_*=\mathrm{diag}\{\pi_{i1},\pi_{i2},\pi_{i3}\}$，则对应子系统的二次Lyapunov函数可记作 $\boldsymbol{v}_i\left[\boldsymbol{\eta}_i(t)\right]$，如式（2–17）所示。

$$\begin{aligned}\boldsymbol{v}_i\left[\boldsymbol{\eta}_i(t)\right]&=\boldsymbol{\eta}_i^{\mathrm{T}}(t)\boldsymbol{J}\boldsymbol{\eta}_i(t)=\\&\boldsymbol{\eta}_i^{\mathrm{T}}(t)\left(\boldsymbol{I}-\boldsymbol{\pi}_i\cdot\mathbf{1}^{\mathrm{T}}\right)\boldsymbol{D}_*\left(\boldsymbol{I}-\mathbf{1}\cdot\boldsymbol{\pi}_i^{\mathrm{T}}\right)\boldsymbol{\eta}_i(t)\end{aligned} \tag{2–17}$$

由 $\mathbf{1}^{\mathrm{T}}\cdot\boldsymbol{D}_*=\boldsymbol{\pi}_i^{\mathrm{T}}$，$\boldsymbol{D}_*\cdot\mathbf{1}=\boldsymbol{\pi}_i$，$\boldsymbol{\pi}_i\cdot\mathbf{1}=1$，可得式（2–18）。

$$\begin{aligned}\boldsymbol{v}_i\left[\boldsymbol{\eta}_i(t)\right]&=\boldsymbol{\eta}_i^{\mathrm{T}}(t)\left(\boldsymbol{D}_*-\boldsymbol{\pi}_i\cdot\boldsymbol{\pi}_i^{\mathrm{T}}\right)\boldsymbol{\eta}_i(t)=\\&\sum_{l=1}^{3}\pi_{il}\left[\boldsymbol{\eta}_i(t)-\pi_i^{\mathrm{T}}\boldsymbol{\eta}_i(t)\right]^2\end{aligned} \tag{2–18}$$

为了获得 $\boldsymbol{v}_i\left[\boldsymbol{\eta}_i(t)\right]$ 的上界，根据蝙蝠个体在迭代中对信息毫无保留的互通有无机制，易知个体之间是强连通的，因此可以用一致性收敛率量化函数 $\boldsymbol{v}_i\left[\boldsymbol{\eta}_i(t)\right]$ 的上界，如式（2–19）所示。

$$\boldsymbol{v}_i[\boldsymbol{\eta}_i(t+1)] \leqslant \left[1-\frac{\delta_1 f_i \boldsymbol{\pi}_{\min}}{(n-1)^2}\right]\boldsymbol{v}_i[\boldsymbol{\eta}_i(t)] \tag{2-19}$$

式中，$\delta_1 > 0$，代表个体之间的强连通属性；$\boldsymbol{\pi}_{\min} = \min\{\pi_{11}, \pi_{12}, \pi_{13}, \cdots, \pi_{i1}, \pi_{i2}, \pi_{i3}, \cdots, \pi_{n1}, \pi_{n2}, \pi_{n3}\}$。

$$\begin{aligned}\boldsymbol{v}_i[\boldsymbol{\eta}_i(t+1)] &\leqslant \left[1-\frac{\delta_1 f_i \boldsymbol{\pi}_{\min}}{(n-1)^2}\right]\boldsymbol{v}_i[\boldsymbol{\eta}_i(t)] \leqslant \\ &\prod_{s=0}^{t}\left[1-\frac{\delta_1 f_i \boldsymbol{\pi}_{\min}}{(n-1)^2}\right]\boldsymbol{v}_i[\boldsymbol{\eta}_i(0)] \leqslant \\ &\mathrm{e}^{-\frac{\boldsymbol{\pi}_{\min}\sum_{s=0}^{t} f_i(s)}{(n-1)^2}}\boldsymbol{v}_i[\boldsymbol{\eta}_i(0)]\end{aligned} \tag{2-20}$$

又由f_i的取值，假设$\sum_{t=0}^{\infty} f_i(t) = \infty$，因此有式（2–21）。

$$\lim_{t\to\infty} \mathrm{e}^{-\frac{\boldsymbol{\pi}_{\min}\sum_{s=0}^{t} f_i(s)}{(n-1)^2}} = 0 \tag{2-21}$$

进而有式（2–22）。

$$\lim_{t\to\infty} \boldsymbol{v}_i[\boldsymbol{\eta}_i(t+1)] = 0 \tag{2-22}$$

由此可得，蝙蝠个体对应的子动态系统的状态趋近于初始状态，因而子系统能够达到稳定点。由前面的分析可知，每个蝙蝠个体的动态系统是BA对应整体系统的子系统，并且整体系统包括n个子系统。利用Lyapunov函数加权求和的方法，得到BA对应动态系统的Lyapunov函数如式（2–23）所示。

$$\boldsymbol{V}[\boldsymbol{\eta}(t+1)] = v_1[\eta_1(t+1)] + v_2[\eta_2(t+1)] + \cdots + v_n[\eta_n(t+1)] \tag{2-23}$$

根据BA中蝙蝠个体的搜索机制，可将权重因子取值设置为1，即各个子系统对大规模系统稳定性的影响程度是相同的。由式（2–22），可得式（2–24）。

$$\lim_{t\to\infty} \boldsymbol{V}[\boldsymbol{\eta}(t+1)] = 0 \tag{2-24}$$

因此蝙蝠种群的动态系统状态趋近于初始状态，故可得当参数选取在式（2–12）范围内时BA整体系统能够稳定收敛。

上述内容通过BA的动态系统模型给出了收敛性及稳定性分析，但分析过程是仅以蝙蝠个体的位置信息为核心建立的模型，并且该分析没有提供足够的信息以说明参数设置对算法收敛性能的影响以及BA在不同的参数设置下具体的收敛状态如何。针对这个问题，我们以BA中独立的蝙蝠个体为研究对象，同时考虑算法中的位置信息和速度信息建立BA的动态系统模型，并进一步通过数值仿真实验验证理论分析的准确性。

2.1.2 蝙蝠个体的动态系统模型及分析

通过前面基于Lyapunov方法的分析可知BA中的蝙蝠个体间是相互独立的，因此以独立个体为研究对象进而反映整体算法收敛性的思路是可行的。根据BA的迭代公式，我们将蝙蝠个体的速度信息v^t和位置信息x^t的迭代公式分别记作式（2–25）及式（2–26）。

$$v^{t+1}=lv^t+\left(p-x^t\right)m \tag{2–25}$$

$$x^{t+1}=cx^t+uv^{t+1} \tag{2–26}$$

此迭代过程是对基本BA进行了合理假设，假设在某一次的迭代过程中，频率参数记为m；速度信息的权重记为l；当前最优解记为p。较BA而言，增加了c和u两个权重系数。这样带有额外参数的模型假设是为了更全面地探究更新公式中不同参数的设置对算法收敛性能的影响。上述迭代公式中共包含4个参数，下面证明只有其中2个是核心参数，并得到使算法达到收敛时对应的参数选取范围。

使用之前的迭代公式对式（2–25）进行降阶，并对降阶后的式子左右两边同时乘以l，重新排列后，可以得到式（2–27）。

$$luv^t=lx^t-clx^{t-1} \tag{2–27}$$

结合式（2–25）、式（2–26）和式（2–27），依据递归整理可得式（2–28）。

$$x^{t+1}=cx^t+\left(lx^t-clx^{t-1}\right)+mup-mux^t \tag{2–28}$$

将此式以位置信息为自变量重新整理得到式（2–29）。

$$mup=x^{t+1}+(mu-c-l)x^t+lcx^{t-1} \tag{2–29}$$

分析式（2–29）可知，参数m和u总是作为一个整体因式mu出现，因此它们各自的取值并不是重点，重点是因式mu的取值。因此，不失一般性地，可以设置其中一个为定值1，假设将u设置为定值1，如式（2–30）所示。

$$u\equiv 1 \tag{2–30}$$

因此，BA得到了一组简化的迭代更新公式，如式（2–31）及式（2–32）所示。

$$v^{t+1} = lv^t + m\left(p - x^t\right) \quad (2\text{-}31)$$

$$x^{t+1} = cx^t + v^{t+1} \quad (2\text{-}32)$$

随着迭代次数t的增加，可以预期蝙蝠个体找到当前的最优解p，如式（2–33）所示。

$$\lim_{t\to\infty} x^t = p,\quad \lim_{t\to\infty} x^{t+1} = p,\quad \lim_{t\to\infty} x^{t-1} = p \quad (2\text{-}33)$$

对式（2–29）取极限，并结合式（2–33），可得式（2–34）。

$$mp = p + (m - c - l)p + lcp \quad (2\text{-}34)$$

进而得到一个必要条件，如式（2–35）所示。

$$p(l-1)(c-1) = 0 \quad (2\text{-}35)$$

易知，式（2–35）有3个解，分别是p=0、l=1或c=1。其中，p=0的情况只可能是目标函数（以最小值优化问题为例）实际的全局最优值$f_{\min}$=p=0时，否则是无法满足的。因此，可以取值为：l=1或c=1。考虑到参数c在BA中的作用，它充当等效的惯性权重因子，进而可将其设置为1，这不会影响位置信息的更新。

至此，得到了以独立的蝙蝠个体为研究对象的动态系统的模型，如式（2–36）及式（2–37）所示。

$$v^{t+1} = -mx^t + lv^t + mp \quad (2\text{-}36)$$

$$x^{t+1} = x^t - mx^t + lv^t + mp \quad (2\text{-}37)$$

将上述动态系统模型以矩阵的形式记作式（2–38）。

$$\boldsymbol{Y}^{t+1} = \boldsymbol{C}\boldsymbol{Y}^t + \boldsymbol{M}_* p \quad (2\text{-}38)$$

其中，各参数定义如式（2–39）所示。

$$\boldsymbol{Y}^t = \begin{bmatrix} x^t \\ v^t \end{bmatrix},\quad \boldsymbol{C} = \begin{bmatrix} 1-m & l \\ -m & l \end{bmatrix},\quad \boldsymbol{M}_* = \begin{bmatrix} m \\ m \end{bmatrix} \quad (2\text{-}39)$$

式中，$\boldsymbol{Y}^t$的列向量分别对应在迭代次数为t时，蝙蝠个体的位置和速度信息；矩阵$\boldsymbol{C}$为控制该动态系统时间属性的矩阵，它决定了收敛所需的时间；p为外部输入的值，用来牵引蝙蝠个体趋于特定的值；$\boldsymbol{M}_*$为外部输入。

随着迭代次数的增加，想要收敛到最优解，蝙蝠个体的位置须逐渐向p移动，且找到p后蝙蝠个体的速度将为0，如式（2–40）所示。

$$\lim_{t\to\infty} v^t = 0 \tag{2-40}$$

因此，$\boldsymbol{Y}^t$最终收敛的点可以记作式（2–41）。

$$\boldsymbol{Y}^t = \begin{bmatrix} p \\ 0 \end{bmatrix} \tag{2-41}$$

收敛的最终状态如式（2–42）所示。

$$\lim_{t\to\infty} x^t = p,\quad \lim_{t\to\infty} v^t = 0 \tag{2-42}$$

根据之前的分析，易知该动态系统的主要属性由动态矩阵$\boldsymbol{C}$的特征值确定，特征方程如式（2–43）所示。

$$\lambda^2 + \lambda(m-l-1) + l = 0 \tag{2-43}$$

其解如式（2–44）所示。

$$\lambda_i = \frac{-(m-l-1) \pm \sqrt{(m-l-1)^2 - 4l}}{2} \quad (i=1,2) \tag{2-44}$$

式（2–44）给出了两个特征值λ_1和λ_2，依据离散动态系统相关理论，得到系统收敛的充要条件是这两个特征值的模必须小于1，即$|\lambda_i|<1$。在这样的条件下，BA终将达到收敛状态。记$\Delta = (m-l-1)^2 - 4l$，综合分析$\Delta > 0$、$\Delta < 0$、$\Delta = 0$三种情况，整理可得到算法达到收敛的参数选取范围如式（2–45）所示。

$$\begin{cases} -1 < l < 1 \\ m > 0 \\ 2l - m + 2 > 0 \end{cases} \tag{2-45}$$

以上分析表明，当参数m、l取值在上述范围时，BA可以收敛，同时由离散系统的相关理论可知，在这样的前提下算法是稳定的，算法达到收敛的参数范围如图2–3所示。通过上述分析我们发现，同时考虑蝙蝠个体的位置信息和速度信息所构造的BA动态系统模型，其对应的特征方程与前文以位置信息为核心的动态系统的特征方程是一致的，这在一定程度上反映了BA中位置信息的迭代过程是算法的核心内容。

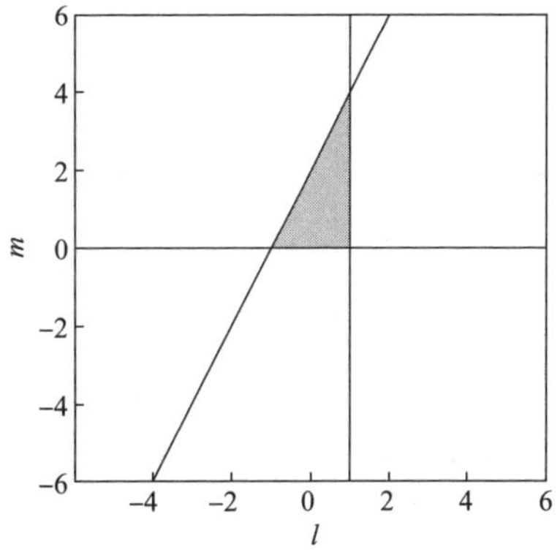

图2–3　基于动态系统模型BA收敛的参数范围

同时需要指出的是，本节提出的动态系统模型并未考虑脉冲发射率和响度的变化，即便如此，通过这种合理简化的模型仍然能够了解BA在不同参数选取下的收敛性能。

接下来将依据上述理论分析所得的收敛区域选择不同的参数，通过数值仿真实验验证上述收敛条件的有效性。为了保证仿真实验的可靠性，将选取不同模态的测试函数展示不同参数设置下BA具体的收敛状态。从以下数值仿真实验结果中，可以发现在不同模态的测试函数中BA的实际收敛效果与上述理论结果是一致的。

2.1.3 收敛性的实验仿真验证

为了验证BA在上述理论分析中不同收敛参数选取下的收敛性，我们使用具有不同特性和模态的标准测试函数对算法进行数值仿真实验，其中9个标准测试函数如表2-2所示，其余复杂测试函数在文中列出。对于每个测试函数，BA相关的基本参数设置为：最大迭代次数$T_{\max}$=500，蝙蝠种群大小n=12，并且m=2、l=0.5。所有测试函数的维度为30。

表2-2 测试函数

名称	函数	范围
Sphere	$f_1(x)=\sum_{i=1}^{n}x_i^2$	[−5.12，5.12]
Griewank	$f_2(x)=\sum_{i=1}^{n}\frac{x_i^2}{4000}-\prod_{i=1}^{D}\cos\left(\frac{x_i}{\sqrt{i}}\right)+1$	[−600，600]
Schwefel	$f_3(x)=\sum_{i=1}^{n}\lvert x_i\rvert+\prod_{i=1}^{n}\lvert x_i\rvert$	[−10，10]
Quartic	$f_4(x)=\sum_{i=1}^{n}ix_i^4+\text{rand}[0,1]$	[−100，100]
Rosenbrock	$f_5(x)=\sum_{i=1}^{n}[(x_i-1)^2+100(x_{i+1}-x_i^2)^2]$	[−5，5]
Yang	$f_6(x)=\sum_{i=1}^{n}\lvert x_i\rvert \mathrm{e}^{-\sum_{i=1}^{n}\sin(x_i^2)}$	[−2π，2π]
Zakharov	$f_7(x)=\sum_{i=1}^{n}x_i^2+\left(\sum_{i=1}^{n}\frac{ix_i}{2}\right)^2+\left(\sum_{i=1}^{n}\frac{ix_i}{2}\right)^4$	[−5，5]
Step	$f_8(x)=\sum_{i=1}^{n}\left(\lfloor x_i+0.5\rfloor\right)^2$	[−100，100]

续表

名称	函数	范围
Rastrigin	$f_9(x)=\sum_{i=1}^{n}[x_i^2-10\cos(2\pi x_i)+10]$	[−5.12，5.12]

相关参数取值范围在收敛区域内时仿真实验中所有测试函数对应的算法的收敛曲线如图 2–3 所示，通过数值实验结果不难发现，当 m 和 l 的值属于上述求得的收敛区域时，算法可以有效收敛。

接下来，将验证参数 m 和 l 的取值在收敛区域之外时算法的收敛性如何。仿真实验中参数 m 和 l 分别取收敛区域外部范围的值，具体的取值情况如式（2–46）所示。

$$\begin{cases} m_1=2, & l_1=-5 \\ m_2=-4, & l_2=-2 \\ m_3=3, & l_3=2 \\ m_4=-3, & l_4=4 \end{cases} \tag{2–46}$$

这 4 组在收敛区域之外的参数取值对应的测试函数的收敛情况如图 2–4 所示，由图 2–4 可以明显看出，当 m 和 l 的值在收敛区域之外时，算法无法有效收敛。

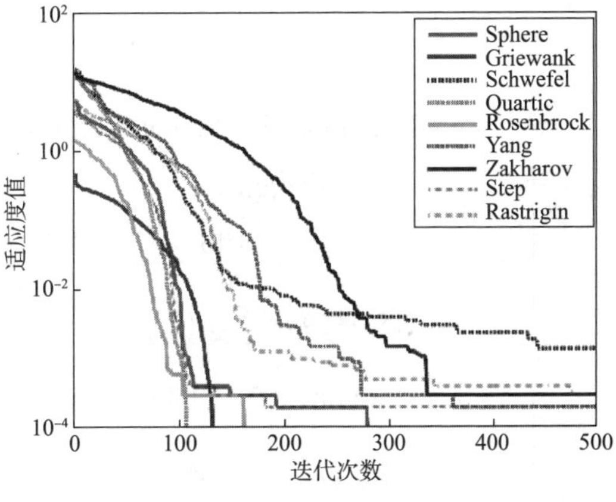

图 2–4　参数取值在收敛区域内时算法的收敛曲线

为了进一步测试 BA 在更复杂测试函数下的收敛性，本节还使用了标准 CEC2015 测试函数集中 6 个具有代表性的复杂测试函数，分别如下所示。

1）Rotated high conditioned elliptic 测试函数，其中，$F_1^*=100$。

$$\begin{cases} F_1(x)=y_1\left[M_1\left(x-O_1\right)\right]+F_1^* \\ y_1(x)=\sum_{i=1}^{n}\left(10^6\right)^{\frac{i-1}{n-1}} \end{cases} \tag{2–47}$$

2）Rotate cigar 测试函数，其中，$F_2^*=200$。

$$\begin{cases} F_2(x)=y_2\left[M_2\left(x-O_2\right)\right]+F_2^* \\ y_2(x)=x_1^2+10^6\sum_{i=2}^{n}x_i^2 \end{cases} \tag{2-48}$$

3）Rotated discus 测试函数，其中，$F_3^*=200$。

$$\begin{cases} F_3(x)=y_3\left[M_3\left(x-O_3\right)\right]+F_3^* \\ y_3(x)=10^6x_1^2+\sum_{i=2}^{n}x_i^2 \end{cases} \tag{2-49}$$

4）Shifted and rotated Ackley's 测试函数，其中，$F_4^*=300$。

$$\begin{cases} F_4(x)=y_4\left[M_4\left(x-O_4\right)\right]+F_4^* \\ y_4(x)=-20\mathrm{e}^{\left[-0.2\sqrt{\frac{1}{n}\sum_{i=1}^{n}x_i^2}\right]}-\mathrm{e}^{\left[\frac{1}{n}\sum_{i=1}^{n}\cos(2\pi x_i)\right]}+20+\mathrm{e} \end{cases} \tag{2-50}$$

5）Shifted and rotated Rastrigin's 测试函数，其中，$F_5^*=400$。

$$\begin{cases} F_5(x)=y_5\left\{M_5\left[\frac{5.12\left(x-O_5\right)}{100}\right]\right\}+F_5^* \\ y_5(x)=\sum_{i=1}^{n}\left[x_i^2-10\cos\left(2\pi x_i\right)+10\right] \end{cases} \tag{2-51}$$

6）Shifted and rotated Schwefel's 测试函数，其中，$F_6^*=500$。

$$\begin{cases} F_6(x)=y_6\left\{M_6\left[\frac{1000\left(x-O_6\right)}{100}\right]\right\}+F_6^* \\ y_6(x)=418.9829n-\sum_{i=1}^{n}g\left(z_i\right) \\ z_i=x_i+4.209687462275036\mathrm{e}+002 \\ g\left(z_i\right)=\begin{cases} z_i\sin\left(\left|z_i\right|^{\frac{1}{2}}\right),\ \left|z_i\right|\leqslant 500 \\ \left[500-\bmod\left(z_i,500\right)\right]\sin\left[\sqrt{\left|500-\bmod\left(z_i,500\right)\right|}\right]-\frac{\left(z_i-500\right)^2}{10000n}, \\ z_i>500 \\ \left[\bmod\left(\left|z_i\right|,500\right)-500\right]\sin\left[\sqrt{\left|\bmod\left(\left|z_i-500\right|,500\right)\right|}\right]-\frac{\left(z_i+500\right)^2}{10000n}, \\ z_i<-500 \end{cases} \end{cases} \tag{2-52}$$

使用这些复杂测试函数的主要目的是进一步考察在不同参数选取范围下算法的收敛行为，为此我们对每个测试函数设置了3种不同的参数取值情况：第一种设置在收敛区域内，第二种设置在边界（实线）上，第三种设置在收敛区域外。对比的实验结果如图2–5所示。由图2–5我们可以清楚地看到：对于收敛区域内部以及边界上的参数取值，算法都可以实现良好的收敛状态；但是，若将参数取值设置在收敛区域外，则无法到达收敛。这样的数值仿真结果与前面的理论分析结果一致，同时也突出了算法中参数设置的重要性。

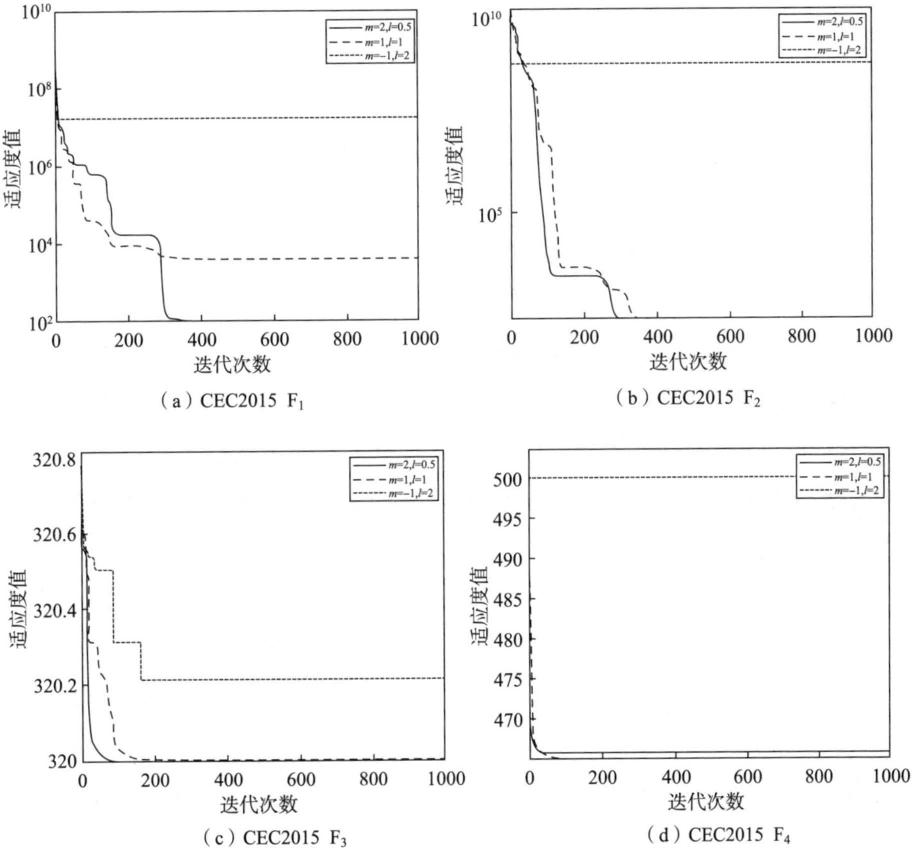

（a）CEC2015 F_1　（b）CEC2015 F_2

（c）CEC2015 F_3　（d）CEC2015 F_4

图2–5　不同参数选取范围下算法的收敛性

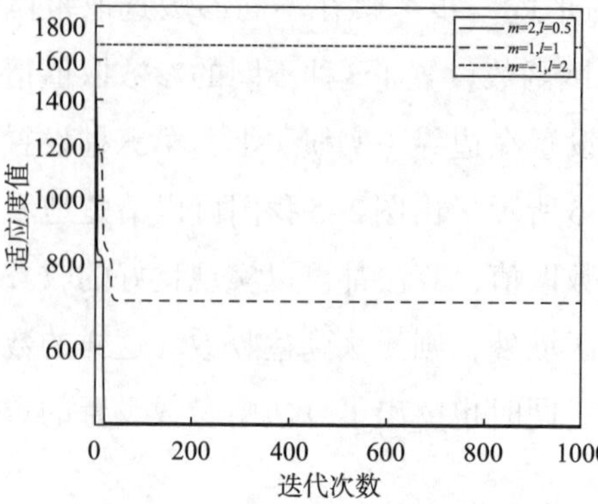

（e）CEC2015 F_5

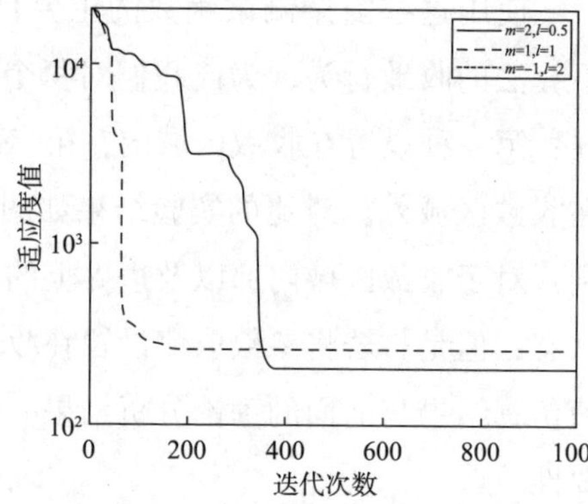

（f）CEC2015 F_6

图2-5　不同参数选取范围下算法的收敛性（续）

2.2　基于随机过程方法的BA收敛性分析

在2.1节中，我们给出了BA基于动态系统方法的收敛性及稳定性分析，本节为了进一步研究BA无条件下的几乎必然强收敛性，我们运用随机过程方法，以蝙蝠群体组成的整体系统为研究对象，构造BA的Markov链模型，引入鞅理论把BA的迭代过程转化为鞅过程，通过证明得到BA的全局收敛性。这样的几乎必然强收敛性为BA提供了概率意义上的收敛性分析，并且证明过程中所使用的基于鞅理论的分析方法也为算法的理论分析提供了新的思路。

2.2.1　基本概念

定义2.3　随机过程 $\{X_n, n=1,2,\cdots\}$ 为Markov链，如果只取可列或有限个值 $E_0,E_1,E_2,\cdots$ 。使用 $\{0,1,2,\cdots\}$ 标记这有限个值 $E_0,E_1,E_2,\cdots$ ，称其为过程的状态； $\{0,1,2,\cdots\}$ 或其子集称为过程的状态空间。对任意的 $n\geqslant 0$ 及状态 $i,j,i_0,i_1,\cdots,i_{n-1}$ ，有式（2-53）。

$$P\left\{X_{n+1}=j|X_0=i_0,X_1=i_1,\cdots,X_{n-1}=i_{n-1},X_n=i\right\}=P\left\{X_{n+1}=j|X_n=i\right\} \quad (2-53)$$

式（2-53）代表该过程的Markov性。同时，如果给定Markov链的初始分布 $P\{x_0=i_0\}$ ，那么其统计特性完全由条件概率 $P\left\{X_n=i_0,X_1=i_n \mid X_{n-1}=i_{n-1}\right\}$ 给定。

定义2.4　式（2–53）中的条件概率 $P\{X_{n+1}=j\mid X_n=i\}$ 是Markov链 $\{X_n,n=1,2,\cdots\}$ 的一步转移概率，简称为转移概率。

定义2.5　当Markov链的转移概率 $P\{X_{n+1}=j\mid X_n=i\}$ 只与状态 i 、j 有关，与 n 无关时，则称该Markov链是齐次的。

2.2.2　BA的Markov链模型

如果将BA中每个蝙蝠个体的位置信息 x 视作一个状态，则该状态随着时间变化的迭代过程 x_t 为随机过程。蝙蝠个体的状态和状态空间定义如下。

定义2.6　蝙蝠个体的状态 a 由其位置 x、速度 v 和历史最佳位置 p 构成，记作：$a=(x,v,p)$。此外，有 $f(p)\leqslant f(x)$，$v\in[v_{\min},v_{\max}]$，$\boldsymbol{H}_*$ 代表可行解空间，全部蝙蝠状态的集合构成蝙蝠的状态空间，可记作式（2–54）。

$$A=\{a=(x,v,p)\mid x,p\in\boldsymbol{H}_*,f(p)\leqslant f(x),v\in[v_{\min},v_{\max}]\} \tag{2–54}$$

蝙蝠群体的状态和状态空间定义如下。

定义2.7　N 个蝙蝠个体的集合称为蝙蝠群体，这个群体状态的集合被称为蝙蝠群状态，记作：$b=(a_1,a_2,\cdots,a_N)$。全部蝙蝠群状态的集合构成蝙蝠群状态空间，记作式（2–55）。

$$B=\{b=(a_1,a_2,\cdots,a_N)\mid a_i\in A(1\leqslant i\leqslant N)\} \tag{2–55}$$

f 为适应度值函数，全局最优适应度值可表示为 $f^*=\min\{f(x)\mid x\in B\}$，全局最优个体的集合可表示为 $G=\{x\in B\mid f(x)=f^*\}$，每个个体都是全局最优个体的种群，可表示为 $F^*=\{x\in B\mid x_i\in G,1\leqslant i\leqslant N\}$。

在BA的迭代过程中，对于任意的蝙蝠状态 $a_1=(x_1,v_1,p_1)$ 和 $a_2=(x_2,v_2,p_2)$，蝙蝠状态转移是指状态从 a_1 一步转移到 a_2，记作式（2–56）。

$$F_A(a_1)=a_2 \tag{2–56}$$

类似地，对于任意的蝙蝠群状态 $b_i=(a_{i,1},a_{i,2},\cdots,a_{i,N})$ 和 $b_j=(a_{j,1},a_{j,2},\cdots,a_{j,N})$，蝙蝠群状态转移是指由蝙蝠群状态 b_i 一步转移到群状态 b_j，记作式（2–57）。

$$F_B(b_i)=b_j \tag{2–57}$$

接下来，构造BA的Markov链模型。

定理2.4 在BA中，蝙蝠状态a_1进行一步转移为状态a_2，其转移概率是联合概率，如式（2–58）所示。

$$P\left[F_A\left(a_1\right)=a_2\right]=P\left(x_1\to x_2\right)P\left(v_1\to v_2\right)P\left(p_1\to p_2\right) \tag{2–58}$$

式中，$P\left(x_1\to x_2\right)$为蝙蝠个体的位置从x_1到x_2的转移概率；$P\left(v_1\to v_2\right)$为蝙蝠个体的速度从v_1到v_2的转移概率；$P\left(p_1\to p_2\right)$为蝙蝠个体的历史最佳位置从p_1到p_2的转移概率。

证明：蝙蝠状态由$a_1=(x_1,v_1,p_1)\to a_2=(x_2,v_2,p_2)$，即位置$x_1\to x_2$、速度$v_1\to v_2$、历史最佳位置$p_1\to p_2$这3部分同时成立才代表从状态$a_1$转移到了状态$a_2$。因此，蝙蝠状态转移$F_A(a_1)$=$a_2$的联合概率如式（2–59）所示。

$$P\left[F_A\left(a_1\right)=a_2\right]=P\left(x_1\to x_2\right)P\left(v_1\to v_2\right)P\left(p_1\to p_2\right) \tag{2–59}$$

依据蝙蝠算法中蝙蝠个体位置和速度的迭代公式，易知蝙蝠个体位置的转移概率可表示为式（2–60）。

$$P\left(x_1\to x_2\right)=\begin{cases}\dfrac{1}{\left|f\left(p_g-x_1\right)\right|}, & v_2\in\left[x_1+\omega v_1,\omega v_1+w_i\left(p_g-x_1\right)\right]\\ 0, & v_2\notin\left[x_1+\omega v_1,\omega v_1+w_i\left(p_g-x_1\right)\right]\end{cases} \tag{2–60}$$

蝙蝠个体速度的转移概率可表示为式（2–61）。

$$P\left(v_1\to v_2\right)=\begin{cases}\dfrac{1}{\left|f\left(p_g-x_1\right)\right|}, & v_2\in\left[\omega v_1,\omega v_1+w_i\left(p_g-x_1\right)\right]\\ 0, & v_2\notin\left[\omega v_1,\omega v_1+w_i\left(p_g-x_1\right)\right]\end{cases} \tag{2–61}$$

此外，根据历史最佳位置的定义，可知p的转移概率可表示为式（2–62）。

$$P\left(p_1\to p_2\right)=\begin{cases}1, & f\left(p_2\right)<f\left(p_1\right)\\ 0, & f\left(p_2\right)\geqslant f\left(p_1\right)\end{cases} \tag{2–62}$$

需要指出的是，此处我们将优化问题视为最小化问题。所以，如果有$f(p_2)<f(p_1)$，则p_2优于p_1。

利用这些结果，可得到以下定理。

定理2.5 在BA的迭代过程中，蝙蝠群状态b_i经过一步转移到群状态b_j的转移概率如式（2–63）所示。

$$P\left[F_B\left(b_i\right)=b_j\right]=\prod_{t=1}^{t_N}P\left[F_A\left(a_{it}\right)=a_{jt}\right] \tag{2-63}$$

式中，t_N为已进行的总迭代次数。

证明：因为$F_B\left(b_i\right)=b_j$代表了蝙蝠群体状态b_i中的每个状态都转移到了群体状态b_j中，即$F_A\left(a_{i1}\right)=a_{j1},F_A\left(a_{i2}\right)=a_{j2},\cdots,F_A\left(a_{it_N}\right)=a_{jt_N}$。那么，蝙蝠群体的群体转移概率就应为每个迭代步骤的联合概率。因此，有式（2-64）。

$$P\left[F_B\left(b_i\right)=b_j\right]=P\left[F_A\left(a_{it}\right)=a_{jt}\right]P\left[F_A\left(a_{it}\right)=a_{jt}\right]\cdots P\left[F_A\left(a_{it_N}\right)=a_{jt_N}\right]=\prod_{t=1}^{t_N}P\left[F_A\left(a_{it}\right)=a_{jt}\right] \tag{2-64}$$

下面，将进一步对蝙蝠群状态序列$\{B(t),\ t\geqslant 0\}$给出以下结论。

定理2.6　在BA中，蝙蝠群状态序列$\{B(t),\ t\geqslant 0\}$是有限齐次的Markov链。

证明：对于任何一个随机优化算法，它的整个迭代过程的搜索空间是有限的，这是因为种群大小和迭代次数是有限的，因此对于每个蝙蝠个体来说，它的状态$a=(x,v,p)$中的位置状态x、速度状态v、历史最佳位置状态p都是有限的，进而可知由这些状态构成的蝙蝠群状态空间是有限的。

根据BA的更新公式可知：每个蝙蝠个体的位置更新表达式是一个二阶方程，由此得BA的位置信息随时间变化的过程并不是Markov过程；但是，如果将位置信息、速度信息和全局最优位置信息归为一个状态B，则状态$B(t+1)$仅与状态$B(t)$相关。

易知，BA的迭代公式构成了一个随机系统，该系统在t时刻的状态转移到新的状态$B(t+1)$完全是由其在时刻t的状态决定的。迭代公式中的因子$\beta_*\in[0,1]$是一个服从正态分布的随机变量，γ和ω以及t的值均与时刻t之前的状态无关。根据定理2.5可知，蝙蝠群状态序列$\{B(t),\ t\geqslant 0\}$中从状态序列$B(t-1)$到状态序列$B(t)$，这两个状态序列的转移概率$P\left\{F_B\left[B\left(t-1\right)\right]=B(t)\right\}$由蝙蝠群体中所有个体的转移概率确定，并且转移概率可以通过联合概率$P\left[x\left(t-1\right)\rightarrow x(t)\right]$、$P\left[v\left(t-1\right)\rightarrow v(t)\right]$和$P\left[p\left(t-1\right)\rightarrow p(t)\right]$计算。

此外，$P\left[x\left(t-1\right)\rightarrow x(t)\right]$、$P\left[v\left(t-1\right)\rightarrow v(t)\right]$仅和$t$–1时刻的$x$、$v$、$p$有关，故$P\left\{F_B\left[B\left(t-1\right)\right]=B(t)\right\}$仅和$t$–1时刻的状态$a_i$（$t$–1），$1\leqslant i\leqslant N$有关。又由定理2.5可知，$P\left\{F_A\left[a\left(t-1\right)\right]=a(t)\right\}$和时刻$t$–1无关，故可得$P\left\{F_B\left[B\left(t-1\right)\right]=B(t)\right\}$

也和时刻t–1无关。因此，这个有限的Markov链是齐次的。

2.2.3 BA的几乎必然强收敛性

为了探索BA非简化模式下的收敛性，接下来将分析BA的几乎必然强收敛性。为了便于分析，首先给出下面的定义。

定义2.8 如果$P\left(\lim\limits_{n\to\infty}[X_n\subset F^*]\right)=1$，则称蝙蝠算法$\{X_n\}$为几乎必然强收敛于全局最优。

定义2.9 如果对任意$i\in C_*$有$\sum\limits_{j\in C_*}P_{i,j}=1$，即从状态空间$C_*$内的任意一点出发都不会到达$C_*$以外的任何状态，那么状态空间$C_*$就是闭集。

定义2.10 如果状态空间C_*不存在真闭子集，则C_*为不可约的，否则C_*为可约的。

定义2.11 设$\{Y_k,k\leqslant 0\}$与$\{Z_k,k\leqslant 0\}$均表示随机过程，若满足以下条件，则称$Y_k,k\leqslant 0$关于$Z_k,k\leqslant 0$是一个上鞅（或下鞅）。

1）$\mathrm{E}\left(|Y_k|\right)<\infty$；

2）$\mathrm{E}(Y_{k+1}\mid Z_0,Z_1,\cdots,Z_k)\leqslant Y_k$［或$\mathrm{E}(Y_{k+1}\mid Z_0,Z_1,\cdots,Z_k)\geqslant Y_k$］；

3）$Y_k,k\leqslant 0$是$Z_0,Z_1,\cdots,Z_k$的函数。

定理2.7 设$\{Q_k,k\geqslant 0\}$为下鞅，$\sup\limits_k \mathrm{E}(|Y_k|)<\infty$，那么存在一个随机变量$Q^*\in\{Q_k,k\geqslant 0\}$，s.t. $\mathrm{E}(|Q^*|)\leqslant\infty$，并且$Q_k\ \underline{\mathrm{a.s.}}Q^*$。即$P\{\lim\limits_{n\to\infty}Q_k=Q^*\}=1$。

证明过程详见参考文献[135]。

BA的目标其实就是寻得一个最优状态$B^*(t)$，因此，可以不失一般性地把BA的目标函数的迭代过程处理为适应值函数过程，即把$B^*(t)$转化为$F\left[B^*(t)\right]$，进而可以运用$B^*(t)$的Markov相关性质，巧妙地把$F\left[B^*(t)\right]$过程转化为下鞅，并进一步分析$\left\{F\left[B^*(t)\right]\right\}$的收敛性。

命题2.1 状态空间B^*是可约闭集。

证明：由定义2.9可知，F^*是有限闭集，又因为$F^*\subset B^*\left(t\right)$，根据定义2.10可得$B^*$是可约的。由BA的种群状态序列$\left\{B^*\left(t\right)\mid t\geqslant 0\right\}$是有限齐次Markov链，依据其相关的Markov性质，有任意$i\in B^*,\sum\limits_{j\in B^*}P_{i,j}=1$，再根据定义2.9分析可知$B^*$是一个闭集。

根据Markov过程的状态空间分解定理，如果B^*是一个可约闭集，那么可

以把 B^* 分解成2个部分：一部分是 $\{B^*(t),t\geqslant 0\}$ 的收敛空间 S，$S=\{B^*(t)\mid F[B^*(t+1)]\geqslant F[B^*(t)]\}$；另一部分是 B^*-S。

命题2.2　S是收敛空间的一个闭集。

证明：根据S集合的定义可得，全部满足 $F[B^*(t+1)]\geqslant F[B^*(t)]$ 的状态都被限制在集合S中，并且满足 $F[B^*(t+1)]< F[B^*(t)]$ 的状态都被限制在了集合 B^*-S 中。由此可知，在集合S中没有满足 $F[B^*(t+1)]< F[B^*(t)]$ 的状态，也就是说，集合S中任何一个状态的后续状态都只能在S集合中，不可能存在于S集合之外，即对任意 $i\in S$，$\sum_{j\in B^*-S}P_{i,j}=0$，因此有，任意 $i\in S$，$\sum_{j\in S}P_{i,j}=1$，所以可得集合 S 为闭集，并且有 $S\subset B^*$。根据随机过程的相关理论，将 $\{B^*(t),t\geqslant 0\}$ 构成的有限齐次Markov过程限制在全状态空间 B^* 的子集S中，那么，集合S外的任意状态构成了状态空间的反射壁，构建这样的反射壁将其他满足 $F[B^*(t+1)]\geqslant F[B^*(t)]$ 的全部状态约束在闭子集S中。

命题2.3　随机过程 $\{F[B^*(t)],t\geqslant 0\}$ 关于 $\{B^*(t),t\geqslant 0\}$ 是一个非负有界下鞅。即对任意 $t\geqslant 0$，都有 $\mathrm{E}\{F[(B^*(t))\mid B^*(0),B^*(1),\cdots,B^*(t)\}\geqslant F[B^*(t)]$。

证明：所涉及的随机过程 $\{F(B^*(t),t\geqslant 0\}$ 显然是非负有界的。由蝙蝠种群的状态序列 $\{B^*(t),t\geqslant 0\}$ 是有限齐次Markov链，可得：$\mathrm{E}\{F[B^*(t+1)]\mid B^*(0),B^*(1),\cdots,B^*(t)\}=\mathrm{E}\{F[B^*(t+1)\mid B^*(t)]\}$。

因此只需证明 $\mathrm{E}\{F[B^*(t+1)]\mid B^*(t)\}\geqslant F[B^*(t)],t\geqslant 0$ 即可。又因为对任意的 $x\in B^*$，有 $\mathrm{E}\{F[B^*(t+1)\mid B^*(t)=x]\}=\sum_{j\in B^*}F(y)P_t(S_{t+1}=y\mid S_t=x)$。根据 $\{B^*(t),t\geqslant 0\}$ 构成的有限齐次Markov过程被限制在其全状态空间 B^* 的闭子集S中，得出BA所限定的状态是一个反射壁，把其他的状态约束条件 $F[x(t+1)]\geqslant F[x(t)]$ 限定在了状态内，因此有式（2-65）。

$$
\begin{aligned}
&\sum_{y\in B^*}F(y)P_t[B^*(t+1)=y\mid B^*(t)=x]=\\
&\sum_{y\in S}F(y)P_t[B^*(t+1)=y\mid B^*(t)=x]+\sum_{y\in B^*-S}F(y)P_t[B^*(t+1)=y\mid B^*(t)=x]=\\
&\sum_{y\in S}F(y)P_t[B^*(t+1)=y\mid B^*(t)=x]+\sum_{y\in B^*-S}F(y)\cdot 0=\\
&\sum_{y\in S}F(y)P_t[B^*(t+1)=y\mid B^*(t)=x]
\end{aligned}
\tag{2-65}
$$

又因为状态 x 的任何一个后续的状态 y 满足对任意的 $y\in S$，有 $F\left[B^*(t+1)=y\right]\geqslant F\left[B^*(t)=x\right]$。因此有式（2–66）。

$$\sum_{y\in S}F(y)P_t\left[B^*(t+1)=y|\ B^*(t)=x\right]\geqslant\sum_{y\in S}F(x)P_t\left[B^*(t+1)=y|\ B^*(t)=x\right]=F(x)\sum_{y\in S}P_t\left[B^*(t+1)=y|\ B^*(t)=x\right] \tag{2-66}$$

由命题2.2可知，S是一个闭集，因此有式（2–67）。

$$\sum_{y\in S}P_t\left[B^*(t+1)=y|\ B^*(t)=x\right]=1 \tag{2-67}$$

所以可得式（2–68）。

$$\sum_{y\in S}F(y)P_t\left[B^*(t+1)=y|B^*(t)=x\right]\geqslant F(x)\sum_{y\in B^*}F(y)P_t\left[B^*(t+1)=y|B^*(t)=x\right]\geqslant F(x) \tag{2-68}$$

因此，$\mathrm{E}\left\{F\left[B^*(t+1)\right]|\ B^*(t)=x)\right\}\geqslant F(x)$ 得证。故得：$\{F\left[B^*(t)\right],t\geqslant 0\}$ 关于 $\{B^*(t),t\geqslant 0\}$ 是一个非负有界下鞅。

命题2.4　$\left\{F\left[B^*(t)\right],t\geqslant 0\right\}$ 几乎处处强收敛到全局最优解集。

证明：根据命题2.3知，$\left\{F\left[B^*(t)\right],t\geqslant 0\right\}$ 关于 $\left\{B^*(t),t\geqslant 0\right\}$ 是一个非负有界下鞅，由下鞅收敛定理及定理2.7可得：$\left\{F\left[B^*(t)\right],t\geqslant 0\right\}$ 几乎处处强收敛到全局最优解集。又因为 $B_k\ \underrightarrow{\mathrm{a.s.}}F^*$，并且 $|B^*|$ 只包含有限个不同点，再根据Egoroff定理可知 $\left\{F\left[B^*(t)\right],t\geqslant 0\right\}$ 还具有潜在的一致收敛性。因此，BA的几乎必然强收敛性得证。

综上所述，我们运用不同的数学方法对BA进行了收敛性及稳定性分析，为BA的应用拓展提供了理论性基础保障。

2.3　本章小结

本章根据BA的更新公式建立了基于蝙蝠个体位置信息的动态系统模型，通过分析得到了使BA收敛的参数选取范围，并构造了对应系统的Lyapunov函数，进一步分析了算法的稳定性。为了分析参数设置对算法收敛性的影响，以蝙蝠个体为研究对象，同时考虑蝙蝠个体的位置信息和速度信息建立了BA的动态系统模型，得到了使算法收敛的参数范围。通过数值仿真实验检验了理论分析中所得收敛条件的正确性和可靠性。为了研究BA无条件下的强收敛性，建立了BA的Markov链模型，并引入鞅理论把BA的迭代过程转化为鞅过程，进而证明了BA具有几乎必然强收敛性。至此，本章使用了不同的数学方法对BA进行了收敛性及稳定性分析，为算法提供了理论保障。在此基础上，本书将针对BA寻优性能方面存在的不足对其改进算法展开研究。

第3章 提升收敛性能的改进蝙蝠算法

3.1 基于随机惯性权重学习机制的改进

由于BA中蝙蝠个体向自身历史最佳位置和邻域或群体历史最佳位置聚集，形成蝙蝠种群的快速趋同效应，存在着后期收敛速度慢、收敛精度不高、易陷入局部极小点等不足。同时，BA参数设置不同，对算法解算性能影响明显。针对BA的这些不足，本章在前文已证明收敛性的更新模型基础上，对其进行学习机制的优化设计研究。

3.1.1 随机惯性权重策略

在第2章中，BA更新模型转化成矩阵形式，解析了该模式下算法的收敛性，已知该模型的更新公式如式（3–1）及式（3–2）所示。

$$v_{k+1} = av_k + b(p - x_k) \tag{3–1}$$

$$x_{k+1} = x_k + v_{k+1} \tag{3–2}$$

式中，a为惯性权重；b为频率的平均值。

在式（3–1）及式（3–2）给出的算法模型基础上，为了平衡BA的全局探索能力和局部搜索能力，采用随机权重的学习策略对该算法进行改进。学习机制中动态惯性权重系数的表达式如式（3–3）及式（3–4）所示。

$$a = \mu + \sigma \cdot \mathrm{N}(0,1) \tag{3–3}$$

$$\mu = \mu_{\min} + (\mu_{\max} - \mu_{\min}) \cdot \mathrm{rand}(0,1) \tag{3–4}$$

式中，N(0,1) 为标准正态分布的随机数；rand(0,1) 表示 0 ~ 1 之间的随机数。

不难发现，随机地选取 a 值，使得蝙蝠个体的历史速度对当前速度的影响是随机的。如果在进化初期接近最优点，则随机 a 可能产生相对较小的 a 值，加快算法的收敛速度。另外，这种策略可以克服算法找不到最优点的局限。

3.1.2　算法描述

算法流程设计如下。

1）在搜索空间中初始化蝙蝠 i 的位置 x_i 及速度 v_i，计算蝙蝠 i 的适应度值 $g\left(x_i\right)$，其中 $g\left(x\right)$ 为适应度函数，并把群体 n 个蝙蝠中适应度值最小的位置作为 p 的初值，$1 \leqslant i \leqslant n$。

2）存储当前各个蝙蝠的位置和适应度值，保留最优位置 best。

3）根据式（3–1）进行速度位置更新。

4）根据适应度值的大小对群体蝙蝠进行排序，找到当前最优位置。

5）如果满足结束条件（误差足够小或达到最大迭代次数），则退出并输出最优位置 x，及其适应度值；否则转到步骤 2）。

3.1.3　实验仿真与结果分析

1. 测试函数

为了验证本章设计的采用随机惯性权重策略学习策略的 BA 性能，选取了 8 个基准测试函数进行仿真测试，如表 3–1 所示，以测试函数的适应度值为标准，并与基本 BA 和 PSO 算法进行性能对比。这 8 个基准测试函数是非线性多峰多极值函数，能够有效检验算法的搜索性能。其中，较为典型的函数有：g_1 函数是典型的单模态函数；g_2 函数是多峰的，它的局部最优值随着维数的升高而增加，能够独立地优化各变量，有众多局部极值且多个极小值呈规律分布；g_3 函数在搜索区域内具有强烈振荡的特点；g_4 函数有一个非常粗糙的适应度表面，种群极易陷入局部极值中，是测试算法全局收敛性的极佳函数。

表 3–1　测试函数（一）

函数名	函数表达式	维数	x 取值范围	最优值
Sphere	$g_1\left(x\right)=\sum_{i=1}^{n} x_i^2$	30	[−100，100]	0

续表

函数名	函数表达式	维数	x取值范围	最优值
Griewank	$g_2(x)=\sum_{i=1}^{n}\frac{x_i^2}{4000}-\prod_{i=1}^{n}\cos\left(\frac{x_i}{\sqrt{i}}\right)+1$	30	[−600，600]	0
Schaffer F6	$g_3(x)=\frac{\sin^2\sqrt{x_1^2+x_2^2}-0.5}{[1+0.001(x_1^2+x_2^2)]^2}-0.5$	2	[−100，100]	0
Schwefel	$g_4(x)=\sum_{i=1}^{n}\lvert x_i\rvert+\prod_{i=1}^{n}\lvert x_i\rvert$	30	[−10，10]	0
Quartic	$g_5(x)=\sum_{i=1}^{n}ix_i^4+\text{rand}[0,1]$	30	[−100，100]	0
Eggcrate	$g_6(x)=x_1^2+x_2^2+25(\sin^2 x_1+\sin^2 x_2)$	2	[−2π，2π]	0
Rastrigin	$g_7(x)=10n+\sum_{i=1}^{n}\left[x_i^2-10\cos(2\pi x_i)\right]$	30	[−5.12，5.12]	0
Zakharov	$g_8(x)=\sum_{i=1}^{n}x_i^2+\left(\frac{1}{2}\sum_{i=1}^{n}ix_i\right)^2+\left(\frac{1}{2}\sum_{i=1}^{n}ix_i\right)^4$	30	[−10，10]	0

2.实验结果分析

本章采用随机惯性权重的学习策略优化BA（简记为IBA），将其与基本BA和PSO算法进行对比，发现在不同的基准测试函数中，改进后的BA在收敛性能、优化速度、增加种群多样性方面均得到有效提升。仿真实验规定每种算法独立运行10次，并且实际寻优值与理论最优值的相对误差小于1%时视为找到最优解，仿真实验结果见表3-2。其中，算法的最大迭代次数为500，除测试函数g_3、g_6外，维数均设置为30。TC为终止条件，$\text{Tol}=1.0\times10^{-5}$；Benchmark Function为所用的基准测试函数；Method为对比的两种算法；Fitness为测试函数的适应度值；Min、Mean、Max分别为最小值、平均值、最大值。

表3-2　仿真实验结果

TC	Benchmark Function	Method	Min Fitness	Mean Fitness	Max Fitness
$\text{Tol}=1.0\times10^{-5}$	g_1	IBA	7.8489×10^{-5}	7.8416×10^{-3}	8.2635×10^{-2}
		BA	9.7959×10^{-3}	2.0734×10^{-2}	2.8457×10^{-2}
		PSO	9.5142×10^{-3}	7.1427×10^{-2}	8.6452×10^{-2}
	g_2	IBA	1.2421×10^{-8}	2.2229×10^{-5}	2.8839×10^{-4}
		BA	3.4914×10^{-4}	4.2168×10^{-3}	4.3750×10^{-2}
		PSO	6.005	6.8551	7.3295

续表

TC	Benchmark Function	Method	Min Fitness	Mean Fitness	Max Fitness
$Tol=1.0\times10^{-5}$	g_3	IBA	-2.6393×10^{-3}	1.7775×10^{-3}	3.5039
		BA	−4.9863	3.4274	6.4704
		PSO	−1	−0.9975	−0.7877
	g_4	IBA	-3.5262×10^{-5}	-4.6911×10^{-4}	−0.3343
		BA	-3.532×10^{-2}	−9.2077	−0.4943
		PSO	3.3155	5.5797	6.6971
	g_5	IBA	-3.6236×10^{-4}	-1.5072×10^{-3}	0.5132
		BA	−0.5319	0.4658	0.5140
		PSO	0.2090	0.3239	0.5683
	g_6	IBA	-9.9081×10^{-5}	3.6022×10^{-4}	2.0744
		BA	−3.6167	−0.3541	4.1714
		PSO	1.0911×10^{-2}	1.1632	9.4882
	g_7	IBA	−2.3889	−0.1780	2.9130
		BA	−8.2411	1.7290	9.8247
		PSO	62.6822	88.7319	121.3825
	g_8	IBA	-8.0954×10^{-6}	1.7345×10^{-4}	7.2780×10^{-2}
		BA	-5.8759×10^{-2}	2.1858×10^{-2}	0.8778
		PSO	52.176	82.9426	121.6911

从表3–2中仿真实验运行得到的均值可以看出，对于基本BA和改进BA各个测试函数均可得到满足条件的解，而PSO算法则在g_2、g_4、g_7、g_8这几个测试函数中并不能达到最优解。通过对比各个测试函数改进前后的取值，不难发现IBA在收敛精度上有较大提升，算法快速求解性能也得到明显改善。由于测试函数中既有单模态，也有多模态，同时维数有2维和30维2种情况，因此改进后的BA能够很好地解决各类问题，使算法得到有效改进。

本章对每个基准测试函数均使用不同的算法（基本BA、改进后的BA和PSO算法）在最大迭代次数为500的条件下，独立地运行10次，给出了在运行过程中最优适应度值的进化曲线，如图3–1~图3–3所示，直观地展示了改进前后两种不同算法适应度值的变化情况和算法收敛到全局最优值时的迭代次数。这里代表性地从8个基准测试函数中选取g_4、g_5、g_8这3个典型的测试算法全局探索和开发性能的基准测试函数。其中，横坐标代表迭代次数，纵坐标代表适应度值。

从图3–1可以看出，对于g_4函数来说，虽然改进BA和PSO算法均达到了全局最优点，但是明显看出改进BA无论是在快速解算性能上还是在收敛精度上的表现均优于基本BA和PSO算法。明显地，在迭代进行到100次时，改进BA性能已经比基本BA表现得更优了。然而，基本BA在运行到仿真实验停止规则（最大迭代次数500次）时，才基本接近收敛。

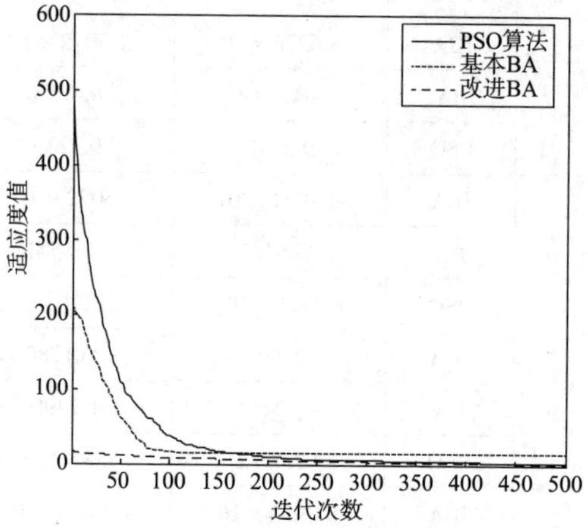

图3–1　g_4函数仿真实验收敛对比

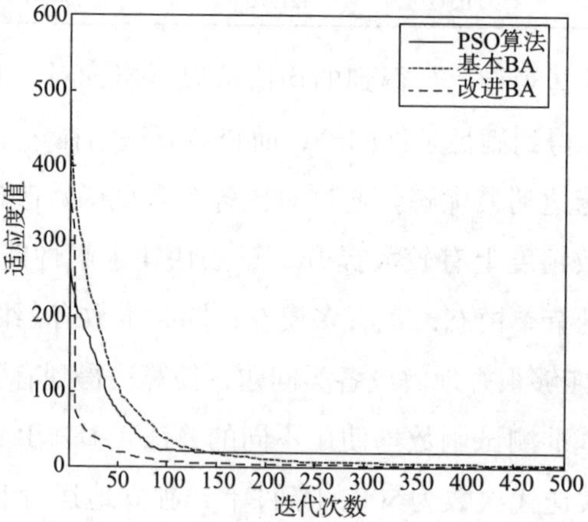

图3–2　g_5函数仿真实验收敛对比

从图3–2可以看出，对于30维的g_5函数来说，改进BA在迭代进行到150次左右时就已经到达到了全局最优解，并且在寻优过程中，解算速度很快。

基本BA则是在迭代进行到400次左右时才达到了和改进BA相同的收敛精度。同时，在此测试函数下，虽然PSO算法的收敛精度和速度比基本BA表现更优，但是仍然不及改进BA的性能。

从图3–3可以看出，对于g_8函数来说，明显地，改进BA在收敛速度和收敛精度方面都优于基本BA和PSO算法。在前50次迭代过程中，基本BA和改进BA表现较优，PSO算法在仿真实验中最终也没有达到最优解。因此，总体来看，改进BA解算性能更优。

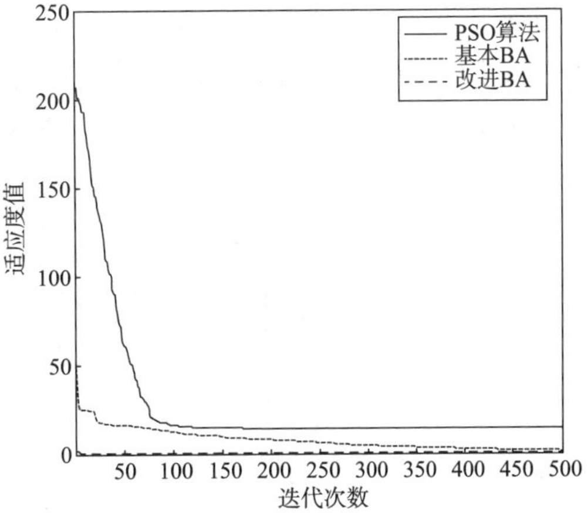

图3–3　g_8函数仿真实验收敛对比

纵观所有的测试函数对比情况，不难发现，改进BA的收敛速度更快，收敛精度更高，算法快速解算性能有很大程度的提升。

3.2　基于时变惯性权重学习机制的改进

研究表明，基本的BA存在一些问题，比如容易陷入局部最优无法跳出，局部搜索能力较弱，过早进入停滞状态等。为了更好地控制BA的开发和探索能力，克服基本BA的缺点，本章在BA更新模式中引入了时变的惯性权重，设计给出了3种不同性态的惯性权重学习机制，对BA进行改进。通过数值仿真实验，将3种不同学习机制下的改进BA与对比算法中的权重方法进行了对比分析。

3.2.1　时变惯性权重策略

惯性权重w作为BA中为数不多的参数之一，有着很重要的作用，惯性权重的大小决定了对前一个蝙蝠个体的速度继承多少。一般地，惯性权重主要有两种选择：固定权重和时变权重。固定权重就是在算法迭代过程中，固定地选择某一个常数作为权重值，在整个优化过程中不做变动。时变权重则是随着迭代次数的增加，惯性权重取值也不断变化。时变权重在整个迭代过程中按照某种递减率减小，从而呈现出不同的取值情况。较大的惯性权重将使蝙蝠个体具有较大的速度，从而增强了蝙蝠的探索能力；较小的惯性权重将使蝙蝠个体具有较强的开发能力。因此，算法的优化效果很大程度上取决于惯性权重的选取，并且时变的惯性权重更有利于增加算法多样性，提高搜索能力和探索能力。本节提出3种不同方案的递减性时变惯性权重学习机制，如式（3–5）所示。

$$\begin{cases} w_1 = w_{max}(w_{max} - w_{min})\dfrac{T_{max} - k}{T_{max}} \\ w_2 = w_{max} - (w_{max} - w_{min})\left(\dfrac{k}{T_{max}}\right)^2 \\ w_3 = w_{min}\left(\dfrac{w_{max}}{w_{min}}\right)^{\frac{1}{1+\frac{10k}{T_{max}}}} \end{cases} \tag{3–5}$$

式中，w_1、w_2、w_3分别为方案1、方案2、方案3的时变惯性权重表达式；w_{max}、w_{min}分别为惯性权重的最大值及最小值，根据已有的数值实验发现，当其取值分别为0.9、0.4时，算法收敛效果相对较好；T_{max}为最大迭代次数；k为当前迭代次数。易知，这3种学习机制中的惯性权重均是随着迭代次数的增加按照某种递减率逐次减小的，时变权重随迭代次数的变化情况如图3–4所示。

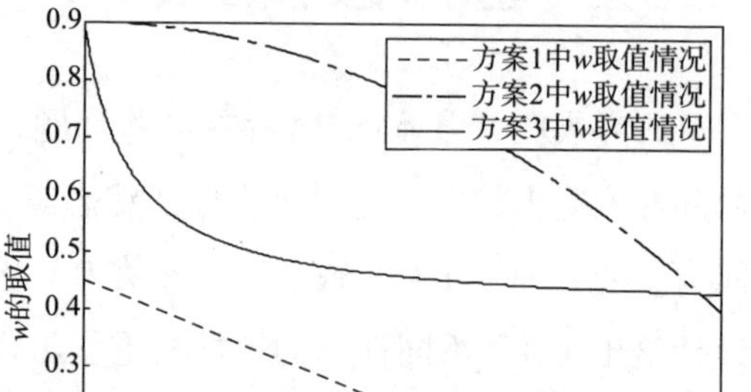

图3–4　时变权重随迭代次数的变化情况

由图3–4可知，方案1中时变权重w_1的衰减性态为简单的一次线性函数，方案2中时变权重w_2的衰减性态为二次函数，方案3中时变权重w_3的衰减性态为指数函数。

3.2.2　算法描述

根据提出的3种不同递减性态的惯性权重学习机制，基本BA的速度更新公式得到改进，3种方案分别如下所示。

1）方案1：

$$\begin{cases} v_i^{t+1} = w_1 v_i^t + \left(p - x_i^t\right) f_i \\ w_1 = w_{\max}(w_{\max} - w_{\min}) \dfrac{T_{\max} - k}{T_{\max}} \end{cases} \tag{3-6}$$

从式（3-6）中可以看出，时变惯性权重 w_1 以当前迭代次数 k 为变量，呈现出简单一次线性函数的衰减性态。

2）方案2：

$$\begin{cases} v_i^{t+1} = w_2 v_i^t + \left(p - x_i^t\right) f_i \\ w_2 = w_{\max} - (w_{\max} - w_{\min}) \left(\dfrac{k}{T_{\max}} \right)^2 \end{cases} \tag{3-7}$$

从式（3-7）中可以看出，时变惯性权重 w_2 的衰减性态是以迭代次数 k 为变量的二次函数形式，衰减后的最小值比 w_1 大得多，也就是方案2的惯性权重取值对速度有着更大的继承。

3）方案3：

$$\begin{cases} v_i^{t+1} = w_3 v_i^t + \left(p - x_i^t\right) f_i \\ w_3 = w_{\min} \left(\dfrac{w_{\max}}{w_{\min}} \right)^{\frac{1}{1+\frac{10k}{T_{\max}}}} \end{cases} \tag{3-8}$$

从式（3-8）中可以看出，时变惯性权重 w_3 的衰减性态是以迭代次数为变量的指数函数形式，它的衰减速率较 w_1 而言缓慢得多，且最终的取值与 w_2 相近。蝙蝠的搜索脉冲频率 f_i 和位置 x_i 的更新公式不变，除对蝙蝠的速度 v_i 进行修正外，算法的流程都不变。

3.2.3　实验仿真与结果分析

1.仿真实验

BA中涉及的参数较少，参数的选取目前尚无确切的理论依据，本章选择的的参数值是根据反复实验获得的经验值确定的。其中，$w_{\max} = 0.9$、$w_{\min} = 0.4$、算法最大搜索次数 $T_{\max} = 1000$、群体数 $D = 30$。

本节选取了6个基准测试函数优化问题进行仿真测试，如表3-3所示，并与基本BA进行性能对比。测试函数均是非线性函数，可以有效地检验算法的探索、开发性能。其中，具有代表性的有：g_1 函数是典型的单模态函数；g_2 函数是多峰的，它的局部最优值随着维数的升高而增加，能够独立地优化各变量，有众多局部极值且多个极小值呈规律分布；g_6 函数具有一个非常粗糙的适应度表面，很容易诱导进入非真的全局最优解，从而陷入局部极值中，是测试算法全局收敛性能的极佳函数。

表3-3　测试函数（二）

函数名	函数表达式	维数	x取值范围	最优值
Sphere	$g_1(x)=\sum_{i=1}^{n}x_i^2$	30	[−100，100]	0
Griewank	$g_2(x)=\sum_{i=1}^{n}\frac{x_i^2}{4000}-\prod_{i=1}^{n}\cos\left(\frac{x_i}{\sqrt{i}}\right)+1$	30	[−600，600]	0
Eggcrate	$g_3(x)=x_1^2+x_2^2+25(\sin^2 x_1+\sin^2 x_2)$	2	[−2π，2π]	0
Rastrigin	$g_4(x)=10n+\sum_{i=1}^{n}\left[x_i^2-10\cos(2\pi x_i)\right]$	30	[−5.12，5.12]	0
Zakharov	$g_5(x)=\sum_{i=1}^{n}x_i^2+\left(\frac{1}{2}\sum_{i=1}^{n}ix_i\right)^2+\left(\frac{1}{2}\sum_{i=1}^{n}ix_i\right)^4$	30	[−10，10]	0
Schwefel	$g_6(x)=\sum_{i=1}^{n}\lvert x_i\rvert+\prod_{i=1}^{n}\lvert x_i\rvert$	30	[−500，500]	0

2.仿真结果及分析

仿真实验规定，当测试中实际的寻优值与理论最优值的相对误差小于1%时，视为找到最优解，规定每种算法独立运行10次，基准测试函数如表3-3所示。3种时变惯性权重改进后的BA与基本BA的收敛曲线对比分别如图3-5至图3-8所示。直观地展示了改进前后的BA适应度值的迭代下降过程。这里代表性地从测试函数中选取 g_1、g_2、g_5、g_6 4个测试函数。

测试函数 g_1 仿真实验结果如图3-5所示。由图3-5（a）及图3-5（b）可以看出，方案1、方案2改进后的BA相对于基本BA的性能均有所提升，收敛的迭代次数基本持平于150次，并且在前100次的迭代过程中收敛精度和收敛速度都优于基本BA。从图3-5（c）中可以看出，在对测试函数 g_1 的仿真实验中，方案3改进BA的收敛性能比基本BA提升很多，收敛速度明显加快，基本BA在200次迭代后才收敛，引入时变惯性权重的改进BA达到最优值所需的迭代次数明显减少。

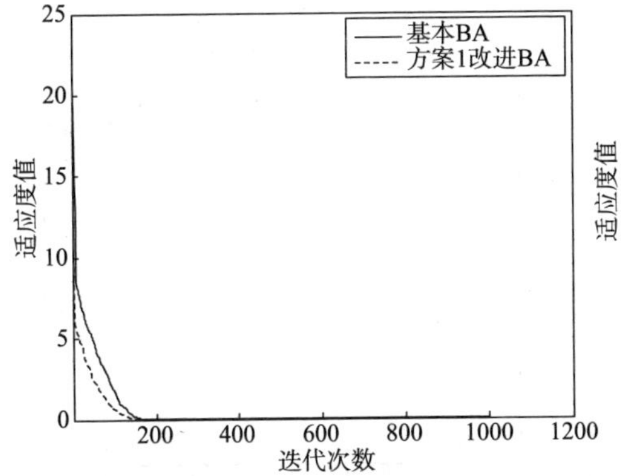

(a) 方案1改进BA与基本BA对比

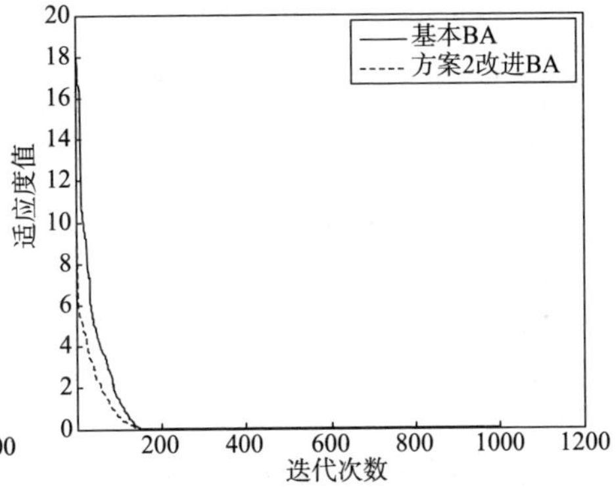

(b) 方案2改进BA与基本BA对比

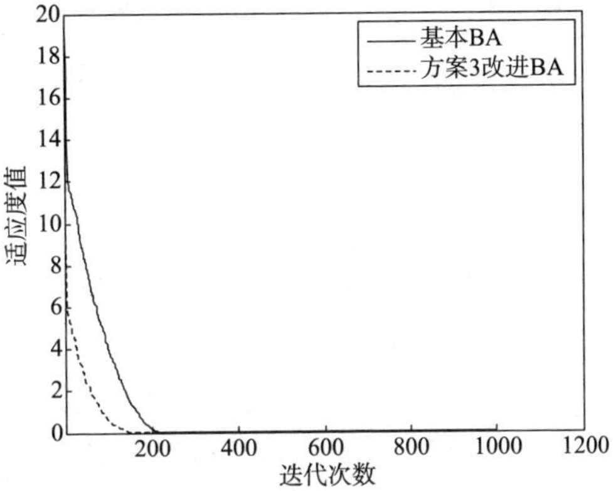

(c) 方案3改进BA与基本BA对比

图3-5　测试函数g_1仿真实验结果

测试函数g_2仿真实验结果如图3-6所示。由图3-6（a）及图3-6（b）可以看出，前两种衰减性态的时变惯性权重改进的BA在收敛速度方面作用类似，但均比基本BA表现更优。同时，对于测试函数g_2来说，方案2的改进BA达到收敛所需的迭代次数较方案1有所减少。

测试函数g_5仿真实验结果如图3-7所示。由图3-7（a）及图3-7（c）可以看出，方案1和方案3改进后的BA性能得到了非常有效的改善。基本BA收敛需要的迭代次数几乎均达到了实验允许的最大值1000次，而改进后的BA则明显寻优能力更强，算法收敛到最优值所需要的迭代次数明显减少，收敛速度大大提高。从图3-7（b）中可以看出，方案2改进后的BA性能和方案1、方案3比较而言并不突出，但是，算法性能还是得到了提升，在迭代进行到400次时就已经达到了最优解，而基本BA则是在迭代进行到800次时才达到最优解。

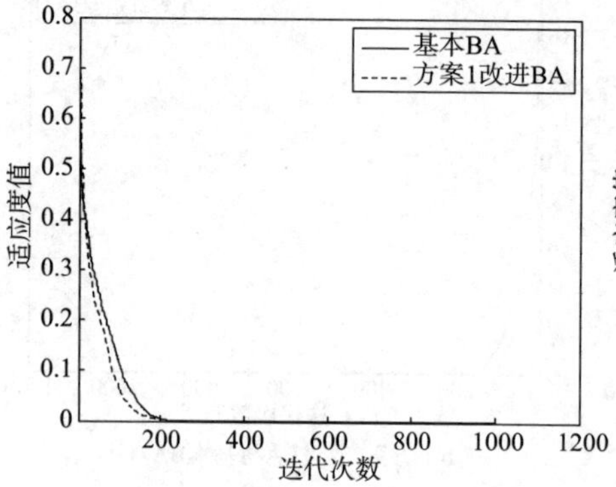

（a）方案1改进BA与基本BA对比

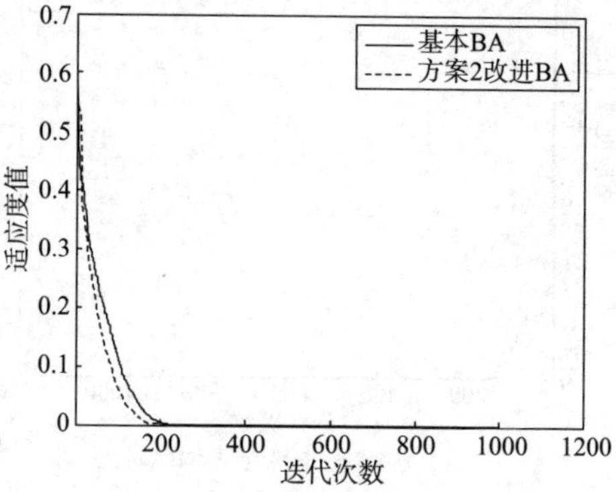

（b）方案2改进BA与基本BA对比

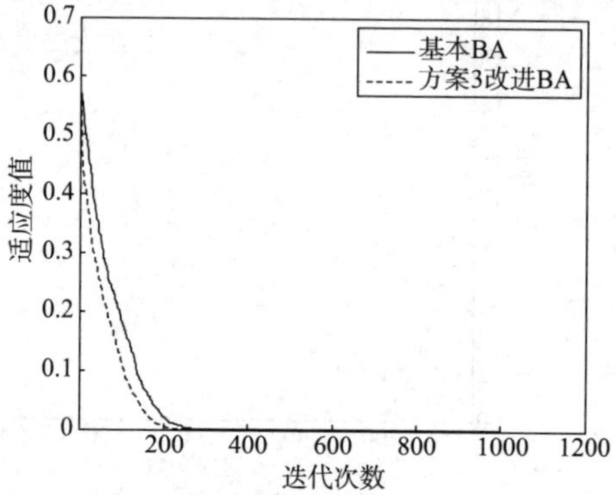

（c）方案3改进BA与基本BA对比

图3-6　测试函数g_2仿真实验结果

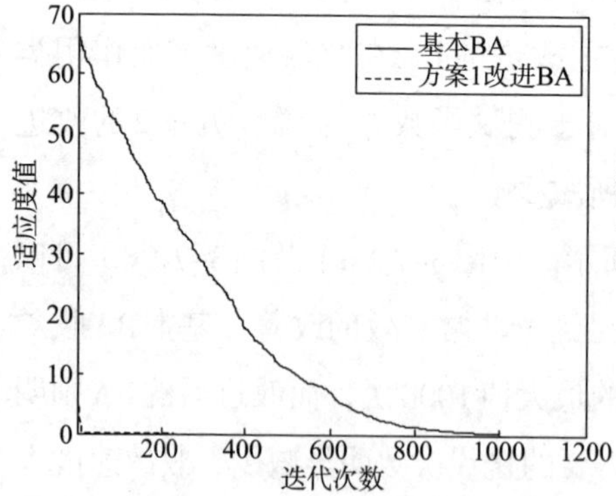

（a）方案1改进BA与基本BA对比

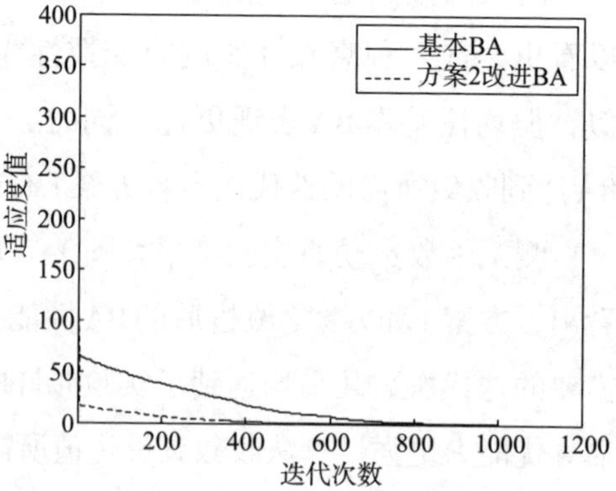

（b）方案2改进BA与基本BA对比

图3-7　测试函数g_5仿真实验结果

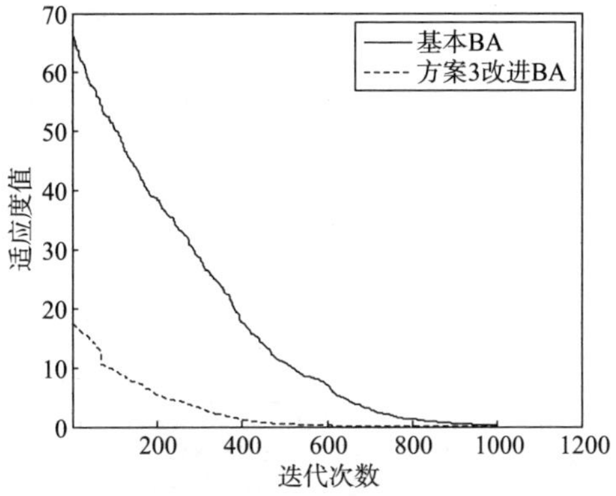

（c）方案3改进BA与基本BA对比

图 3-7 测试函数 g_5 仿真实验结果（续）

测试函数 g_6 仿真实验结果如图 3-8 所示。由图 3-8（a）及图 3-8（b）可以看出，对方案 1，虽然当迭代小于 100 次时，基本 BA 表现更优，但是基本 BA 陷入了局部极值，且最终没有跳出，方案 1 的改进 BA 收敛速度和收敛精度均高于基本 BA。对方案 2，在 200 次迭代之前基本 BA 的收敛速度快于改进后的算法，但是同样地，在后来的测试过程中基本 BA 不可避免地陷入了局部极值，没有收敛到最优解。而方案 2 改进后的算法在很大程度上提升了算法性能，收敛精度较高。从图 3-8（c）中可以看出，在对测试函数 g_6 的仿真实验中，方案 3 改进的 BA 虽然在收敛速度方面优势并不明显，但它在收敛精度和避免进入局部极值方面均有所改善，比基本 BA 表现更优。

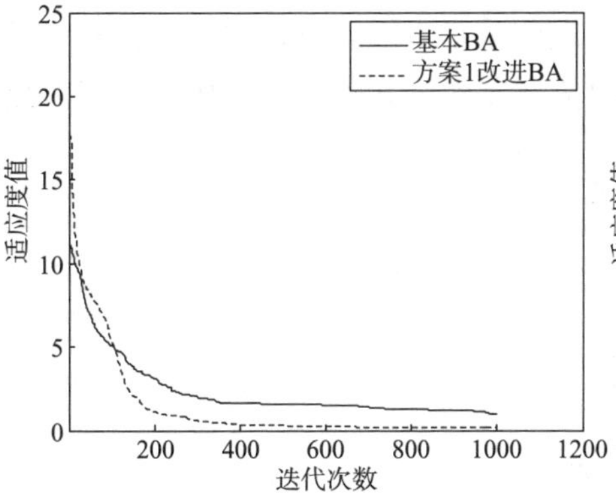

（a）方案1改进BA与基本BA对比

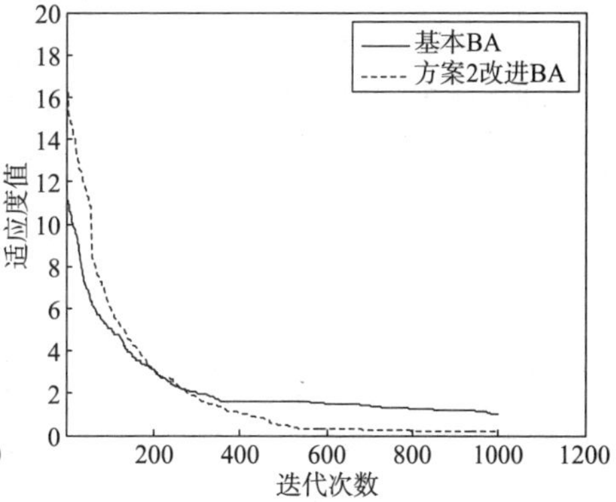

（b）方案2改进BA与基本BA对比

图 3-8 测试函数 g_6 仿真实验结果

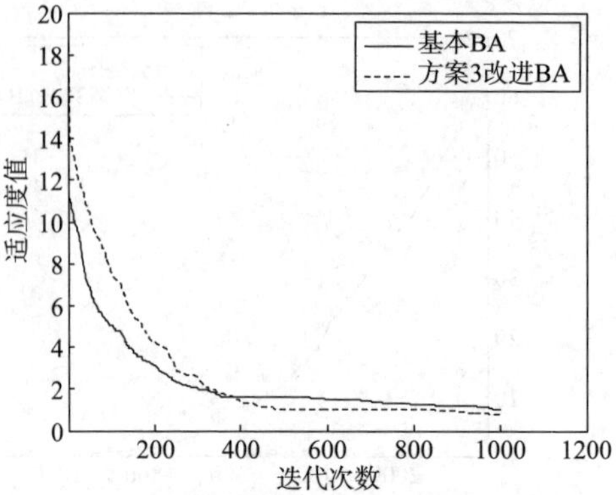

（c）方案3改进BA与基本BA对比

图3–8　测试函数g_6仿真实验结果（续）

纵观所有的收敛曲线对比图，不难发现，引入时变惯性权重的改进BA均比基本BA的性能好，在一定程度上都提高了算法的收敛速度和收敛精度，同时，在避免进入局部极值方面也比基本BA表现更优。同时可以总结出，对于不同的测试函数来说，3种不同衰减性态的时变惯性权重方案对算法收敛性态有着不同的影响，方案1和方案2的改进效果较为相似。整体而言，从各个测试函数仿真实验后的收敛速度和收敛精度方面看，方案3的改进效果大都比前两者更优，并且通过大量的测试数据发现，在惯性权重衰减的过程中，当权重值递减到0.4～0.5时，算法的改进效果最优；如果继续递减，效果反而会下降，而方案3中惯性权重最终是在这个范围内，因此可以基本认定这3种不同的衰减性态中，方案3的效果最好。

为了进一步验证方案3改进后的BA性能是否得到了有效提升，将其与另外两种时变惯性权重方案进行对比性的仿真实验。其中，进行仿真实验对比的两种改进方案分别如下。

1）方案4

$$\begin{cases} v_i^{t+1} = w_4 v_i^t + (p - x_i^t) f_i \\ w_4 = w_{\text{end}} \left(\dfrac{w_{\text{start}}}{w_{\text{end}}} \right)^{\frac{1}{1+\frac{ct}{T_{\max}}}} \end{cases} \tag{3-9}$$

方案4的改进方法来自文献[52]，分别通过4个测试函数对其进行对比仿真，即将方案3和方案4分别用测试函数g_1、g_2、g_5、g_6进行实验，得到的对比结果如图3–9所示。

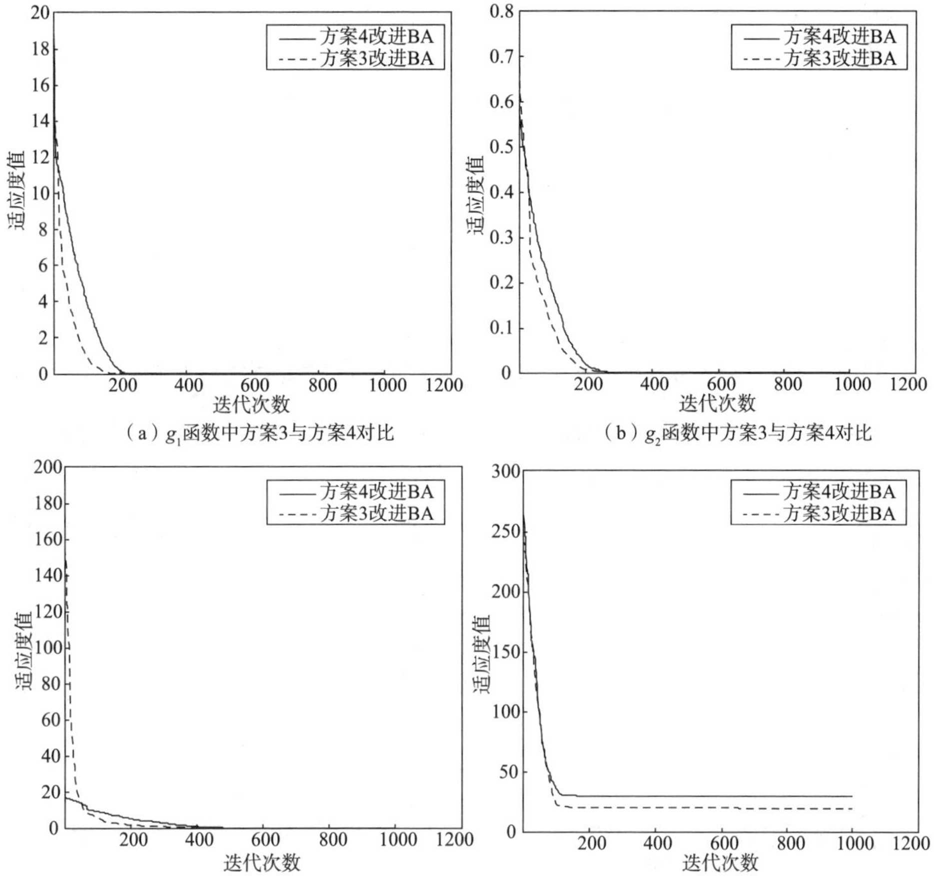

（a）g_1函数中方案3与方案4对比

（b）g_2函数中方案3与方案4对比

（c）g_5函数中方案3与方案4对比

（d）g_6函数中方案3与方案4对比

图 3-9　方案 3 和方案 4 对比仿真实验结果

从图 3-9 可以看出，在选用 4 个不同的测试函数下，方案 3 改进后的 BA 在收敛速度和收敛精度上均比方案 4 要好。

2）方案 5

$$\begin{cases} v_i^{t+1} = w_5 v_i^t + (p - x_i^t) f_i \\ w_5 = w_{\min} + (w_{\max} - w_{\min}) \left(\dfrac{t}{T_{\max}} \right) \end{cases} \tag{3-10}$$

方案 5 的改进方法来自文献[53]，同样地，分别通过 4 个测试函数对两种方案进行对比仿真实验，即将方案 3 和方案 5 分别用测试函数 g_1、g_2、g_5、g_6 进行仿真，得到的对比结果如图 3-10 所示。

从图 3-10 可以看出，方案 3 改进 BA 比方案 5 改进 BA 效果好，算法的收敛速

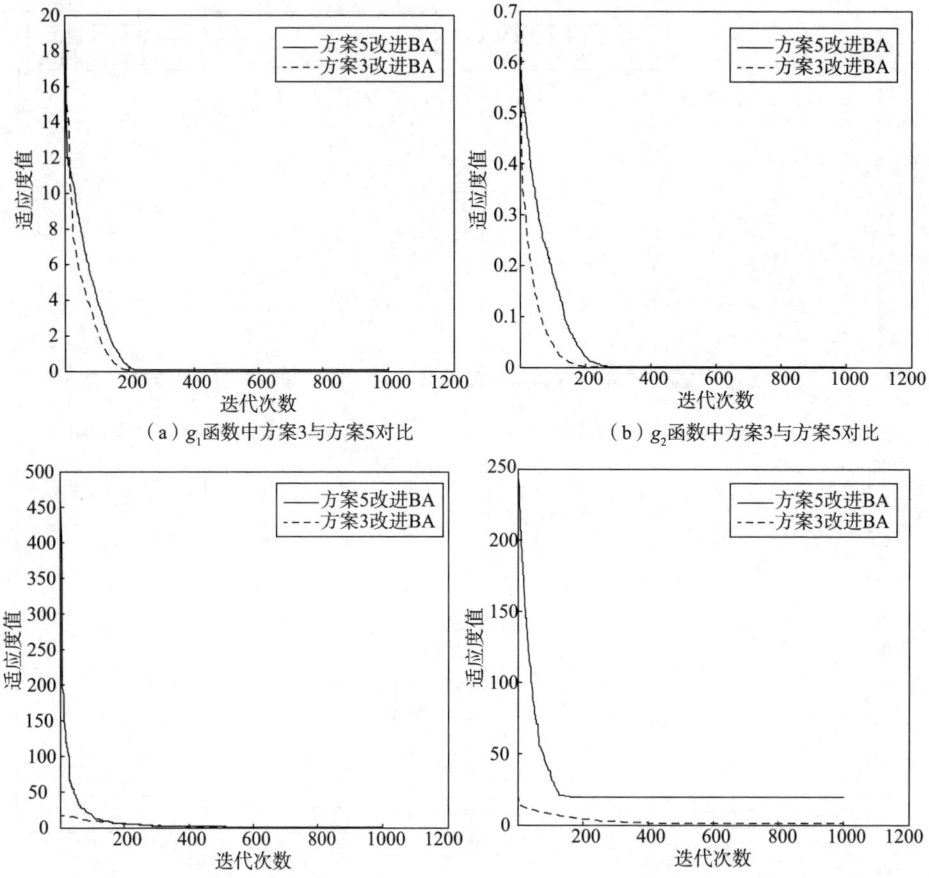

（a）g_1函数中方案3与方案5对比
（b）g_2函数中方案3与方案5对比
（c）g_5函数中方案3与方案5对比
（d）g_6函数中方案3与方案5对比

图3-10　方案3和方案5对比仿真实验结果

度和收敛精度方面，方案3均表现更优。因此，本章提出的改进方案是切实有效的，结果表明改进后的BA具有较高的收敛精度和较强的全局搜索能力。

3.3　本章小结

在运用动态系统相关理论对蝙蝠算法的收敛性进行解析的基础上，得到了使BA快速收敛的参数设置指导。基于此，针对该算法模型的局限性，采用随机惯性权重以及时变惯性权重的学习策略对算法进行优化设计，提升了算法的快速解算性能。通过基准测试函数进行数值仿真实验，结果表明改进的BA有效改善了蝙蝠个体的寻优能力，解算性能显著提高。

第 4 章　融合自适应多普勒策略及动态权重优化策略的蝙蝠算法

BA是一种模拟蝙蝠种群依靠回声定位系统捕食过程的群智能优化算法，它在理想状态下对回声定位系统进行了简化，即忽略了蝙蝠与猎物之间实际存在的多普勒效应，简单地将频率取值为一个区间上的随机值，这与实际的蝙蝠猎捕过程有一定出入。除此之外，它也不可避免地具有局限性。例如，在某些条件下，它易陷入局部最优值中无法跳出。正如第1章中对BA研究现状的总结一样，目前已有不少学者对BA进行了各类改进研究，尽管这些研究在一定程度上提高了BA的性能，但是在解决高维复杂问题时的寻优性能仍有待进一步提升。

本章提出一种融合自适应多普勒策略及动态权重优化策略的改进BA（SDDW-BA），根据蝙蝠个体与其猎物之间距离的变化，对算法中的重要参数频率进行自适应性的多普勒补偿，使算法更接近蝙蝠群体的真实猎捕过程。此外，引入动态权重优化策略从而为蝙蝠个体生成更好的速度信息，进而使最佳个体在不同的开采时期可以具有不同的勘探能力，避免陷入局部最优。数值仿真实验验证了改进BA较基本BA及其他多种对比算法，性能得到了有效提升。

4.1　SDDW-BA描述

本节介绍所提出的融合自适应多普勒策略及动态权重优化策略的改进

BA，其主要组成部分包括基本BA、自适应多普勒策略（SD）和动态权重优化策略（DW）。

4.1.1 自适应多普勒策略

多普勒效应是由奥地利物理学家和数学家克里斯琴·约翰·多普勒（Christian Johann Doppler）于1842年提出的。通常，可以发射声波的物体被称为声源，而可以接收声波的物体被称为观察者。多普勒效应表明，如果二者间存在相对运动，则观察者听到的声音的实际频率与声源本身发出的频率是不同的。

假设f为观察者在没有相对运动时所听到声音的发射频率，即声源的发射频率；f'为存在相对运动时观察者所听到声音的声源频率；v为观察者的运动速度。另外，令u为声源的移动速度，c_*为空气中声音的传播速度。根据多普勒效应，f和f'之间的关系表示如式（4–1）所示。

$$f' = \left(\frac{c_* \pm v}{c_* \pm u}\right) f \tag{4–1}$$

式中，v为负数表示观察者向声源靠近，为正数则表示观察者远离声源；u为负数表示声源向观察者靠近，为正数则表示声源远离观察者。

实际上，在蝙蝠群体的捕食过程中，蝙蝠个体和猎物之间明显存在着相对运动，并且蝙蝠觅食采用的是回声定位方法，由此不难发现声波的频率满足多普勒效应。但是，基本BA的频率是简化地在一个固定区域内随机取值的，这忽略了捕食中实际存在的多普勒效应。一些学者意识到了这种真实效应潜在的重大作用，试图将多普勒效应引入基本BA。例如，Geetha等提出了一种基于高斯函数扰动和多普勒效应的BA，用于图像预处理步骤，以消除磁共振成像（Magnetic Resonance Imaging，MRI）中AD分类中的噪声特征，但是其中所应用的多普勒效应仅对单个蝙蝠的频率使用了频率的算术平均值，计算方法是将所有的频率相加，然后除以频率总量，这实际上仅稍微改变了BA中的频率取值。Chen等使用了多普勒效应，基于可测量的相对运动提出了回声辅助的BA，具体是利用回声时间测量蝙蝠和猎物之间的距离，从而在一定程度上提高了优化效率。在以上改进策略中，并没有考虑最佳个体的速度，只是考虑了声速和当前蝙蝠个体之间的速度差异。在此基础上，基于多普勒效应的改进效果仍然有限，还有较大的改进空间。

从BA的更新公式分析可得，算法中的频率参数在一定程度上控制着蝙蝠个体的飞行速度和位置，因此，蝙蝠本身可以通过调整其频率进行多普勒效应补偿，然后通过回声定位机制掌握猎物的精确位置。受到上述工作的启发，我们将自适应多普勒策略设计为SDDW-BA的第一个改进部分，因为该策略能够捕获蝙蝠群体更真实的狩猎特征，从而提供更准确的搜索方式。根据多普勒效应原理，频率随着观察者和声源的相对运动而发生变化，为了进一步克服前面提到的改进缺陷并模拟更逼真的蝙蝠捕猎行为，我们提出的自适应多普勒学习策略如式（4–2）所示。

$$f_{*i}^{t}=\begin{cases}\dfrac{c_*-v_i^{t-1}}{c_*+v_{\text{best}}}f^{t-1}\left[1+\alpha^*\dfrac{\left(x_g^{t-1}-x_i^{t-2}\right)}{\left|x_g^{t-1}-x_i^{t-2}+\varepsilon\right|}\right], & d_i^{t-1}>d_i^{t-2}\\ f_i^{t-1}, & d_i^{t-1}=d_i^{t-2}\\ \dfrac{c_*+v_i^{t-1}}{c_*-v_{\text{best}}}f^{t-1}\left[1+\alpha^*\dfrac{\left(x_g^{t-1}-x_i^{t-2}\right)}{\left|x_g^{t-1}-x_i^{t-2}+\varepsilon\right|}\right], & d_i^{t-1}<d_i^{t-2}\end{cases} \tag{4-2}$$

式中，f_{*i}^{t} 为改进的频率参数；v_i^{t-1} 为当前蝙蝠个体的速度标量；v_{best} 为当前最佳蝙蝠个体的速度标量；d_i^{t-1} 、d_i^{t-2} 分别为蝙蝠个体在当前迭代次数 t 和上一次迭代次数 $t-1$ 时与猎物之间的距离；c_* 为声音在空气中的传播速度；$\alpha^*\in[0,1]$ 为补偿因子，当 $\alpha^*=0$ 时，意味着蝙蝠无法补偿到全局最优位置引导下的回声定位中的多普勒效应，当 $\alpha^*=1$ 时，表示可以受到全局最优位置引导下的多普勒效应补偿。

这种改进的学习策略实质上是对频率参数进行了自适应性的多普勒效应调整，蝙蝠个体与猎物之间的距离变化会引起频率参数的自适应性调整。当 $d_i^{t-1}>d_i^{t-2}$ 时，代表相比于前一时刻，蝙蝠个体当前的位置与猎物的位置离得更远，说明当前的搜索方向与目标方向不一致，这相当于多普勒效应中观察者远离声源的情况，这时应降低频率，放慢速度，进而避免在错误的搜索方向上越走越远。当 $d_i^{t-1}=d_i^{t-2}$ 时，代表相比于前一时刻，蝙蝠个体当前的位置与猎物的位置没有发生相对运动，那么就不对频率参数作调整，仍然保持之前的频率取值。当 $d_i^{t-1}<d_i^{t-2}$ 时，代表相比于前一时刻，蝙蝠个体当前的位置

与猎物的位置更近了，说明当前的搜索方向与目标方向一致，正朝着目标的方向搜索，这时应该增大频率，加速捕获猎物。在这个自适应性的多普勒效应中，引入的全局最优位置信息和频率补偿因子，考虑到了当前蝙蝠个体的位置和全局最优解之间的差异，进一步指导了频率参数的取值，为改善算法性能提供了动力。

4.1.2 动态权重优化策略

引入动态权重优化作为一种新的学习策略，用以平衡BA的全局和局部搜索能力，受到Chao Gan等工作的启发，本节中设计了一种简单有效的动态权重优化策略。这种策略可以在很大程度上改变速度的权重，从而增加蝙蝠个体寻优时速度向量的多样性。数值仿真实验还表明，它有助于算法更快、更稳定地收敛。动态权重优化系数的表达式如式（4–3）所示。

$$\omega = \omega_{\max} - (\omega_{\max} - \omega_{\min}) \cdot \text{rand}() - \epsilon * \text{betarnd}() \tag{4–3}$$

式中，$\omega_{\min}$ 和 $\omega_{\max}$ 分别为动态权重系数的最小和最大取值；$\epsilon \in [0.1, 0.9]$ 为偏离因子；betarnd() 为按照beta分布生成的随机数；rand() 为随机数，服从[0, 1]上的均匀分布。

从BA的迭代过程分析可知，新解的位置主要取决于频率和速度信息的共同作用，这样的动态权重优化策略会使蝙蝠个体的历史速度更加多样化，使得算法加速收敛。正如后文中的数值仿真实验所示，该优化策略在对比实验中也表现得非常可靠，对算法性能起到了有效的改善作用。

4.1.3 SDDW-BA的操作步骤

假设优化问题如式（4–4）所示。

$$\begin{aligned} &\min f(x) \\ &\text{s.t.}\ \ x \in H_* \end{aligned} \tag{4–4}$$

式中，$f(x)$ 为目标函数；H_* 代表可行解空间。

由自适应多普勒学习策略及动态权重优化策略改进后的SDDW–BA的具体操作流程如下。

步骤1：初始化。

①设置算法参数（初始化频率、脉冲频度、响度等基本参数）。

②种群初始化，即蝙蝠个体以随机的方式在D维空间中扩散分布一组初始解。

步骤2：根据初始化得到蝙蝠个体的位置信息x_i，并按目标函数适应度值进行排序寻找最佳位置。

步骤3：根据SDDW-BA的更新公式［包含自适应多普勒和动态权重优化学习策略，如式（4-5）及式（4-6）所示］，进行迭代更新蝙蝠个体的位置和速度，并找出当前所有蝙蝠个体迭代的最优解p^t。

$$v_i^{t+1} = \omega v_i^t + \left(p_i^t - x_i^t\right) f_{*i}^t \tag{4-5}$$

$$x_i^{t+1} = x_i^t + v_i^{t+1} \tag{4-6}$$

步骤4：生成随机数rand_1，若满足$\text{rand}_1 > r_i$，则进行随机扰动，产生新解x_{new}。

$$x_{\text{new}} = p^t + \varepsilon A^t \tag{4-7}$$

步骤5：生成随机数rand_2，若满足$\text{rand}_2 < A_i$且目标函数适应度值$f(x_{\text{new}}) < f(p^t)$，则接受新解$x_{\text{new}}$。

步骤6：更新蝙蝠个体的脉冲频度r_i及响度A_i；对目标函数适应度值排序，找出全局最优解。

步骤7：重复操作步骤3～6，直到符合结束条件，例如达到最大迭代次数，然后输出全局最优解，寻优结束。

以上是SDDW-BA的操作步骤，其流程如图4-1所示。

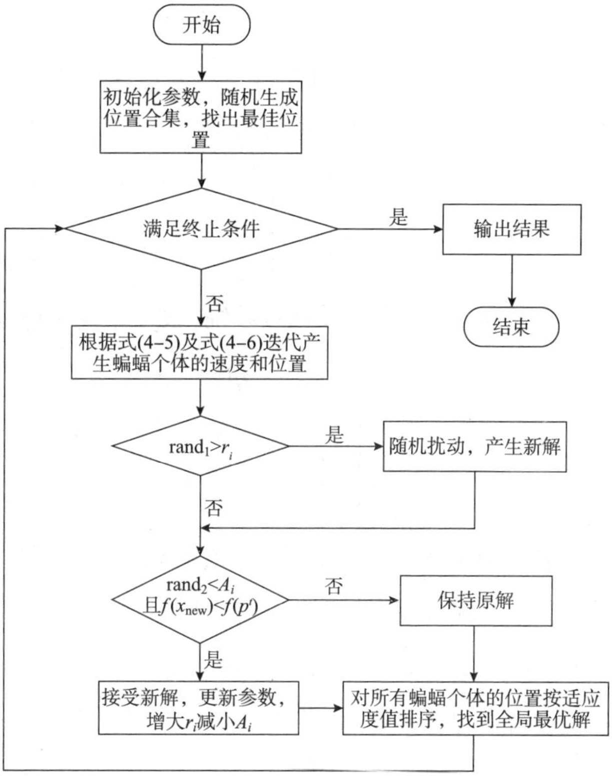

图4-1　SDDW-BA流程

4.2 SDDW-BA的收敛性分析

SDDW-BA根据式（4–5）及式（4–6）进行迭代搜索寻优，虽然其中x_i^t和v_i^t均为多维变量，但是它们在各维度下的分量都是相互独立的，因此可不失一般性地将其简化到一维状态进行分析。为了便于分析，对更新公式中的频率参数f_{*i}^t和权重参数ω进行合理假设，假设在迭代中的某一时刻，蝙蝠个体的频率参数记为常数m，动态权重参数记为常数l，当前全局最优解记为p_t。针对SDDW-BA的收敛性问题，参考2.1节中动态系统模型的分析方法，对其进行收敛性证明，给出如下定理。

定理4.1 在SDDW-BA的更新公式（4–5）及式（4–6）表示的系统中，极限$\lim\limits_{t\to\infty}\{x_t\}$在一个封闭区域内收敛。

证明：对更新公式（4–5）及式（4–6）进行递归整理可得式（4–8）。

$$x_{t+1}=(1+l-m)x_t-lx_{t-1}+p_t m \tag{4–8}$$

对此更新公式，设向量$[x_t,x_{t-1},p_t]^{\mathrm{T}}$为蝙蝠个体在第$t$次迭代的状态向量，则其对应的线性离散动态系统模型可表示为式（4–9）。

$$\begin{bmatrix}x_{t+1}\\x_t\\p_t\end{bmatrix}=\begin{bmatrix}1+l-m & -l & m\\1 & 0 & 0\\0 & 0 & 1\end{bmatrix}\begin{bmatrix}x_t\\x_{t-1}\\p_t\end{bmatrix} \tag{4–9}$$

该模型可被记作一阶离散系统，如式（4–10）所示。

$$\boldsymbol{\eta}(t+1)=\boldsymbol{A}(t)\boldsymbol{\eta}(t) \tag{4–10}$$

式中，$\boldsymbol{\eta}(t+1)=\begin{bmatrix}x_{t+1}\\x_t\\p_t\end{bmatrix}$，$\boldsymbol{\eta}(t)=\begin{bmatrix}x_t\\x_{t-1}\\p_t\end{bmatrix}$，$\boldsymbol{A}(t)=\begin{bmatrix}1+l-m & -l & m\\1 & 0 & 0\\0 & 0 & 1\end{bmatrix}$。

依据离散系统的相关理论，该系统的主要属性由动态矩阵$\boldsymbol{A}(t)$的特征值确定，其对应特征方程如式（4–11）所示。

$$(1-\lambda)[(1+l-m-\lambda)(-\lambda)+l]=0 \tag{4–11}$$

进而得到该系统的特征根如式（4–12）所示。

$$\begin{cases}\lambda_1=1\\ \lambda_{2,3}=\dfrac{1+l-m\pm\sqrt{(1+l-m)^2-4l}}{2}\end{cases} \tag{4–12}$$

记 $\Delta=(1+l-m)^2-4l$，接下来分情况讨论。

1）若 $\Delta<0$，则 λ_2 与 λ_3 为共轭复数。当 $t\to\infty$ 时，想要保证 x_t 的极限存在，可知收敛条件是 $\lambda_{2,3}<1$，解得：$0<l<1$，$(1+l-m)^2-4l<0$。

2）若 $\Delta=0$，则 λ_2 与 λ_3 为相同的实数，易知，$\lambda_2=\lambda_3=\sqrt{l}$。当 $t\to\infty$ 时，想要保证 x_t 的极限存在，可知收敛条件是 $\left|\sqrt{l}\right|<1$，解得：$0<l<1$，$(1+l-m)^2-4l=0$。

3）若 $\Delta>0$，则 λ_2 与 λ_3 为不同的实数。当 $t\to\infty$ 时，想要保证 x_t 的极限存在，可知收敛条件是 $\max\left\{\left|\lambda_{2,3}\right|\right\}<1$，此时存在两种情况：① $1+l-m>0$ 时，$\max\left\{\left|\lambda_{2,3}\right|\right\}=\left|\lambda_2\right|$，由此解得：$m>0$，$1+l-m>0$，$(1+l-m)^2-4l>0$；② $1+l-m<0$ 时，$\max\left\{\left|\lambda_{2,3}\right|\right\}=\left|\lambda_3\right|$，由此解得：$2l+2-m>0$，$1+l-m<0$，$(1+l-m)^2-4l>0$。

此外，由韦达定理还易得：$-1<l<1$。因此，通过综合分析SDDW-BA的迭代过程及频率、权重参数的表达式，可知在迭代过程中SDDW-BA的收敛区域为 $-1<l<1$、$m>0$ 和 $2l+2-m>0$ 围成的封闭区域，故定理4.1得证。

4.3　SDDW-BA的时间复杂度分析

时间复杂度能够间接反映算法的收敛速度，是体现算法性能的重要指标。在BA中，假设蝙蝠种群规模为N，解空间维数为D，初始化参数的过程所需时间为t_1，求解目标函数所需时间为$f(D)$，对目标函数适应度值进行排序并寻找当前最优位置所需时间为t_2，则BA在初始化参数和位置信息阶段的时间复杂度如式（4–13）所示。

$$O\left\{t_1+N\left[Dt_2+f(D)\right]\right\}=O\left[D+f(D)\right] \tag{4–13}$$

在蝙蝠个体更新位置和速度阶段，每一维按式（1–2）及式（1–3）更新速度和位置所需时间分别为t_3、t_4，则该阶段的时间复杂度如式（4–14）所示。

$$O\left\{N\left[D\left(t_3+t_4\right)\right]\right\}=O(D) \tag{4–14}$$

在局部搜索产生新解的阶段，rand_1为随机数，每个蝙蝠个体的每一维均不相同，随机数的产生及大小比较所需时间为t_5，产生新解所需时间为t_6，则该阶段的时间复杂度如式（4–15）所示。

$$O\left\{N\left[D\left(t_5+t_6\right)\right]\right\}=O(D) \tag{4–15}$$

在接受新解及位置更新阶段，$rand_2$为随机数，每个蝙蝠个体的每一维均不相同，随机数的产生及大小比较所需时间为t_5，蝙蝠个体计算适应度值的所需时间为$f(D)$，最优位置适应度值的比较替换所需时间为t_7，更新频度和响度参数所需时间分别为t_8和t_9，则该阶段的时间复杂度如式（4–16）所示。

$$O\left\{N\left[D\left(t_5\right)+f(D)+t_7+t_8+t_9\right]\right\}=O\left[D+f(D)\right] \tag{4–16}$$

综上所述，BA的整体时间复杂度如式（4–17）所示。

$$O\left[D+f(D)\right] \tag{4–17}$$

在SDDW–BA中，算法的种群规模、维数、基本参数设置所需时间、求解目标函数所需时间均与基本BA一致，因此SDDW–BA在初始化参数和位置信息阶段的时间复杂度与BA相同，如式（4–17）所示。

在蝙蝠个体更新位置和速度阶段，引入了多普勒补偿学习策略，产生自适应性频率参数所需时间为t_1^*，同时引入了动态权重策略，产生惯性权重系数所需时间为t_2^*，每一维按式（4–5）及式（4–6）更新位置和速度所需时间分别为t_3^*、t_4^*，则该阶段的时间复杂度如式（4–18）所示。

$$O\left\{t_2^*+N\left[D\left(t_1^*+t_3^*+t_4^*\right)\right]\right\}=O(D) \tag{4–18}$$

在局部搜索产生新解的阶段，随机数的产生及大小比较所需时间为t_5^*，产生新解所需时间为t_6^*，则该阶段的时间复杂度如式（4–19）所示。

$$O\left\{N\left[D\left(t_5^*+t_6^*\right)\right]\right\}=O(D) \tag{4–19}$$

在接受新解及位置更新阶段，随机数的产生及大小比较所需时间为t_5^*，蝙蝠个体计算适应度值的所需时间为$f(D)$，最优位置适应度值的比较替换所需时间为t_7^*，更新频度和响度参数所需时间分别为t_8^*和t_9^*，则该阶段的时间复杂度如式（4–20）所示。

$$O\left\{N\left[D\left(t_5^*\right)+f(D)+t_7^*+t_8^*+t_9^*\right]\right\}=O\left[D+f(D)\right] \tag{4–20}$$

由上述分析可得SDDW–BA的时间复杂度为$O\left[D+f(D)\right]$，因此所提出的自适应多普勒策略和动态权重优化策略从理论上讲并未增加算法的时间复杂度，在后续仿真实验的实践环节表明改进策略的有机融合不仅未降低算法的执行效率，还有效提升了算法的寻优速度。

接下来，将通过数值仿真实验对SDDW-BA的收敛性及其寻优性能进行测试和验证。

4.4　数值实验与结果分析

在本节的数值实验中使用12个经典测试函数评估SDDW-BA在解决优化问题方面的性能，其中包括单峰函数和具有大量局部极小值点的多峰函数，是测试算法性能的极佳函数。同时，随着维数的增加，测试函数复杂度也在增加，能够很好地评估算法求解高维问题的能力。测试函数如表4-1所示。

表 4-1　测试函数

名称	函数	x 取值范围
Rosenbrock	$G_1(x)=\sum_{i=1}^{n}[(x_i-1)^2+100(x_{i+1}-x_i^2)^2]$	[-5，5]
Sphere	$G_2(x)=\sum_{i=1}^{n}x_i^2$	[-5.12，5.12]
Alpine	$G_3(x)=\sum_{i=1}^{n}\lvert x_i\sin(x_i)+0.1x_i\rvert$	[-10，10]
Griewank	$G_4(x)=\sum_{i=1}^{n}\frac{x_i^2}{4000}-\prod_{i=1}^{n}\cos\left(\frac{x_i}{\sqrt{i}}\right)+1$	[-600，600]
Bent-Cigar	$G_5(x)=x_1^2+10^6\sum_{i=2}^{n}x_i^2$	[-10，10]
Schwefel	$G_6(x)=\sum_{i=1}^{n}\lvert x_i\rvert+\prod_{i=1}^{n}\lvert x_i\rvert$	[-10，10]
Quartic	$G_7(x)=\sum_{i=1}^{n}ix_i^4+\text{rand}[0,1]$	[-100，100]
Dixon-Price	$G_8(x)=(x_1-1)^2+\sum_{i=2}^{n}i(2x_i^2-x_{i-1})^2$	[-10，10]
Rastrigin	$G_9(x)=\sum_{i=1}^{n}[x_i^2-10\cos(2\pi x_i)+10]$	[-5.12，5.12]
Salomon	$G_{10}(x)=1-\cos\left(2\pi\sum_{i=1}^{n}x_i\right)+0.1\sum_{i=1}^{n}x_i^2$	[-100，100]
Different Powers	$G_{11}(x)=\sum_{i=1}^{n}\lvert x_i\rvert^{i+1}$	[-1,1]
Zakharov	$G_{12}(x)=\sum_{i=1}^{n}x_i^2+\left(\sum_{i=1}^{n}\frac{ix_i}{2}\right)^2+\left(\sum_{i=1}^{n}\frac{ix_i}{2}\right)^4$	[-5，5]

本节共设计了3部分实验评估SDDW-BA的有效性。第1部分是维数设置为10的情况下，在测试函数集上验证SDDW-BA中新的学习策略对BA寻优性能的影响；第2部分将提出的SDDW-BA与近两年提出的一种性能较好的改进BA在维数设置为30时进行对比仿真实验；第3部分将SDDW-BA与其他5种群智能优化算法在高维度情况下进行对比实验，深入验证所提算法在求解高维复杂优化问题时的寻优性能。同时，为了进一步科学地说明SDDW-BA的性能提升效果，对第2、3部分实验数据进行无参数H检验，以探讨实验数据差异是否具有统计学意义。

4.4.1 改进策略的性能分析

在维数设置为10的情况下，将SDDW-BA与BA和只带有一种新的学习策略的算法在测试函数集上进行对比实验。其中，只带有一种学习策略的算法是指SD-BA（只带有所提出的自适应多普勒效应策略）和DW-BA（只带有所提出的动态权重优化策略）。每种算法在10维的维数设置中对每个测试函数独立运行30次，在达到最大迭代次数时算法停止运行。4种算法的基本参数设置均保持一致，最大迭代次数为500，种群规模为30，脉冲频度r=0.1，响度A=0.9。每种算法运行30次的平均值和方差如表4-2所示，实验中最佳的数据结果加粗显示。

表4-2 BA、SD-BA、DW-BA、SDDW-BA对比实验结果

函数	指标	BA	SD-BA	DW-BA	SDDW-BA
G_1	平均值	618	0.0553	0.515	**5.79×10^{-15}**
	方差	271	0.0436	1.94	**7.62×10^{-11}**
G_2	平均值	237	0.261	0.0385	**0.00**
	方差	51.5	0.0674	0.497	**0.00**
G_3	平均值	0.519	3.59×10^{-3}	0.0218	**1.21×10^{-8}**
	方差	0.0827	2.71×10^{-4}	5.92×10^{-3}	**3.19×10^{-9}**
G_4	平均值	791	**0.00**	0.0135	**0.00**
	方差	315	**0.00**	6.19×10^{-3}	**0.00**
G_5	平均值	5390	0.262	25.7	**5.75×10^{-8}**
	方差	3940	0.259	20.9	**4.11×10^{-9}**

续表

函数	指标	BA	SD-BA	DW-BA	SDDW-BA
G_6	平均值	2.95×10^{11}	139	278	**0.00**
	方差	1.75×10^{10}	109	133	**0.00**
G_7	平均值	811	0.0298	0.178	**1.08×10^{-5}**
	方差	35.7	5.93×10^{-3}	0.0804	**8.72×10^{-6}**
G_8	平均值	13.3	2.81×10^{-3}	1.94×10^{-3}	**1.98×10^{-5}**
	方差	10.2	1.96×10^{-3}	2.17×10^{-3}	**4.39×10^{-6}**
G_9	平均值	4970	37.2	335	**0.00**
	方差	766	6.19	15.4	**0.00**
G_{10}	平均值	35.9	0.0974	0.458	**7.94×10^{-5}**
	方差	5.25	1.37×10^{-3}	0.375	**2.13×10^{-5}**
G_{11}	平均值	841	5.39	0.419	**0.363**
	方差	36.8	3.37	0.298	**0.275**
G_{12}	平均值	4.95×10^{8}	0.149	313	**3.27×10^{-11}**
	方差	2.67×10^{8}	0.0873	296	**1.79×10^{-11}**

通过分析实验结果可得，SD-BA、DW-BA和SDDW-BA在12个经典测试函数上的仿真结果均优于基本BA，这表明自适应多普勒学习策略和动态权重优化策略对基本BA性能均有明显提升。更具体地，DW-BA结果均优于基本BA，但除G_2、G_{12}测试函数外都比SD-BA的结果差，这样的数据结果说明动态权重优化策略在提升算法性能方面不如自适应多普勒学习策略效果好，但是仍在一定程度上提升了基本BA的寻优性能。SDDW-BA的实验结果均较大程度地优于基本BA、SD-BA和DW-BA，这有效说明了结合自适应多普勒和动态权重优化两个策略的SDDW-BA寻优性能是最佳的。

4.4.2　与改进BA的性能比较

在这部分算法性能比较中，将SDDW-BA与其他两种算法进行了对比实验，其中以基本BA作为基础对照组，还有一种寻优性能较好的改进BA——增强BA（EBA）。公平起见，我们将这3种算法相同的公共参数均设置成一致的：最大迭代次数为500，种群规模为30，维数为30，脉冲频度r=0.1，响度A=0.9。每组实验各自独立运行30次，以尽可能减少初始化对算法存在的影响。

对比实验结果如表4-3所示，可用以评估每种算法的性能，其中记录了每个测试的全局最小值、最大值和平均值，实验中最佳的数据结果加粗显示。正如表4-3所示，对于最小值，SDDW-BA在11个测试函数中取得了更优的结果，而EBA在1个测试函数中取得了更好的结果。此外，SDDW-BA在平均值和最大值方面也均获得了11个更优的结果。这些对比实验结果表明，SDDW-BA的性能明显优于EBA和BA。

表4-3 BA、EBA、SDDW-BA对比实验结果

函数	指标	BA	EBA	SDDW-BA
G_1	最小值	0.37	0.589	$\mathbf{2.76\times10^{-10}}$
	平均值	0.51×10^{3}	29.2	$\mathbf{2.85\times10^{-6}}$
	最大值	0.62×10^{3}	899	**0.291**
G_2	最小值	2.39×10^{-8}	7.14×10^{-10}	$\mathbf{2.36\times10^{-13}}$
	平均值	1.35×10^{-3}	5.79×10^{-5}	$\mathbf{3.14\times10^{-8}}$
	最大值	5.39×10^{-2}	6.55×10^{-2}	$\mathbf{5.01\times10^{-7}}$
G_3	最小值	3.67×10^{-4}	$\mathbf{9.93\times10^{-9}}$	6.29×10^{-8}
	平均值	0.578	$\mathbf{4.31\times10^{-6}}$	4.37×10^{-6}
	最大值	0.135	$\mathbf{5.92\times10^{-6}}$	5.15×10^{-5}
G_4	最小值	6.31	0.527	$\mathbf{2.31\times10^{-4}}$
	平均值	7.22	0.692	$\mathbf{5.18\times10^{-2}}$
	最大值	9.24	0.932	**0.120**
G_5	最小值	0.395	0.105	$\mathbf{2.04\times10^{-5}}$
	平均值	5.68×10^{3}	32.2	$\mathbf{3.93\times10^{-4}}$
	最大值	9.33×10^{4}	217	**4.31**
G_6	最小值	4.31	1.69×10^{-4}	$\mathbf{7.34\times10^{-6}}$
	平均值	0.619	5.33×10^{-2}	**0.619**
	最大值	97.3	0.091	$\mathbf{1.73\times10^{-4}}$
G_7	最小值	1.54×10^{-2}	5.39×10^{-2}	$\mathbf{3.65\times10^{-5}}$
	平均值	0.358	5.18×10^{-2}	$\mathbf{4.34\times10^{-5}}$
	最大值	16.1	0.621	**0.471**
G_8	最小值	0.456	8.37×10^{-2}	$\mathbf{1.57\times10^{-7}}$
	平均值	19.8	0.201	$\mathbf{1.97\times10^{-5}}$
	最大值	23.6	31.9	$\mathbf{2.39\times10^{-3}}$

续表

函数	指标	BA	EBA	SDDW-BA
G_9	最小值	442	118	**0.00**
	平均值	459	221	**0.00**
	最大值	537	294	**0.00**
G_{10}	最小值	5.01	3.59×10^{-7}	**2.42×10^{-13}**
	平均值	6.31	2.31×10^{-4}	**1.97×10^{-10}**
	最大值	8.19	5.67×10^{-3}	**8.91×10^{-8}**
G_{11}	最小值	13.5	1.96	**0.455**
	平均值	46.7	3.59	**0.469**
	最大值	601	91.7	**4.16**
G_{12}	最小值	3.89×10^{-6}	1.35×10^{-10}	**2.37×10^{-16}**
	平均值	46.1	4.18×10^{-5}	**3.11×10^{-13}**
	最大值	8.92×10^{4}	49.9	**3.52×10^{-8}**

同时，为了更科学地对实验结果进行分析，本节还对实验数据结果进行了H检验，以探讨SDDW-BA的求解优越性是否具有统计学意义。首先对方差的同质性进行测试，结果如表4-4所示，Levene的误差均等性检验结果报告了方差同质性检验的结果。通过分析统计结果，可以看到整体数据的方差不均匀。因此，进一步使用非参数统计方法H检验，统计检验测试结果如表4-5所示，表4-5中记录了测试统计数据的卡方值、df值和p值。本次对比实验数据中，平均值、最小值和最大值的卡方值分别为21.605、15.164和16.596，p值均小于0.001。根据统计检验的测试标准，可以认为SDDW-BA较对比算法的优越性在统计学上是显著的。

表 4-4　Levene 误差均等性检验结果

项	Levene 统计量	df1	df2	Sig.
基于均值	4.558	2	33	0.018
基于中值	1.389	2	33	0.263
基于中值和调整后的 df 值	1.389	2	11.034	0.290
基于截尾均值	2.596	2	33	0.090
基于均值	3.583	2	33	0.039
基于中值	1.035	2	33	0.367

续表

项	Levene 统计量	df1	df2	Sig.
基于中值和调整后的 df 值	1.035	2	12.583	0.384
基于截尾均值	1.945	2	33	0.159
基于均值	13.637	2	33	<0.001
基于中值	2.235	2	33	0.123
基于中值和调整后的 df 值	2.235	2	11.001	0.153
基于截尾均值	9.063	2	33	<0.001

表 4-5　H 检验结果

值	平均值	最小值	最大值
卡方值	21.605	15.164	16.596
df 值	2	2	2
近似显著性水平 p 值	<0.001	<0.001	<0.001

此外，本节还将BA、EBA、SDDW-BA 3种对比算法的平均值、最小值和最大值的实验结果绘制了箱图，分别如图4-2、图4-3及图4-4所示。通过分析图4-2~图4-4不难发现，SDDW-BA箱图最优，位置总是处于最下端，箱图的高度最小且没有离群值；EBA的箱图次之，存在离群值；BA的箱图位置最高，且其中也有离群值。这些分析说明了SDDW-BA所求解的精度更高，并且30次独立运行的结果较EBA和BA更稳定。

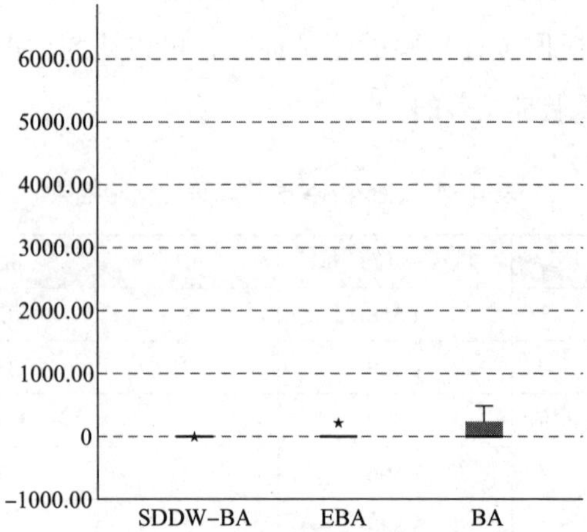

图4-2　H检验平均值箱图

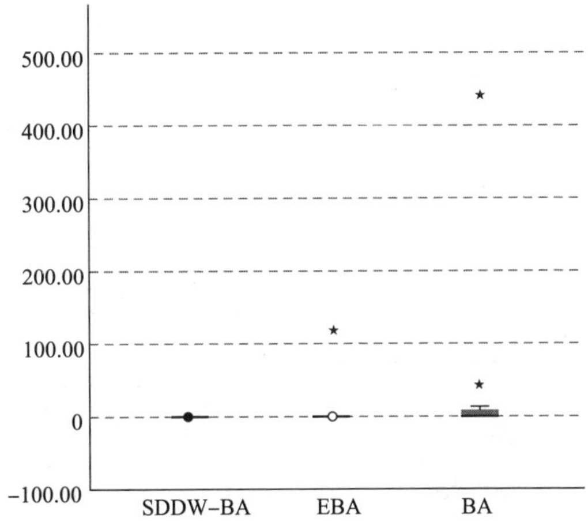

图4-3 H检验最小值箱图

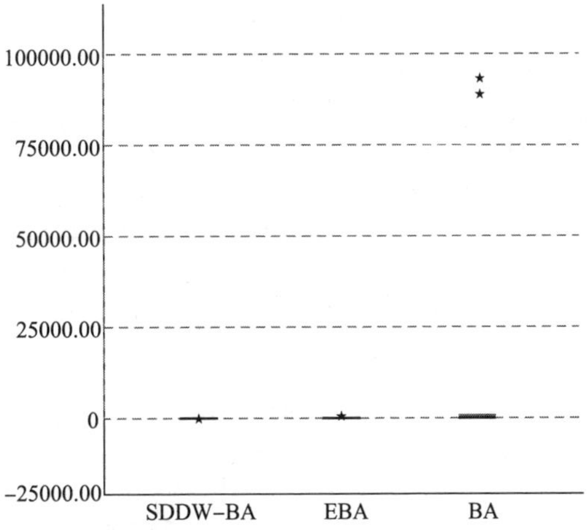

图4-4 H检验最大值箱图

除此之外，为了进一步验证算法在迭代过程中的收敛性能，我们给出了3种算法在测试函数下的收敛曲线图。图4-5表示BA、EBA、SDDW-BA针对G_1~G_{12}测试函数的收敛曲线图。其中，水平轴和垂直轴分别表示算法运行的迭代次数和目标函数的适应度值。从收敛曲线图中可以清楚地看到，SDDW-BA的性能明显优于其他两种算法。如图4-5的（d）、（h）、（j）所示，BA的收敛曲线存在停滞不继续下降的现象，这是由于标准BA的搜索特性具有很强的随机性，新解的位置大大偏离了全局最优解的位置，从而导致新解的适应度值较差。从图4-5中可以明显看出，无论是求解单峰函数还是多峰函数，SDDW-BA的收敛速度都更快，收敛精度更高，如图4-5的（a）、（b）、（c）、（d）、（f）、（g）、（h）、（i）、（j）和（l）所示，SDDW-BA都可以在200次迭代内收敛到最优值，其在所有测试函数上的收敛曲线更为陡峭，收敛速度明显高于其他两种算法。这样的数值仿真结果有效地验证了SDDW-BA的收敛性。

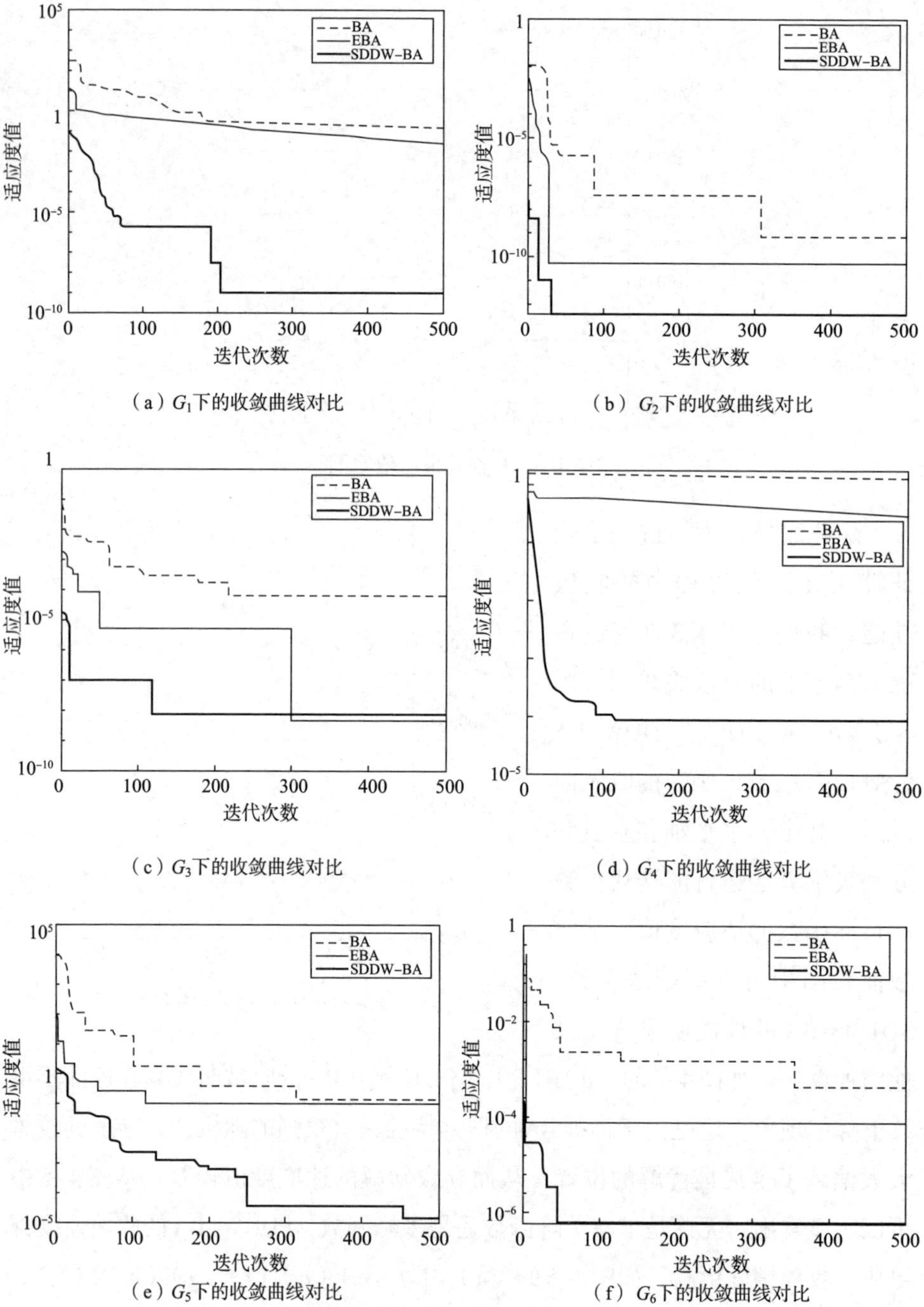

（a）G_1下的收敛曲线对比

（b）G_2下的收敛曲线对比

（c）G_3下的收敛曲线对比

（d）G_4下的收敛曲线对比

（e）G_5下的收敛曲线对比

（f）G_6下的收敛曲线对比

图4–5　3种算法在G_1～G_{12}测试函数下的收敛性对比

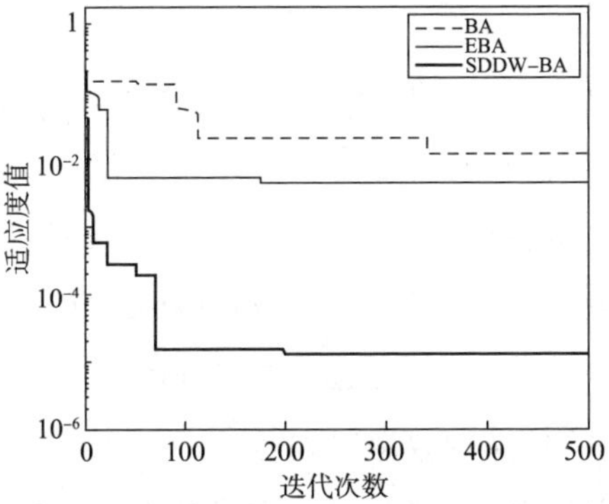

（g）G_7下的收敛曲线对比

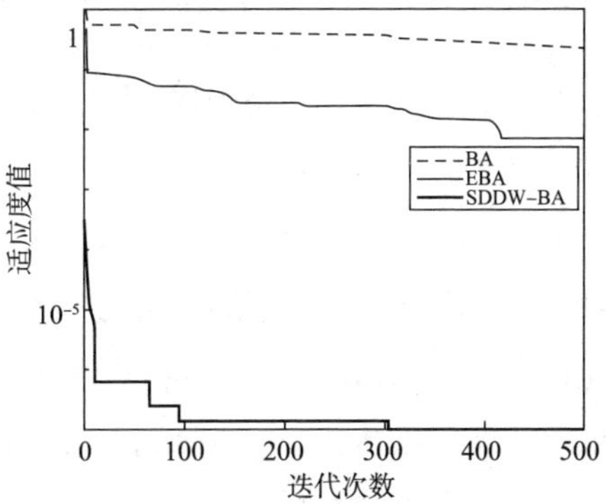

（h）G_8下的收敛曲线对比

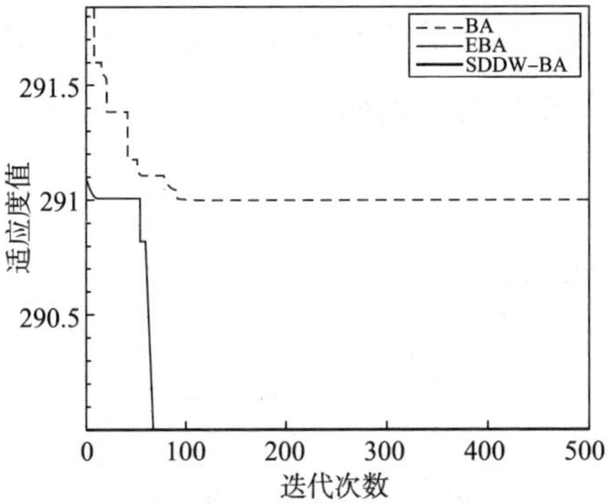

（i）G_9下的收敛曲线对比

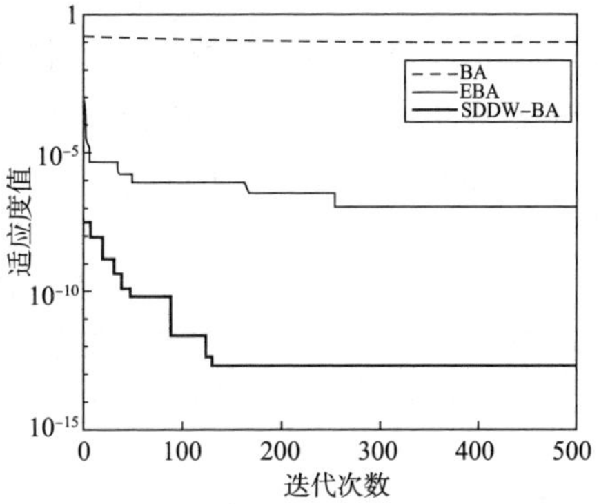

（j）G_{10}下的收敛曲线对比

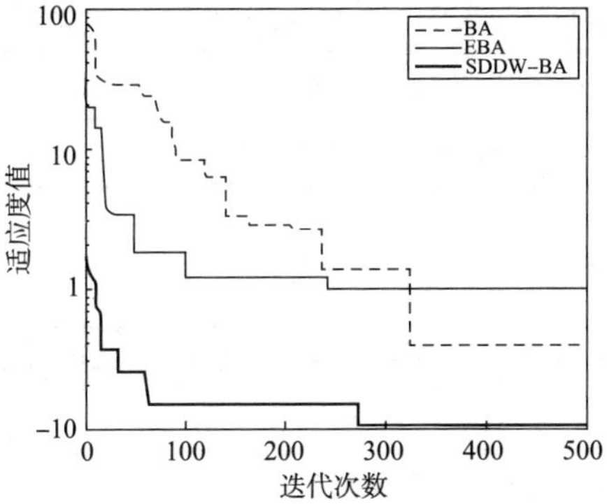

（k）G_{11}下的收敛曲线对比

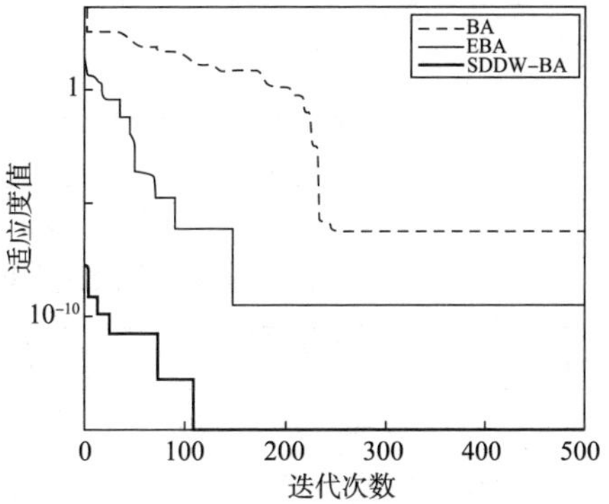

（l）G_{12}下的收敛曲线对比

图4-5　3种算法在G_1～G_{12}测试函数下的收敛性对比（续）

4.4.3 与其他群智能优化算法的性能比较

为了进一步研究SDDW-BA在高维度、更复杂的求解问题中的效果，在这部分实验中将SDDW-BA和其他5种群智能优化算法分别在维数设置为200和500的情况下，进行高维度对比实验。选择的其他算法包括：作为实验对照组的基本BA、一个新颖的改进BA（NBA）、基于均匀突变和高斯突变的BA（UGBA）、PSO算法和花授粉算法（Flower Pollination Algorithm，FPA）。所有算法的迭代次数均设置为500，每种算法的具体参数设置如表4-6所示，对比算法的参数设置与原文献中一致。对比实验将6种算法分别在维数设置为200和500的情况下，在12个经典测试函数上各自独立运行30次后，通过计算目标函数适应度值的平均最佳值、平均终止迭代次数和平均运行时间这3个指标分析算法的性能。200维和500维时的实验结果分别如表4-7和表4-8所示，其中最佳的数据结果加粗显示。

表4-6 相关算法的基本参数设置

算法	参数设置
BA	A_{min}=0，A_{max}=0.25，r_{min}=0，r_{max}=0.8
SDDW-BA	A_{min}=0，A_{max}=0.25，r_{min}=0，r_{max}=0.8
NBA	A_{min}=0，A_{max}=2，r_{min}=0，r_{max}=1
UGBA	A_{min}=0，A_{max}=0.25，r_{min}=0，r_{max}=0.5
PSO算法	C_1=C_2=1.49445，ω=0.729
FPA	λ=1.5，ρ=0.8，γ=0.1

表4-7 200维时6种不同算法的对比实验结果

函数	指标	BA	NBA	UGBA	PSO算法	FPA	SDDW-BA
G_1	平均最佳值	107	28.3	**1.46**	619	569	1.57
	平均终止迭代次数	480	260	220	500	500	**76**
G_2	平均最佳值	1160	0.633	104	3.46×10^{4}	2.39×10^{3}	**0.160**
	平均终止迭代次数	500	500	500	500	410	**80**
G_3	平均最佳值	0.409	3.86×10^{-2}	2.49×10^{-5}	0.532	0.495	**5.63×10^{-9}**
	平均终止迭代次数	500	500	452	500	500	**150**

续表

函数	指标	BA	NBA	UGBA	PSO 算法	FPA	SDDW-BA
G_4	平均最佳值	6790	82.8	7.29×10^{-3}	8.12×10^{5}	6.61×10^{4}	**0.498**
	平均终止迭代次数	500	500	500	500	500	**118**
G_5	平均最佳值	3.12×10^{9}	425	237	5.31×10^{10}	5.12×10^{6}	**1.05×10^{-8}**
	平均终止迭代次数	500	500	500	500	500	**146**
G_6	平均最佳值	2.15×10^{10}	6.72×10^{8}	7.02×10^{5}	9.11×10^{10}	8.13×10^{9}	**2.34×10^{-3}**
	平均终止迭代次数	500	500	486	500	500	**90**
G_7	平均最佳值	2170	1520	**3.90×10^{-5}**	3.15×10^{5}	412	1.04×10^{-4}
	平均终止迭代次数	500	500	500	500	500	**500**
G_8	平均最佳值	5.61×10^{5}	31.7	5.19×10^{-2}	5.82×10^{5}	4.39×10^{4}	**1.56**
	平均终止迭代次数	500	500	480	500	500	**212**
G_9	平均最佳值	3040	2960	352	3.66×10^{4}	371	**1.04×10^{-5}**
	平均终止迭代次数	500	496	500	500	500	**65**
G_{10}	平均最佳值	96.2	81.5	53.9	945	53.3	**1.54×10^{-3}**
	平均终止迭代次数	500	500	500	500	500	**128**
G_{11}	平均最佳值	518	0.529	**2.15×10^{-3}**	41.6	32.5	2.37×10^{-3}
	平均终止迭代次数	500	500	500	500	492	**160**
G_{12}	平均最佳值	1.72×10^{4}	102	0.235	5.62×10^{4}	439	**6.31×10^{-5}**
	平均终止迭代次数	500	500	500	500	500	**82**

表 4-8　500 维时 6 种不同算法的对比实验结果

函数	指标	BA	NBA	UGBA	PSO 算法	FPA	SDDW-BA
G_1	平均最佳值	356	212	14.6	793	261	**1.47×10^{-3}**
	平均终止迭代次数	500	480	280	500	500	**71**
G_2	平均最佳值	3270	1550	131	3.72×10^{4}	1360	**1.38×10^{-5}**
	平均终止迭代次数	500	500	500	500	500	**112**
G_3	平均最佳值	0.839	0.705	0.637	0.539	0.368	**3.97×10^{-8}**
	平均终止迭代次数	500	500	500	500	500	**96**
G_4	平均最佳值	1320	227	183×10^{-2}	9.92×10^{5}	2.91×10^{4}	**4.48×10^{-4}**
	平均终止迭代次数	500	500	500	500	500	**140**
G_5	平均最佳值	5.18×10^{9}	4.63×10^{3}	2.97×10^{3}	8.66×10^{10}	$736E\times10^{6}$	**2.38×10^{-9}**
	平均终止迭代次数	500	500	500	500	500	**150**

续表

函数	指标	BA	NBA	UGBA	PSO 算法	FPA	SDDW-BA
G_6	平均最佳值	6.75×10^{10}	5.39×10^{9}	8.04×10^{6}	6.99×10^{15}	7.35×10^{9}	**5.11**
	平均终止迭代次数	500	500	500	500	500	**500**
G_7	平均最佳值	8.69×10^{5}	5.31×10^{3}	$\mathbf{3.17\times10^{-2}}$	8.85×10^{5}	0.635	0.207
	平均终止迭代次数	500	500	500	500	500	**450**
G_8	平均最佳值	1.54×10^{6}	169	0.319	6.19×10^{5}	3.37×10^{5}	**0.260**
	平均终止迭代次数	500	500	500	500	500	**230**
G_9	平均最佳值	8690	3380	367	3.85×10^{4}	4.42×10^{2}	$\mathbf{1.61\times10^{-5}}$
	平均终止迭代次数	500	500	500	500	500	**75**
G_{10}	平均最佳值	131	360	195	5690	239	$\mathbf{2.54\times10^{-4}}$
	平均终止迭代次数	500	500	500	500	500	**130**
G_{11}	平均最佳值	325	0.221	0.136	315	43.3	$\mathbf{1.09\times10^{-2}}$
	平均终止迭代次数	500	500	500	500	500	**158**
G_{12}	平均最佳值	6.52×10^{5}	2940	0.147	3.66×10^{5}	3.49×10^{5}	$\mathbf{2.98\times10^{-5}}$
	平均终止迭代次数	500	500	500	500	500	**85**

由表4-7和表4-8可以看出，随着维数的增加其他5种算法的求解精度出现了不同程度的下降，但SDDW-BA的求解能力依旧最佳，这表明它可以有效地解决高维度优化问题。在D=200维的仿真实验中，UGBA对于3个测试函数G_1、G_7和G_{11}的适应度值较优，但其最优值与SDDW-BA所得结果并没有太大区别。在其余9个测试函数中，SDDW-BA均取得了更好的结果。在D=500维的实验中，SDDW-BA在11个测试函数上获得了最佳收敛精度。此外，就迭代次数而言，SDDW-BA在不同维度上的所有测试函数中均表现更好，算法达到收敛所需的终止迭代次数较其他算法而言是最少的。对于G_1、G_2、G_6、G_9和G_{12}测试函数，SDDW-BA收敛所需的迭代次数小于最大迭代次数的15%；对于G_3、G_4、G_5和G_{10}测试函数，SDDW-BA收敛所需的迭代次数小于最大迭代次数的30%。通过对比实验数据可以看出，SDDW-BA几乎可以在所有测试函数上迅速收敛到最佳值。随着维数的增加，在200维和500维测试函数上，SDDW-BA显示出比其他5个测试算法更强的全局收敛能力，这表明SDDW-BA在处理高维复杂目标函数方面具有优势。

为了进一步定量分析算法的求解性能，使用平均绝对误差（Mean

Absolute Error，MAE）对6种算法进行排序，MAE是一种有效反映算法性能的指标，其数学表达式如式（4-21）所示。

$$MAE = \frac{\sum_{i=1}^{N_f} \left| \text{mean}_i - O_i \right|}{N_f} \tag{4-21}$$

式中，mean_i为算法求解第i个测试函数的最优结果的平均值；O_i为第i个测试函数的理论最优值；N_f为测试函数的个数。

使用MAE对6种算法进行排序结果如表4-9所示，在维数设置为200和500时，SDDW-BA的排名为1，与另外几种对比算法相比，SDDW-BA提供了最小的MAE值，这表明自适应多普勒补偿策略和动态权重策略的有效性。

表 4-9　使用 MAE 对 6 种算法进行排序

维数	算法	MAE	排序
D=200	BA	2.05×10^{9}	5
	SDDW-BA	0.316	1
	NBA	5.60×10^{7}	3
	UGBA	5.86×10^{4}	2
	PSO 算法	1.20×10^{10}	6
	FPA	6.78×10^{8}	4
D=500	BA	6.06×10^{9}	5
	SDDW-BA	0.466	1
	NBA	4.49×10^{8}	3
	UGBA	6.70×10^{5}	2
	PSO 算法	5.83×10^{14}	6
	FPA	6.13×10^{8}	4

本节还对200维和500维实验结果进行了无参数H检验，以此客观地验证SDDW-BA的优越性。200维和500维时的Levene误差均等性检验结果分别如表4-10及表4-11所示，报告了方差同质性的检验结果。200维和500维实验数据的H检验结果如表4-12所示，在这两种高维情况下，平均值的卡方值分别为37.286和38.041，而p值均小于0.001。由此可得，SDDW-BA的优越性较其他对比算法而言具有统计显著性。

表 4-10　200 维时 Levene 误差均等性检验结果

项	Levene 统计量	df1	df2	Sig.
基于均值	10.091	5	66	<0.001
基于中值	1.807	5	66	0.124
基于中值和调整后的 df 值	1.807	5	12.135	0.185
基于截尾均值	6.095	5	66	<0.001

表 4-11　500 维时 Levene 误差均等性检验结果

项	Levene 统计量	df1	df2	Sig.
基于均值	4.840	5	66	<0.001
基于中值	1.000	5	66	0.425
基于中值和调整后的 df 值	1.000	5	11.000	0.461
基于截尾均值	2.190	5	66	<0.066

表 4-12　H 检验结果

值	平均值（200 维）	平均值（500 维）
卡方值	37.286	38.041
df 值	5	5
近似显著性水平 p 值	<0.001	<0.001

此外，我们研究了在维数设置为500时6种算法求解12个测试函数达到收敛状态所需的时间，以期对比分析各种算法在高维度上的时间性能。在同一计算机配置上运行6种算法得到各自达到收敛状态所需的时间，数据结果如图4-6所示，SDDW-BA在10个测试函数上（G_1、

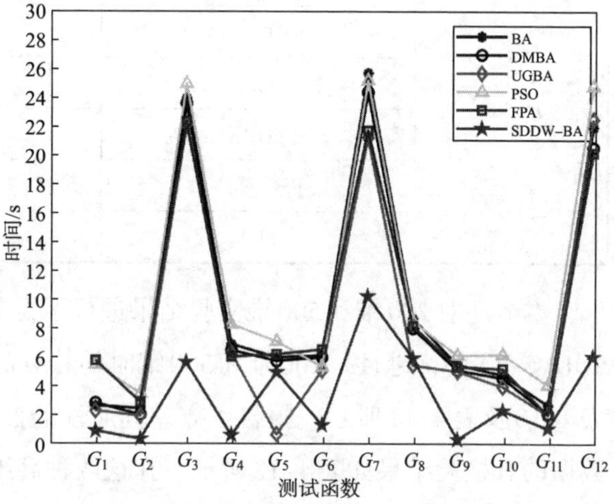

图4-6　6种算法运行时间对比

G_2、G_3、G_4、G_6、G_7、G_9、G_{10}、G_{11}、G_{12}）达到收敛状态所需的时间更短，而UGBA仅在G_5、G_8这两个测试函数上所需的时间更短。

4.5　本章小结

本章针对基本BA在解决高维的优化问题时存在算法后期寻优精度下降和易陷入局部极值的不足，在BA中引入新的学习策略，提出了一种融合自适应多普勒策略和动态权重优化策略的SDDW-BA。基于12个经典测试函数的对比性实验结果表明SDDW-BA优于基本BA和其他几种对比算法，这些数值仿真结果展示了SDDW-BA的有效性，验证了SDDW-BA具有更高的收敛精度和高维状态下的稳健性。在对BA的收敛性、稳定性及改进算法进行探究的基础上，针对具有更高层次搜索方式的量子行为BA，本书也将从其理论基础到改进算法展开一系列研究。

第5章　具有量子行为的蝙蝠算法

BA同大多数群智能优化算法一样，使用随机的轨道搜索模型模拟蝙蝠群体的智能行为，若想将蝙蝠的群智能行为拉向更高层次，即向人类的群体智能行为靠拢，就需要使用与人类的智能行为相似的搜索模型。研究表明，量子系统在自身的态叠加原理作用下形成了一个复杂的非线性系统，带有很强的不确定性，在很大程度上能够描述更多的状态。人类的思维方式也具有不确定性，并且量子空间中粒子的行为模式与人类的智能行为较为相似。因此，使用量子模型描述人类的思维方式和智能行为是符合逻辑的。这一观点也被一些学者证实，将群智能优化算法扩展至量子空间，给出具有量子行为的群智能优化算法，向基础的群智能优化算法中注入了更高层次的搜索方式。BA作为一种表现颇为出色的群智能优化算法，一些学者在算法量子化方向已经开展了初步研究。

本章中，我们以具有量子行为的BA作为研究目标，对其收敛性及核心参数的控制进行分析，此外，重点研究提升算法收敛速度和精度的改进算法。

5.1　量子行为BA（QBA）

Li等于2014提出具有量子行为的BA（Quantum-behaved Bat Algorithm，QBA），将量子理论引入BA，用蝙蝠个体代表量子空间中的粒子，提出了基于势阱的具有量子行为的QBA。在QBA模型中，使用蝙蝠个体的当前位置信息充当决策变量，代表个体的思维状态；蝙蝠个体历史搜索中具有最佳目标函数适应度值的位置信息（p_{best}）代表个体的经验知识；当前的蝙蝠群体历史搜索中具有最佳目标函数适应度值的位置信息代表群体的最佳经验知识（g_{best}）。根据BA的收敛性可知，在算法寻优过程中随着迭代次数的增加，蝙蝠个体不断逼近最优解p_i，可以理解为在最优解p_i处实际上存在某种形式的吸引势，这样的观点进一步解释了具有量子行为的BA的合理性。同BA相比，QBA具有更高层次的搜索方式，主要表现在二者状态转换上的差异，如图5-1所示，其中图5-1（a）代表BA的状态转换，图5-1（b）代表QBA的状态转换。

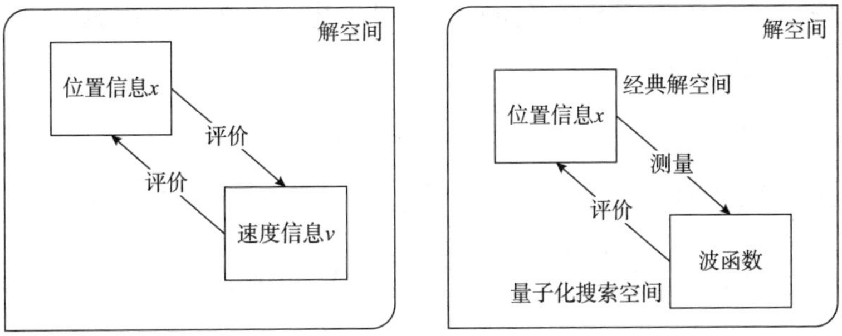

（a）BA的状态转换　　（b）QBA的状态转换

图5-1　BA和QBA的状态转换

5.1.1　QBA描述

QBA是一种具有量子行为的BA，其中每个蝙蝠个体代表着量子空间中的一个粒子，由于量子力学中的不确定性原理，蝙蝠个体的速度信息和位置信息不能同时确定，故在QBA中取消了速度信息更新公式，并根据量子力学的相关理论重新定义蝙蝠个体的位置信息更新公式。因此，扩展至量子空间的QBA描述较基本BA存在较大差异，接下来，本节给出QBA的基础描述。

在具有量子行为的BA空间中，蝙蝠个体的状态需要使用波函数$\psi(\boldsymbol{X},t)$描述，$\boldsymbol{X}=(x,y,z)$代表蝙蝠个体在三维空间中的位置向量。依据量子力学相关理论，假设蝙蝠种群系统是一个量子系统，每个蝙蝠个体具有量子行为，由蝙蝠算法的全局收敛性可知必然存在以最优解p为中心的吸引势，接下来考虑量子空间中蝙蝠个体的动力学定态薛定谔方程（Schrödinger Equation），如式（5-1）所示。

$$ih\frac{\partial}{\partial t}\psi(\boldsymbol{X},t)=\hat{H}\psi(\boldsymbol{X},t) \tag{5-1}$$

式中，$\hat{H}$为哈密顿算子；h为普朗克常数；$\psi(\boldsymbol{X},t)$为蝙蝠个体状态的波函数，波函数存在的意义在于它的模的平方代表着蝙蝠个体在空间中某一点的概率密度，如式（5–2）所示。

$$|\psi|^2\,\mathrm{d}x\mathrm{d}y\mathrm{d}z=Q\mathrm{d}x\mathrm{d}y\mathrm{d}z \tag{5-2}$$

式中，Q为概率密度函数，且满足式（5–3）所示的归一化条件。

$$\int_{-\infty}^{+\infty}|\psi|^2\,\mathrm{d}x\mathrm{d}y\mathrm{d}z=\int_{-\infty}^{+\infty}Q\mathrm{d}x\mathrm{d}y\mathrm{d}z=1 \tag{5-3}$$

根据BA的全局收敛性，在p点存在吸引势，建立一维δ势阱，蝙蝠个体所在势场的势能函数可表示为式（5–4）。

$$V_*(x)=-\gamma\delta(\boldsymbol{X}-p) \tag{5-4}$$

进而可得，蝙蝠个体在δ势阱中的定态方程如式（5–5）所示。

$$\frac{\mathrm{d}^2\psi}{\mathrm{d}(\boldsymbol{X}-p)^2}+\frac{2\partial}{h^2}[E+\gamma\delta(\boldsymbol{X}-p)]\psi=0 \tag{5-5}$$

式中，∂为量子空间中蝙蝠个体的质量；E为蝙蝠个体的能量。蝙蝠个体以p点为中心的δ势阱中运动的定态方程的解可表示为：

$$\psi(\boldsymbol{X}-p)=\frac{1}{\sqrt{L}}\mathrm{e}^{-|\boldsymbol{X}-p|/L} \tag{5-6}$$

其中，$L=\frac{1}{\beta}=\frac{h^2}{\partial\gamma}$，对式（5–5）两边同时求积分$\int_{-\varepsilon}^{+\varepsilon}\mathrm{d}(\boldsymbol{X}-p)^2$，并令$\varepsilon\to 0$时，有：

$$\psi'(0^+)-\psi'(0^-)=-\frac{2\partial\gamma}{h^2}\psi(0) \tag{5-7}$$

当$\boldsymbol{X}-p\neq 0$时，式（5–5）可记为：

$$\frac{\mathrm{d}^2\psi}{\mathrm{d}(X-p)^2}-\beta^2\psi=0 \tag{5-8}$$

式中，$\beta=\sqrt{-2\partial E/h}$。

由于量子行为蝙蝠个体运动的中心存在着吸引势，而吸引势会产生束缚态，因此使用蝙蝠个体的束缚态描述群体的聚集性。为了满足式（5–9）所示的束缚态条件：

$$|\boldsymbol{X}-p|\to\infty,\ \psi\to 0 \tag{5-9}$$

式（5–8）的解须有如式（5–10）所示的形式。

$$\psi(\boldsymbol{X}-p)\approx \mathrm{e}^{-\beta|\gamma|} \quad (\boldsymbol{X}-p\neq 0) \tag{5–10}$$

又因为只有波函数满足束缚态条件，进而式（5–8）的解可表示为式（5–11）。

$$\psi(\boldsymbol{X}-p)=\begin{cases} A_1\mathrm{e}^{-\beta(\boldsymbol{X}-p)}, & Y>0 \\ A_1\mathrm{e}^{\beta(\boldsymbol{X}-p)}, & Y<0 \end{cases} \tag{5–11}$$

式中，A_1是归一化常数。

由式（5–7）可得式（5–12）。

$$-2A_1\beta=-\frac{2\partial\gamma}{h^2}A_1 \tag{5–12}$$

故有式（5–13）及式（5–14）。

$$\beta=\frac{\partial\gamma}{h^2} \tag{5–13}$$

$$E=E_0=-\frac{h^2\beta^2}{2\partial}=-\frac{\partial\gamma^2}{2h^2} \tag{5–14}$$

又因为波函数 $\psi(\boldsymbol{X}-p)$ 满足归一化条件，从而可求得归一化常数A_1，因此有式（5–15）。

$$\int_{-\infty}^{+\infty}|\psi|^2\,\mathrm{d}(X-p)=|A_1|^2/\beta=1 \tag{5–15}$$

可得式（5–16）。

$$|A|=\sqrt{\beta} \tag{5–16}$$

将L代入式（5–11），并且令 $Y=\boldsymbol{X}-p$，可得归一化的波函数如式（5–17）所示。

$$\psi(Y)=\frac{1}{\sqrt{L}}\mathrm{e}^{-|Y|/L} \tag{5–17}$$

进而得到相应的概率密度函数Q，如式（5–18）所示。

$$Q(Y)=|\psi(Y)|^2=\frac{1}{L}\mathrm{e}^{-2|Y|/L} \tag{5–18}$$

概率密度分布函数F如式（5–19）所示。

$$F(Y)=\mathrm{e}^{-2|Y|/L} \tag{5–19}$$

至此，得到了蝙蝠个体在一维 δ 势阱的量子束缚态波函数及其对应的概率密度函数和概率密度分布函数。为了进一步得到量子空间下蝙蝠个体的位置信息表达式，考虑针对简单概率分布函数形式常使用的蒙特卡罗方法。

设u为服从（0，1）区间上的均匀分布随机数，满足式（5–20）。

$$u = F(Y) \tag{5–20}$$

可得式（5–21）。

$$u = \mathrm{e}^{-2|Y|/L} \tag{5–21}$$

根据蒙特卡洛方法，求得Y，如式（5–22）所示。

$$Y = \pm\frac{L}{2}\ln\left(\frac{1}{u}\right) \tag{5–22}$$

又因为$Y = \boldsymbol{X} - p$，因此可得蝙蝠个体在以p点为中心的一维δ势阱中运动时的位置信息进化方程由式（5–23）所示的随机方程确定。

$$\boldsymbol{X} = p \pm \frac{L}{2}\ln\left(\frac{1}{u}\right) \tag{5–23}$$

要使蝙蝠个体的位置信息随着时间变化，那么上式中的L必须随着时间的变化而变化，须有：$L=L(t)$，并且，$L(t) = 2\alpha\left|p - \boldsymbol{X}(t)\right|$。综合基本BA的寻优流程，QBA的基本进化方程如式（5–24）~式（5–26）所示。

$$x_i^{t+1} = \left[p \pm \alpha\left|p - x_i^t\right| \cdot \ln\left(\frac{1}{u}\right)\right] \cdot f_i^t \tag{5–24}$$

$$p = \phi_1 p_{\text{best}} + \left(1 - \phi_1\right) g_{\text{best}} \tag{5–25}$$

$$u = \text{rand}(0,1) \tag{5–26}$$

式中，ϕ_1服从（0，1）上的随机分布；p_{best}为蝙蝠个体当前最优解；g_{best}为种群的全局最优解；α为收缩–扩张系数。

5.1.2 QBA的操作步骤

假设优化问题如式（5–27）所示。

$$\begin{aligned} &\min f(x) \\ &\text{s.t.}\ \ x \in H_* \end{aligned} \tag{5–27}$$

式中，$f(x)$为目标函数；H_*为可行解空间。具有量子行为的QBA的具体操作流程，可表示为以下步骤。

步骤1：初始化。

1）设置算法参数（初始化频率、脉冲频度、响度等基本参数）。

2）种群初始化，在D维空间中初始化种群大小为N，最大迭代次数为T_{max}，并给出一组初始解。

步骤2：根据初始化得到蝙蝠个体的位置信息x_i，并按目标函数适应度值进行排序，寻找当前最佳位置p_{best}和种群的全局最优位置g_{best}。

步骤3：根据QBA的更新公式进行迭代更新蝙蝠个体的位置信息，如式（5–28）~式（5–31）所示。

$$x_i^{t+1}=\left[p\pm\alpha\left|p-x_i^t\right|\cdot\ln\left(\frac{1}{u}\right)\right]\cdot f_i^t \tag{5–28}$$

$$f_i=f_{\min}+\left(f_{\max}-f_{\min}\right)\cdot\beta_* \tag{5–29}$$

$$p=\phi_1 p_{best}+\left(1-\phi_1\right)g_{best} \tag{5–30}$$

$$u=\text{rand}(0,1) \tag{5–31}$$

步骤4：生成随机数rand_1，若满足$\text{rand}_1>r_i$，则从当前最优解集中随机选择一个解，并进行随机扰动，产生新解x_{new}，如式（5–32）所示。

$$x_{new}=p_{best}+\varepsilon A^t \tag{5–32}$$

步骤5：生成随机数rand_2，若满足$\text{rand}_2<A_i$且适应度函数值$f(x_{new})<f(g_{best})$，则接受新解x_{new}。

步骤6：更新蝙蝠个体的脉冲频度r_i及响度A_i，脉冲频度和响度的更新公式同BA一致。对目标函数适应度值排序，更新全局最优解g_{best}。搜索过程中的响度和脉冲频度的更新公式同BA一致，其数学表达式如式（5–33）~式（5–34）所示。

$$A_i^{t+1}=\alpha_* A_i^t \tag{5–33}$$

$$r_i^{t+1}=r_i^0[1-\mathrm{e}^{-\gamma t}] \tag{5–34}$$

步骤7：重复操作步骤3~6，直到符合结束条件，如达到最大迭代次数，输出最优解，寻优结束。

以上是QBA的操作步骤，其流程如图5–2所示。

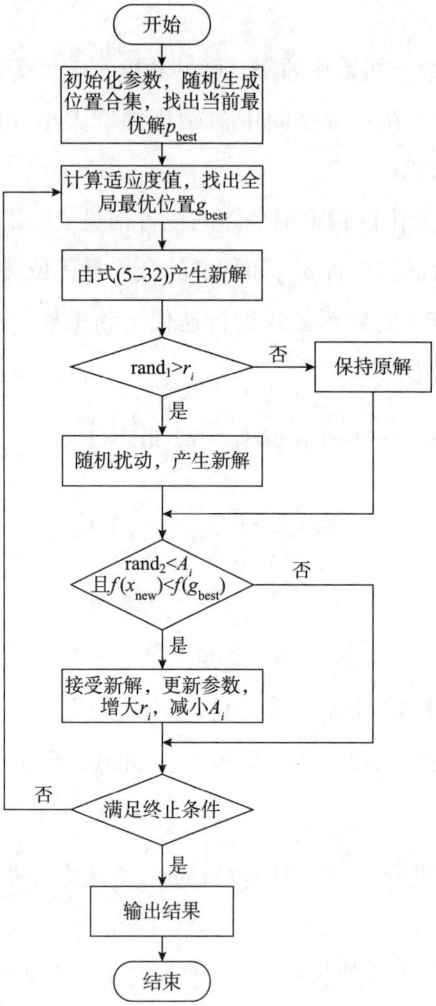

图 5-2　QBA 流程

5.2　QBA的收敛性分析

从QBA的更新公式可以很直观地看到，当迭代次数$t\to\infty$时，只要$L(t)\to 0$，蝙蝠个体的位置就能够顺利地收敛到最优位置p点。然而，目前关于QBA收敛性的理论分析还有待完善，是值得研究的课题。

接下来，本节将运用概率测度的方法给出QBA严格的收敛性证明，证明QBA是一种能够保证搜索到全局最优解的群智能优化算法。

5.2.1　基本概念

为了方便分析，首先给出一些相关概念。

定义 5.1　若一种算法能够保证可搜索到目标函数的全局最优解，则该算法被称为全局搜索算法。

定义 5.2　对于目标函数f，它的解空间是从R^n到R的，S是R^n的一个子集。在S中有一个点z能够使函数f的取值最小化或者能够生成函数f在S上的可接受的下确界。

假设 5.1　$f\left[H(z,\zeta)\right]\leqslant f(z)$，若$\zeta\in S$，则有$f\left[H(z,\zeta)\right]\leqslant f\leqslant(\zeta)$。式中，$H$为在求解的空间中产生一个解的函数，它产生的新解是能够保证优于当前解的。此外，H均满足假设5.1以保证算法的正确运行。z为存在于子集S中的一个最小值。ζ为对应算法在S中所得到的可行解。任意一个随机搜索算法的全局收敛性意味着序列$\{f(z_t)\}_{t=1}^{\infty}$是收敛于函数$f$在子集$S$上的下确界。为了避免一些病态情形的出现，这里将搜索的目标变为搜索到本质下确界Φ，如式（5–35）所示。

$$\Phi=\inf\left\{n:q\left[z\in S|\ f(z)<n\right]>0\right\} \tag{5–35}$$

式中，$q[A]$为在集合A上的勒贝格测度（Lebesgue Measure）。

假设 5.2　对于R^n的子集S，A是其上任意一个博雷尔集（Borel Set），如果A的测度$q[A]>0$，那么有式（5–36）。

$$\prod_{t=0}^{\infty}\left(1-\mu_t[A]\right)=0 \tag{5–36}$$

式中，$\mu_t[A]$为由测度μ_t得到的A的概率。

假设5.2指对于测度q的任意一个博雷尔子集A，若采用随机取样的方式，那么其重复错过A的概率一定为零。并且，算法的可接受区域如式（5–37）所示。

$$R_\varepsilon\subset S\left(R_\varepsilon=\left\{z\in S|\ f(z)<\phi+\varepsilon\right\},\varepsilon>0\right) \tag{5–37}$$

所有在这个可接受区域取的点的概率必定是非零的。

定理 5.1　（全局收敛的充分必要条件）目标函数f是可测函数，S是R^n的可测子集，同时满足假设5.1和假设5.2，设$\{z^k\}_{k=0}^{\infty}$是算法生成的解的序列，则有式（5–38）。

$$\lim_{t\to+\infty}B\left[z_t\in R_\varepsilon\right]=1 \tag{5–38}$$

式中，$B\left[z_t \in R_\varepsilon\right]$为算法在第$t$步生成的解$z_t \in R_\varepsilon$的概率。

证明：证明过程详见参考文献[141]。

5.2.2 QBA的全局收敛性

接下来，我们证明QBA能够同时满足假设5.1和假设5.2，进而运用定理5.1证明QBA可以保证以概率1收敛到全局最优解。

引理5.1 QBA是满足假设5.1的。

证明：根据QBA的求解过程可知，蝙蝠个体搜索最优解时，当前最优解位置P_i和全局最优解位置P_g对于蝙蝠个体具有很重要的指引意义，P_i和P_g的更新方式分别可表示为式（5–39）及式（5–40）。

$$P_i(t+1)=\begin{cases} x_i(t+1), f\left[x_i(t+1)\right]< f\left[P_i(t)\right] \\ P_i(t), f\left[x_i(t+1)\right]\geqslant f\left[P_i(t)\right] \end{cases} \tag{5-39}$$

$$P_g(t+1)=\arg\min_{1\leqslant i\leqslant N} f\left[P_i(t)\right] \tag{5-40}$$

由此可得，在解空间中函数H在QBA中的数学描述可表示为式（5–41）。

$$H\left(P_{g,t}, x_{i,t}\right)=\begin{cases} P_{g,t}, f\left[F_a\left(x_{i,t}\right)\right]\geqslant f\left(P_{g,t}\right) \\ F_a\left(x_{i,t}\right), f\left[F_a\left(x_{i,t}\right)\right]< f\left(P_{g,t}\right) \end{cases} \tag{5-41}$$

式中，F_a为在求解过程中应用的具体函数；$x_{i,t+1}$为应用函数F_a后得到的计算结果，如式（5–42）所示。

$$x_{i,t+1}=F_a\left(x_{i,t}\right) \tag{5-42}$$

易知，序列$\{P_{g,\ t}\}_{t=0}^{\infty}$是所有蝙蝠个体从开始第一次迭代到第$t$次迭代之间产生的一系列最优位置序列，按照QBA的定义，该序列显然是单调的，因此可得QBA中定义的函数H是符合假设5.1的。证毕。

引理5.2 QBA是满足假设5.2的。

证明：根据QBA描述中的相关内容有，在迭代次数为t时，第i个蝙蝠个体的第d维的概率密度函数如式（5–43）所示。

$$Q\left(x_{i,d,t}\right)=\frac{1}{L(i,d,t)}\mathrm{e}^{-2\left|x_{i,d,t}-p_{i,d,t}\right|/L(i,d,t)} \tag{5-43}$$

由此易得蝙蝠个体i的概率密度函数可表示为式（5–44）。

$$Q\left(x_{i,t}\right)=\prod_{d=1}^{D}\frac{1}{L(i,d,t)}\mathrm{e}^{-2\left|x_{i,d,t}-p_{i,d,t}\right|/L(i,d,t)} \tag{5-44}$$

定义 $\zeta_{i,t}$ 为对应于D维双指数分布的概率测度。因为对于S的任意博雷尔子集A，有 $q[A]>0$，故有式（5–45）及式（5–46）。

$$\zeta_{i,t}[A]=\int_{A}\left[\prod_{d=1}^{D}\frac{1}{L(i,d,t)}\mathrm{e}^{-2\left|x_{i,d,t}-p_{i,d,t}\right|/L(i,d,t)}\right]\mathrm{d}x_{i,1,t}\mathrm{d}x_{i,2,t}\cdots\mathrm{d}x_{i,D,t} \tag{5-45}$$

$$K_{i,t}=\mathcal{R}^{D}\supset S \tag{5-46}$$

式中，$K_{i,t}$ 为 $\zeta_{i,t}$ 在样本空间的支撑，并且有 $A\supset K_{i,t}$。

由此可得式（5–47）。

$$0<\zeta_{i,t}[A]<1 \tag{5-47}$$

因此，蝙蝠个体的支撑联合可表示为式（5–48）。

$$K_{t}=\bigcup_{i=1}^{N}K_{i,t}=\mathcal{R}^{D}\supset S \tag{5-48}$$

式中，K_t 为分布 ζ_t 的支撑。

由 ζ_t 生成的概率A可以由式（5–49）计算。

$$\zeta_{t}[A]=1-\prod_{i=1}^{N}\left(1-\zeta_{i,t}[A]\right) \tag{5-49}$$

由式（5–47）易得式（5–50）。

$$0<\zeta_{t}[A]<1 \tag{5-50}$$

故有式（5–51）。

$$\prod_{t=1}^{\infty}\left(1-\zeta_{t}[A]\right)=0 \tag{5-51}$$

这表明QBA满足假设5.2。

引理5.3　QBA是一个全局收敛算法。

证明：因为QBA满足假设5.1和假设5.2，根据定理5.1可得QBA是全局收敛算法。

5.3　QBA核心参数的控制分析

对于大多数算法而言，参数的选择会对算法产生直接影响，例如有算法需要在合适的范围内选取参数才能保证收敛性，这表明算法性能对参数选择高度敏感并且依赖于参数的设置，因此对于参数的控制分析是算法中值得研究的问题。为了研究QBA中核心参数α的控制对算法性能的影响，在本节中我们针对α设计了不同的取值策略，并对其控制方式进行了对比实验和分析。

5.3.1 数值实验设计

α作为QBA更新公式中的核心参数，具有调整蝙蝠个体搜索步长的作用，依据数值实验的经验可知，较大的步长有益于算法初期进行大范围全局探索，较小步长有益于算法后期局部精细搜索。为了探究α不同的控制方式对算法性能的影响，本节将参数α的取值方式设计为以下3种控制模式：①使用固定取值；②使用线性递减策略；③使用非线性递减策略。递减策略具体数学公式如式（5–52）至式（5–54）所示。

$$\alpha_L(t)=(\alpha_0-\alpha_1)(T_{\max}-t)/T_{\max}+\alpha_1 \tag{5–52}$$

$$\alpha_{N1}(t)=(\alpha_0-\alpha_1)(t/T_{\max})^2+\alpha_0 \tag{5–53}$$

$$\alpha_{N2}(t)=(\alpha_0-\alpha_1)(t/T_{\max})^2+(\alpha_0-\alpha_1)(2t/T_{\max})+\alpha_0 \tag{5–54}$$

式中，$\alpha_L(t)$表示参数α线性递减；$\alpha_N(t)$表示参数α非线性递减；α_0和α_1分别为参数α的起止值，$\alpha_0<\alpha_1$。

本节数值实验使用具有代表性的Sphere，Rastrigin，Griewank以及Ackley这4个标准测试函数，如下所示。

1）Sphere，$F_1(x)=\sum_{i=1}^{n}x_i^2$。

2）Rastrigin，$F_2(x)=\sum_{i=1}^{n}[x_i^2-10\cos(2\pi x_i)+10]$。

3）Griewank，$F_3(x)=\sum_{i=1}^{n}\frac{x_i^2}{4000}-\prod_{i=1}^{D}\cos\left(\frac{x_i}{\sqrt{i}}\right)+1$。

4）Ackley，$F_4(x)=-20\mathrm{e}^{-0.2\sqrt{\left(\frac{1}{n}\sum_{i=1}^{n}x_i^2\right)}}-\mathrm{e}^{\frac{1}{n}\sum_{i=1}^{n}\cos 2\pi x_i}+20+\mathrm{e}$。

本节设计了3部分实验探索QBA中参数α的设置对算法性能的影响，在不同参数控制模式下针对上述4个经典测试函数进行了一系列对比实验，用于探索QBA在不同参数设置下的寻优性能。

5.3.2　参数固定取值的控制及分析

在维数设置分别为10及30的情况下，对QBA中参数 α 取固定值，在上述4个测试函数进行数值实验。参数 α 固定的取值分别设置为：1.2, 1.0, 0.8, 0.6, 0.4，0.2，同时，对具有量子行为的粒子群优化（Quantum-behaved Particle Swarm Optimization，QPSO）算法在相同核心参数设置下进行对比实验。每种算法在两种维度、种群数目设置下对每个测试函数独立运行50次，在达到收敛状态或最大迭代次数时算法停止运行。

在维数设置为10，种群规模为20，最大迭代次数为1000的情况下，QBA的参数 α 分别在4个测试函数下固定取值时各自独立运行50次的实验情况如表5-1所示。实验所得数据包括：达到收敛所需迭代次数的平均值 T，运行时间平均值 t，测试函数平均最优适应度值Fitness。从10维时的平均最优结果中，分析可得以下结论。对于 F_1~F_4 4个测试函数，当 $\alpha=1.2$ 时所获得的平均最优结果最多，算法性能更佳；$\alpha=1.0$ 和 $\alpha=0.2$ 时较其他 α 取值的结果差一些。在算法运行时间方面，当 $\alpha=0.4$ 时所需时间最短，当 $\alpha=0.2$ 时所需时间最长。在达到收敛所需迭代次数方面，4个测试函数均可在50次以内就获得最优值，并且不同测试函数各自所需的迭代次数没有太大差别，这表明参数 α 的不同固定取值对算法迭代次数影响不大。

表5-1　10维时参数 α 固定取值求解测试函数的平均最优结果

函数	指标	α=1.2	α=1.0	α=0.8	α=0.6	α=0.4	α=0.2
F_1	T	**27**	28	32	32	28	32
	t	0.4019	0.3984	0.3909	0.3972	**0.3794**	0.3981
	Fitness	**9.57×10^{-252}**	2.04×10^{-223}	9.13×10^{-220}	1.51×10^{-224}	4.88×10^{-208}	3.23×10^{-187}
F_2	T	**36**	44	47	45	42	42
	t	0.3494	0.3469	0.3388	0.3553	**0.3294**	0.3394
	Fitness	0.00	0.00	0.00	0.00	0.00	0.00
F_3	T	**27**	31	32	30	30	32
	t	0.3531	0.3475	**0.3325**	0.3619	0.3347	0.3731
	Fitness	0.00	0.00	0.00	0.00	0.00	0.00

续表

函数	指标	α=1.2	α=1.0	α=0.8	α=0.6	α=0.4	α=0.2
F_4	T	30	37	**24**	27	36	28
	t	**0.7729**	0.7786	0.7745	0.8224	0.7792	0.7766
	Fitness	−0.292	−0.306	−0.173	**−0.165**	−0.288	−0.294

在上述基本参数设置下QBA和QPSO算法各自独立运行50次后计算得到的平均最优结果如表5-2所示。从对比实验结果中可明显看出QBA的性能比QPSO算法更优，虽然在F_4函数上QPSO取得了更好的适应度值，但两种算法的结果相差并不大。在其余测试函数中，针对不同的α固定取值，QBA均取得了更好的适应度值，尤其是在F_2和F_3测试函数上QBA获得了理论最优值。

表5-2　10维时QBA与QPSO测试函数适应度值的平均最优结果对比

函数	算法	α=1.2	α=1.0	α=0.8	α=0.6	α=0.4	α=0.2
F_1	QBA	**9.57×10^{-252}**	**2.04×10^{-223}**	**9.13×10^{-220}**	**1.51×10^{-224}**	**4.88×10^{-208}**	**3.23×10^{-187}**
	QPSO	5.09×10^{-2}	1.41×10^{-17}	2.98×10^{-61}	1.69×10^{-3}	241	570
F_2	QBA	**0.00**	**0.00**	**0.00**	**0.00**	**0.00**	**0.00**
	QPSO	36.4	19.0	5.28	10.6	14.3	17.9
F_3	QBA	**0.00**	**0.00**	**0.00**	**0.00**	**0.00**	**0.00**
	QPSO	0.712	0.405	7.23×10^{-2}	0.207	3.29	8.90
F_4	QBA	−0.292	−0.306	−0.173	**−0.165**	**−0.288**	−0.294
	QPSO	**−0.138**	**1.45×10^{-9}**	**-4.62×10^{-2}**	1.56	6.12	**9.35×10^{-2}**

为了分析α固定取值控制模式下随着维数和种群规模的增加算法性能的表现，维数设置为30，种群规模为80，最大迭代次数为2000时，QBA分别在4个测试函数下各自独立运行50次的实验结果如表5-3所示。从30维的平均最优结果中分析可得：随着测试函数维数的增加，函数复杂性加大，在α取不同固定值的情况下QBA的性能有所减弱，具体表现在所需运行时间增加，对4个测试函数求解的适应度值精度出现下降。这从一定程度上反映了α采用固定取值的控制方式时，算法的稳定性较差，对维数设置敏感度较大。整体来看，对于所有测试函数，依旧是当α=1.2时所获得的平均最优结果最多，

算法性能更佳；当 $\alpha = 0.8$ 时较其他 α 取值的结果差一些。在算法运行时间方面，$\alpha = 1.0$ 所需时间最短，$\alpha = 0.4$ 时所需时间最长。在迭代次数方面，4个测试函数所需迭代次数均在50次以内，不同测试函数各自所需的迭代次数没有太大差别。此外，随着维数的增加所需迭代次数并未加大，反而较优于10维时的结果，这样的结果反映了QBA在处理高维问题时具有优势。

表 5-3 30 维时参数 α 固定取值求解测试函数的平均最优结果

函数	指标	α=1.2	α=1.0	α=0.8	α=0.6	α=0.4	α=0.2
F_1	T	**20**	29	25	21	23	24
	t	**2.6526**	2.9651	5.4974	3.8802	6	5.9505
	Fitness	0.342	**0.295**	0.299	0.307	0.350	0.328
F_2	T	**27**	36	44	36	34	30
	t	5.9672	3.5724	3.5658	3.4896	**3.3911**	3.5849
	Fitness	0.298	**0.325**	0.345	0.327	0.327	0.357
F_3	T	18	**17**	22	20	19	20
	t	**3.2833**	3.3776	3.7448	3.3536	3.3380	3.3203
	Fitness	−0.419	−0.329	−0.333	−0.329	**−0.323**	−0.327
F_4	T	**28**	32	35	30	31	36
	t	3.5948	**3.5401**	3.6234	3.6729	4.3646	3.5896
	Fitness	−0.329	−0.330	−0.324	−0.326	−0.326	**−0.320**

在上述基本参数设置下QBA和QPSO算法各自独立运行50次后计算得到的平均最优结果如表5–4所示。从表5–4可得，当 α 分别等于1.2、1.0、0.4、0.2这4种情况时，QBA的寻优性能均比QPSO算法更优。整体来说，当 $\alpha = 0.8$ 时，QBA性能较差，这个结论和前面10维时参数 α 固定取值求解测试函数的平均最优结果中 $\alpha = 0.8$ 时效果较差的结论一致。

表 5-4 30 维时 QBA 与 QPSO 测试函数适应度值的平均最优结果

函数	算法	α=1.2	α=1.0	α=0.8	α=0.6	α=0.4	α=0.2
F_1	QBA	**0.342**	**0.295**	0.299	0.307	**0.350**	**0.328**
	QPSO	6.55×10^3	5.91	$\mathbf{2.70 \times 10^{-45}}$	$\mathbf{6.55 \times 10^{-72}}$	38.9	1.65×10^3

续表

函数	算法	α=1.2	α=1.0	α=0.8	α=0.6	α=0.4	α=0.2
F_2	QBA	**0.298**	**0.325**	**0.345**	**0.327**	**0.327**	**0.357**
	QPSO	263	191	61.8	35.3	47.3	85.8
F_3	QBA	**0.419**	**−0.329**	−0.333	−0.329	**−0.323**	**−0.327**
	QPSO	54.3	1.02	**8.12×10^{-3}**	**2.18×10^{-2}**	2.33	23.1
F_4	QBA	**−0.329**	**−0.330**	−0.324	**−0.326**	**−0.326**	**−0.320**
	QPSO	14.3	1.13	**6.25×10^{-15}**	2.24	7.12	9.32

5.3.3 参数线性取值的控制及分析

第二种控制策略是将参数α设置为随着迭代次数的增加线性递减的模式，数学表达式如式（5–52）所示。本节的参数实验中对α设置了12组不同的递减范围，在不同线性递减范围内，又设置3组不同的维数和种群规模，考察算法性能。算法在不同的参数设置下对每个测试函数独立运行50次，在达到收敛状态或最大迭代次数时算法停止运行，并记录算法结果的平均最优值。

参数α采用线性递减取值时在F_1、F_2、F_3及$F_4$4个测试函数下的实验结果分别如表5–5、表5–6、表5–7及表5–8所示。实验所得数据包括：在不同维数、种群规模设置下测试函数达到收敛所需迭代次数的平均值T、运行时间平均值t。

表5–5 参数α线性递减求解F_1函数的平均最优结果

α	种群规模，维数，总迭代次数			运行时间			迭代次数		
	10，10，200	20，20，200	30，30，200	t_1	t_2	t_3	T_1	T_2	T_3
[0.6，0.8]	-4.29×10^{-2}	-4.77×10^{-2}	-5.48×10^{-2}	0.0453	0.0797	0.1214	28	31	26
[0.6，1.0]	-4.13×10^{-2}	-5.28×10^{-2}	-5.54×10^{-2}	0.0417	0.0865	0.1547	29	32	27
[0.6，1.2]	-4.01×10^{-2}	-5.06×10^{-2}	-5.47×10^{-2}	0.0547	0.0891	0.1224	25	25	26
[0.5，0.8]	-4.11×10^{-2}	-5.09×10^{-2}	-5.61×10^{-2}	0.0464	0.0818	0.1135	32	29	25
[0.5，1.0]	-4.50×10^{-2}	-4.82×10^{-2}	-5.98×10^{-2}	0.0490	0.0771	0.1307	30	25	22
[0.5，1.2]	-4.53×10^{-2}	-4.76×10^{-2}	-5.57×10^{-2}	0.0464	0.1099	0.1307	21	23	22
[0.4，0.8]	-4.41×10^{-2}	-5.41×10^{-2}	-5.53×10^{-2}	0.0557	0.0823	0.1219	22	24	32
[0.4，1.0]	-4.67×10^{-2}	-5.08×10^{-2}	-5.41×10^{-2}	0.0406	0.0833	0.1766	24	27	28

续表

α	种群规模，维数，总迭代次数			运行时间			迭代次数		
	10，10，200	20，20，200	30，30，200	t_1	t_2	t_3	T_1	T_2	T_3
[0.4，1.2]	-4.79×10^{-2}	-5.18×10^{-2}	-5.56×10^{-2}	0.0521	0.0880	0.1193	22	25	26
[0.2，0.8]	-4.54×10^{-2}	-4.96×10^{-2}	-5.36×10^{-2}	0.0522	0.1005	0.1172	22	27	25
[0.2，1.0]	-4.48×10^{-2}	-4.31×10^{-2}	-5.30×10^{-2}	0.0432	0.0885	0.1427	33	30	26
[0.2，1.2]	-4.51×10^{-2}	-5.26×10^{-2}	-5.51×10^{-2}	0.0604	0.0953	0.1198	22	24	29

表 5-6　参数α线性递减求解 F_2 函数的平均最优结果

α	种群规模，维数，总迭代次数			运行时间			迭代次数		
	10，10，200	20，20，200	30，30，200	t_1	t_2	t_3	T_1	T_2	T_3
[0.6，0.8]	-8.40×10^{-3}	-4.87×10^{-2}	-5.40×10^{-2}	0.0498	0.0958	0.1323	49	42	38
[0.6，1.0]	-4.02×10^{-2}	-5.35×10^{-2}	-5.01×10^{-2}	0.0474	0.0786	0.1214	42	41	49
[0.6，1.2]	-1.71×10^{-2}	-5.13×10^{-2}	-5.18×10^{-2}	0.0505	0.0828	0.1286	32	36	36
[0.5，0.8]	-4.96×10^{-2}	-4.66×10^{-2}	-5.15×10^{-2}	0.0510	0.0865	0.1302	35	43	53
[0.5，1.0]	-4.19×10^{-2}	-3.69×10^{-2}	-4.88×10^{-2}	0.0516	0.0990	0.1286	34	57	31
[0.5，1.2]	-4.04×10^{-2}	-5.10×10^{-2}	-5.55×10^{-2}	0.0458	0.0974	0.1250	35	28	34
[0.4，0.8]	-3.40×10^{-2}	-3.96×10^{-2}	-5.31×10^{-2}	0.0510	0.0917	0.1245	42	51	39
[0.4，1.0]	-3.42×10^{-2}	-3.80×10^{-2}	-4.75×10^{-2}	0.0464	0.0865	0.1297	48	66	57
[0.4，1.2]	-4.28×10^{-2}	-4.81×10^{-2}	-5.60×10^{-2}	0.0469	0.0948	0.1219	30	36	32
[0.2，0.8]	-4.68×10^{-2}	-4.33×10^{-2}	1.08	0.0531	0.0797	0.1260	38	39	65
[0.2，1.0]	-4.57×10^{-2}	-3.69×10^{-2}	-4.86×10^{-2}	0.0495	0.0797	0.1255	36	39	36
[0.2，1.2]	-4.26×10^{-2}	-4.69×10^{-2}	-5.06×10^{-2}	0.0448	0.0786	0.1193	35	35	36

表 5-7　参数α线性递减求解 F_3 函数的平均最优结果

α	种群规模，维数，总迭代次数			运行时间			迭代次数		
	10，10，200	20，20，200	30，30，200	t_1	t_2	t_3	T_1	T_2	T_3
[0.6，0.8]	-4.26×10^{-2}	-5.57×10^{-2}	-5.06×10^{-2}	0.0375	0.0932	0.1391	23	31	29
[0.6，1.0]	-4.11×10^{-2}	-5.17×10^{-2}	-5.75×10^{-2}	0.0411	0.0776	0.1198	22	32	25
[0.6，1.2]	-4.59×10^{-2}	-5.42×10^{-2}	-5.46×10^{-2}	0.0401	0.0938	0.1219	18	25	17
[0.5，0.8]	-4.35×10^{-2}	-5.16×10^{-2}	-5.67×10^{-2}	0.0370	0.0922	0.1266	29	29	21
[0.5，1.0]	-3.93×10^{-2}	-5.28×10^{-2}	-5.55×10^{-2}	0.0464	0.0927	0.1224	24	25	26

续表

α	种群规模，维数，总迭代次数			运行时间			迭代次数		
	10，10，200	20，20，200	30，30，200	t_1	t_2	t_3	T_1	T_2	T_3
[0.5，1.2]	-4.49×10^{-2}	-5.15×10^{-2}	-5.62×10^{-2}	0.0453	0.0865	0.1250	20	23	16
[0.4，0.8]	-4.72×10^{-2}	-5.01×10^{-2}	-6.09×10^{-2}	0.0385	0.0885	0.1271	23	24	25
[0.4，1.0]	-3.85×10^{-2}	-4.98×10^{-2}	-5.52×10^{-2}	0.0375	0.0797	0.1229	28	27	24
[0.4，1.2]	-4.95×10^{-2}	-4.99×10^{-2}	-5.60×10^{-2}	0.0453	0.0771	0.1229	20	25	17
[0.2，0.8]	-4.89×10^{-2}	-5.13×10^{-2}	-5.37×10^{-2}	0.0432	0.0786	0.1219	22	27	26
[0.2，1.0]	-4.37×10^{-2}	-5.05×10^{-2}	-5.41×10^{-2}	0.0464	0.0755	0.1214	21	30	23
[0.2，1.2]	-4.24×10^{-2}	-5.14×10^{-2}	-5.81×10^{-2}	0.0484	0.0786	0.1224	21	24	20

表 5-8　参数α线性递减求解 F_4 函数的平均最优结果

α	种群规模，维数，总迭代次数			运行时间			迭代次数		
	10，10，200	20，20，200	30，30，200	t_1	t_2	t_3	T_1	T_2	T_3
[0.6，0.8]	-4.06×10^{-2}	-4.68×10^{-2}	-3.84×10^{-2}	0.0437	0.0844	0.1437	37	41	52
[0.6，1.0]	-4.28×10^{-2}	-4.88×10^{-2}	-4.72×10^{-2}	0.0437	0.0854	0.1714	45	36	45
[0.6，1.2]	-5.01×10^{-2}	-4.77×10^{-2}	-5.44×10^{-2}	0.0427	0.0875	0.1318	33	32	32
[0.5，0.8]	-3.78×10^{-2}	-4.22×10^{-2}	-5.36×10^{-2}	0.0437	0.0995	0.1729	42	39	35
[0.5，1.0]	-3.30×10^{-2}	-4.95×10^{-2}	-5.15×10^{-2}	0.0437	0.0883	0.1427	46	32	37
[0.5，1.2]	-4.31×10^{-2}	-5.12×10^{-2}	-5.78×10^{-2}	0.0422	0.0844	0.1453	30	38	27
[0.4，0.8]	-4.22×10^{-2}	-4.28×10^{-2}	-5.53×10^{-2}	0.0521	0.0865	0.1391	41	47	32
[0.4，1.0]	-4.18×10^{-2}	-4.79×10^{-2}	-5.17×10^{-2}	0.0427	0.0839	0.1344	40	38	35
[0.4，1.2]	-4.34×10^{-2}	-4.97×10^{-2}	-4.84×10^{-2}	0.0432	0.0870	0.1328	34	30	48
[0.2，0.8]	-4.22×10^{-2}	-4.72×10^{-2}	-4.84×10^{-2}	0.0453	0.0849	0.1333	38	34	39
[0.2，1.0]	-4.22×10^{-2}	-4.96×10^{-2}	-5.38×10^{-2}	0.0443	0.0865	0.1354	38	36	36
[0.2，1.2]	-4.47×10^{-2}	-5.27×10^{-2}	-3.49×10^{-2}	0.0417	0.0844	0.1344	28	32	43

从实验结果可以得出：QBA 的参数 α 采用线性递减的取值模式能够很稳定地得到对测试函数的优化寻优结果，随着维数设置的不断变化，算法对测试函数的求解精度并没有像采取固定控制模式时出现明显下降，并且线性递减的取值模式所得结果似乎与参数 α 的起止递减范围没有形成很显著的关联。通过对实验中测试函数的50次独立数值实验进行最优结果的统计可得：当参数 α 采用[0.5，1.2]的线性递减范围时，QBA 在22.22%的测试结果中取得了最

佳值；当参数 α 采用[0.2，1.2]的线性递减范围时，算法在16.67%的测试结果中取得了最佳值；当参数 α 采用[0.5，1.0]的线性递减范围时，QBA在13.8%的测试结果中取得了最佳值；当参数 α 采用[0.2，1.0]、[0.4，1.0]的线性递减范围时，算法在11.11%的测试结果中取得了最佳值；当参数 α 采用[0.6，1.0]、[0.5，0.8]的线性递减范围时，QBA在8.33%的测试结果中取得了最佳值；当参数 α 采用[0.6，0.8]、[0.4，1.2]的线性递减范围时，QBA在5.56%的测试结果中取得了最佳值；剩下的2组线性递减范围未取得较优的结果。整体来说，当参数 α 采用[0.5，1.2]、[0.2，1.2]的线性递减范围时，QBA的求解性能最佳，这与上一节中当参数 α 固定取值1.2时效果最佳在一定程度上不谋而合。鉴于此，在下一节考察 α 的非线性递减取值模式时，主要检测当初始值为1.2时算法的性能情况。

5.3.4 参数非线性取值的控制及分析

第三种参数控制方式是对参数 α 采用两种非线性递减取值模式，具体的数学表达式如式（5–53）及式（5–54）所示。本节的实验中对参数 α 设置了4组不同的非线性递减范围，分别是[0.6, 1.2]、[0.5, 1.2]、[0.4, 1.2]、[0.2, 1.2]，同时，在不同的非线性递减范围内，设置3组不同的维数和种群规模，考察算法的寻优性能。与之前的实验方法相同，算法在不同的参数设置下对每个测试函数独立运行50次，在达到最大迭代次数时算法停止运行，记录算法结果的平均最优值，并将线性递减结果与非线性递减结果进行对比分析。

参数 α 采用两组非线性递减取值模式时在测试函数下各自独立运行50次的实验结果分别如表5–9至表5–12所示。参数 α 的非线性递减取值范围共设置了4组，针对每一组起止值考察QBA在不同维数、种群规模设置下测试函数的平均最优适应度值、达到收敛所需迭代次数的平均值 T，运行时间平均值 t 这3个指标，并将其与线性取值的结果进行对比。根据测试函数的最优结果统计可得：当参数 α 取值范围为[0.6, 1.2]时，线性递减策略有7.40%的结果取得最优值，非线性递减1有11.11%的结果取得最优值，非线性递减的模式2有15.74%的结果取得最优值，其性能明显优于模式1和线性递减策略。当参数 α 取值范围为[0.5, 1.2]时，线性递减策略有8.33%的结果取得最优值，非线性递减的模式1有12.04%的结果取得最优值，非线性递减的模式2有12.96%

的结果取得最优值。当参数 α 取值范围为[0.4, 1.2]时，线性递减策略有5.56%的结果取得最优值，算法性能有所下降；非线性递减的模式1有12.96%的结果取得最优值，非线性递减的模式2有13.89%的结果取得最优值，此时非线性递减策略的QBA性能更佳。当参数 α 取值范围为[0.2, 1.2]时，线性递减策略有7.40%的结果取得最优值；非线性递减的模式1有12.96%的结果取得最优值，非线性递减的模式2有12.96%的结果取得最优值，非线性递减模式1和模式2具有相同的寻优性能且均优于线性递减策略。

表5-9　α 非线性递减取值为[0.6，1.2]时求解测试函数的平均最优结果

函数	N，D	线性递减			非线性递减1			非线性递减2		
		Fitness	t_1	T_1	Fitness	t_2	T_2	Fitness	t_3	T_3
F_1	10，10	**-4.01×10^{-2}**	0.0547	25	-4.31×10^{-2}	0.0526	**23**	-4.58×10^{-2}	**0.0505**	26
	20，20	-5.06×10^{-2}	0.0891	25	-5.42×10^{-2}	0.0885	27	**-5.02×10^{-2}**	**0.0797**	**23**
	30，30	**-5.47×10^{-2}**	0.1224	26	-5.66×10^{-2}	**0.1083**	**24**	-5.53×10^{-2}	0.1229	25
F_2	10，10	**-1.71×10^{-2}**	0.0505	32	-4.47×10^{-2}	**0.0385**	**30**	-4.27×10^{-2}	0.0396	32
	20，20	-5.13×10^{-2}	0.0828	36	**-1.57×10^{-2}**	**0.0750**	40	-4.80×10^{-2}	0.0880	**34**
	30，30	**-5.18×10^{-2}**	0.1286	36	-5.46×10^{-2}	**0.1281**	33	-5.40×10^{-2}	0.1323	**31**
F_3	10，10	-4.59×10^{-2}	**0.0401**	23	-4.67×10^{-2}	0.0422	**21**	**-4.24×10^{-2}**	0.0646	24
	20，20	-5.42×10^{-2}	0.0938	28	-5.22×10^{-2}	**0.0839**	**21**	**-4.78×10^{-2}**	0.0859	**21**
	30，30	-5.46×10^{-2}	**0.1219**	27	-5.80×10^{-2}	0.1318	22	**-5.30×10^{-2}**	0.1276	**20**
F_4	10，10	-5.01×10^{-2}	0.0469	33	**-4.48×10^{-2}**	0.0443	35	-4.84×10^{-2}	**0.0437**	**30**
	20，20	**-4.77×10^{-2}**	**0.0875**	32	-5.15×10^{-2}	0.0938	31	-5.03×10^{-2}	0.0927	**31**
	30，30	-5.44×10^{-2}	0.1399	32	-5.73×10^{-2}	0.1453	29	**-5.18×10^{-2}**	**0.1328**	**27**

表5-10　α 非线性递减取值为[0.5，1.2]时求解测试函数的平均最优结果

函数	N，D	线性递减			非线性递减1			非线性递减2		
		Fitness	t_1	T_1	Fitness	t_2	T_2	Fitness	t_3	T_3
F_1	10，10	-4.53×10^{-2}	0.0464	21	**-4.39×10^{-2}**	**0.0344**	**19**	-4.59×10^{-2}	0.0380	21
	20，20	**-4.76×10^{-2}**	0.1099	23	-5.78×10^{-2}	**0.0818**	25	-5.12×10^{-2}	0.0828	**20**
	30，30	-5.57×10^{-2}	0.1307	22	**-5.08×10^{-2}**	**0.1120**	26	-5.56×10^{-2}	0.1187	**22**
F_2	10，10	**-4.04×10^{-2}**	0.0458	35	-4.31×10^{-2}	0.0505	**31**	-4.19×10^{-2}	**0.0375**	35
	20，20	-5.10×10^{-2}	0.0974	**28**	**-4.93×10^{-2}**	0.1026	38	-5.01×10^{-2}	**0.0755**	35
	30，30	-5.55×10^{-2}	0.1250	34	-5.50×10^{-2}	0.1219	34	**-5.33×10^{-2}**	**0.1208**	**34**

续表

函数	N，D	线性递减			非线性递减 1			非线性递减 2		
		Fitness	t_1	T_1	Fitness	t_2	T_2	Fitness	t_3	T_3
F_3	10，10	**-4.49×10^{-2}**	0.0453	20	-4.50×10^{-2}	0.0380	**20**	-4.60×10^{-2}	**0.0365**	21
	20，20	**-5.15×10^{-2}**	0.0865	23	-5.45×10^{-2}	0.0813	22	-5.60×10^{-2}	**0.0771**	**19**
	30，30	**-5.62×10^{-2}**	0.1250	26	-5.72×10^{-2}	**0.1203**	22	-6.04×10^{-2}	0.1255	**19**
F_4	10，10	-4.31×10^{-2}	**0.0422**	**30**	-4.20×10^{-2}	0.0448	36	**-4.18×10^{-2}**	0.0422	37
	20，20	-5.12×10^{-2}	0.0844	38	-4.89×10^{-2}	**0.0818**	**35**	**-4.66×10^{-2}**	0.0823	35
	30，30	-5.78×10^{-2}	0.1453	**27**	-5.28×10^{-2}	**0.1323**	33	**-5.14×10^{-2}**	0.1370	33

表 5-11　α 非线性递减取值为 [0.4，1.2] 时求解测试函数的平均最优结果

函数	N，D	线性递减			非线性递减 1			非线性递减 2		
		Fitness	t_1	T_1	Fitness	t_2	T_2	Fitness	t_3	T_3
F_1	10，10	-4.79×10^{-2}	0.0521	22	-5.34×10^{-2}	0.0500	22	**-4.68×10^{-2}**	**0.0344**	**22**
	20，20	-5.18×10^{-2}	0.0880	25	-5.29×10^{-2}	0.0823	25	**-5.09×10^{-2}**	**0.0682**	**23**
	30，30	-5.56×10^{-2}	0.1193	26	**-5.38×10^{-2}**	0.1036	**24**	-5.62×10^{-2}	**0.1026**	26
F_2	10，10	-4.28×10^{-2}	0.0469	**30**	-4.30×10^{-2}	0.0396	33	**-4.01×10^{-2}**	**0.0354**	33
	20，20	-4.81×10^{-2}	0.0948	36	**-4.64×10^{-2}**	**0.0708**	**31**	-5.17×10^{-2}	0.0714	33
	30，30	-5.60×10^{-2}	0.1229	32	**-5.27×10^{-2}**	0.1339	31	-5.41×10^{-2}	**0.1219**	**31**
F_3	10，10	-4.95×10^{-2}	0.0453	20	**-4.25×10^{-2}**	0.0437	24	-4.48×10^{-2}	**0.0375**	**19**
	20，20	**-4.99×10^{-2}**	0.0771	25	-5.03×10^{-2}	0.0766	22	-5.23×10^{-2}	**0.0714**	**18**
	30，30	-5.60×10^{-2}	0.1229	**17**	**-5.41×10^{-2}**	**0.1115**	21	-5.44×10^{-2}	0.1161	22
F_4	10，10	**-4.34×10^{-2}**	0.0432	34	-4.53×10^{-2}	**0.0391**	35	-4.60×10^{-2}	0.0410	**31**
	20，20	**-4.97×10^{-2}**	0.0870	30	-5.26×10^{-2}	**0.0802**	**29**	-5.21×10^{-2}	0.0818	33
	30，30	**-4.84×10^{-2}**	0.1328	48	-5.01×10^{-2}	**0.1240**	**32**	-5.36×10^{-2}	**0.1240**	35

表 5-12　α非线性递减取值为 [0.2，1.2] 时求解测试函数的平均最优结果

函数	N，D	线性递减			非线性递减 1			非线性递减 2		
		Fitness	t_1	T_1	Fitness	t_2	T_2	Fitness	t_3	T_3
F_1	10，10	-4.51×10^{-2}	0.0604	22	**-4.22×10^{-2}**	0.0375	23	-4.34×10^{-2}	**0.0370**	**22**
	20，20	**-5.26×10^{-2}**	0.0953	24	-5.41×10^{-2}	0.0708	26	-5.36×10^{-2}	**0.0688**	**23**
	30，30	-5.51×10^{-2}	0.1198	29	**-5.24×10^{-2}**	**0.1146**	28	-5.67×10^{-2}	0.1167	**23**

续表

函数	N，D	线性递减			非线性递减 1			非线性递减 2		
		Fitness	t_1	T_1	Fitness	t_2	T_2	Fitness	t_3	T_3
F_2	10，10	**-4.26×10^{-2}**	0.0448	35	-4.30×10^{-2}	0.0370	34	-4.27×10^{-2}	**0.0370**	**32**
	20，20	**-4.69×10^{-2}**	0.0786	35	-4.80×10^{-2}	**0.0776**	36	-5.13×10^{-2}	0.0781	**35**
	30，30	**-5.06×10^{-2}**	**0.1193**	**36**	-5.14×10^{-2}	0.1229	38	-5.62×10^{-2}	0.1240	36
F_3	10，10	**-4.24×10^{-2}**	0.0484	25	-4.56×10^{-2}	0.0365	**21**	-4.25×10^{-2}	**0.0380**	22
	20，20	-5.14×10^{-2}	0.0786	24	**-5.06×10^{-2}**	**0.0755**	**19**	-5.17×10^{-2}	0.0781	22
	30，30	-5.81×10^{-2}	0.1224	20	**-5.68×10^{-2}**	**0.1151**	**18**	-5.84×10^{-2}	0.1245	20
F_4	10，10	-4.47×10^{-2}	0.0467	28	-4.65×10^{-2}	0.0484	31	**-4.29×10^{-2}**	**0.0448**	**28**
	20，20	-5.27×10^{-2}	0.0844	32	-5.27×10^{-2}	0.0906	**31**	**-4.55×10^{-2}**	**0.0823**	32
	30，30	**-3.49×10^{-2}**	0.1344	43	-5.37×10^{-2}	**0.1271**	**31**	-5.30×10^{-2}	0.1297	31

通过综合对比 α 的3种控制模式对应的实验结果可知，在固定取值的控制方式下，随着设置维数的增加，算法寻优精度出现了明显的下降，这表明在固定取值的控制模式下算法的稳定性较差。在线性递减取值模式和非线性递减取值模式下算法的稳定性更优，算法的寻优精度并没有随着维数和种群规模的增加而下降，并且在维数增加至30时，寻优精度比固定取值控制模式提升了1~2个数量级。此外，针对线性递减模式和非线性递减模式下算法的性能情况，通过在各控制模式下分别对50次独立数值实验进行最优结果的统计分析，发现两种非线性递减模式在寻优精度上与线性递减模式在数量级上基本持平、目标函数适应度值的差别不大，但在算法运行时间和达到收敛所需迭代次数方面都比线性递减策略得到的最优结果更多。在非线性递减的两种控制模式下，算法的寻优性能差别不大，进一步通过对实验结果的统计分析可得非线性递减模式2所得的最优结果更多一些，并且对应算法性能更稳定。

综上所述，根据大量数值对比实验可得：3种参数控制方式中，非线性递减模式的控制方式性能最佳，线性递减模式次之，固定取值控制方式性能最差。通过实验结果分析，建议对 α 采取非线性递减模式2的参数控制方式，并且当算法中其他参数设置与本书一致时，α 的递减范围建议采取[0.6，1.2]，能使算法获得更优的性能。

在对QBA的收敛性及核心参数控制进行有效分析的基础上，接下来将针对如何提升算法收敛速度和精度进行探索。

5.4　基于能量函数及跳跃变异机制的QBA（EFJM-QBA）

根据前文的分析可知，QBA是一种全局优化算法，具有较强的全局收敛能力，并且QBA中去掉了速度迭代公式，不需要粒子的速度信息，控制参数较BA更少，收敛速度快。但是，大量的实验结果表明，QBA同BA一样还存在早熟现象，如何使算法能够合理转换全局探索和局部搜索进而更有效地平衡搜索能力，使蝙蝠个体具备跳出局部最优的能力是很有必要的。针对这个问题，我们提出基于能量函数及跳跃变异机制的QBA。

5.4.1　EFJM-QBA描述

本节介绍所提出的基于能量函数及跳跃变异机制的QBA（EFJM–QBA），其主要组成部分包括基本QBA、能量函数控制策略（EF）和跳跃变异机制（JM）。

1. 能量函数控制策略

受到QBA描述中蝙蝠个体能量信息的启发，我们设计了能量函数控制策略。该策略取代了QBA中的步骤4，不再使用随机数与脉冲频度的大小比较确定是否产生新解，而是引入基于迭代次数的线性能量函数判断当前蝙蝠个体是否有足够的能量继续进行全局搜索，当能量较低时自动转换为局部搜索产生新解，能量函数的表达式如式（5–55）所示。

$$E(t)=2(2\text{rand}-1)\frac{T-t}{T} \tag{5–55}$$

能量函数代表着蝙蝠个体当前的能量信息，呈线性模式。在算法迭代的前期，E的绝对值较大，代表个体有能量进行大范围的全局探索；在迭代后期，E的绝对值减小，此时将算法转换为精细的局部搜索，能够有效平衡算法的全局探索和局部搜索能力。该策略具体的控制方式是：若满足条件$E(t)>1$，提示蝙蝠个体能量充足，控制算法运行全局探索继续迭代寻优；若满足$E(t)<1$，提示个体当前能量不足，转换为局部搜索。这样的策略能够有效控制算法的全局探索和局部搜索，强化了算法的搜索效率，还减少了QBA中的参数数量。

2. 跳跃变异机制

在QBA中引入能量函数控制策略平衡全局探索和局部搜索的同时，设计

跳跃变异机制，使QBA增加种群多样性的同时具备跳出局部极值的能力。在能量函数控制使算法转换为局部搜索的基础上，继续利用能量函数，若满足$|E(t)| \geqslant 0.5$则进行跳跃变异产生新解，该变异机制下产生新解的迭代公式如式（5-56）及式（5-57）所示。

$$X(t+1)=g_{\text{best}}-X(t)-E(t)\left|Jg_{\text{best}}-X(t)\right| \tag{5-56}$$

$$J=2\cdot(1-\text{rand}) \tag{5-57}$$

式中，$E(t)$为能量函数；J为跳跃系数。

分析式（5-56）及式（5-57）可知，新解是在全局最优解的基础上跳跃变异产生的，满足$|E(t)| \geqslant 0.5$的条件使蝙蝠个体在能量值还没有很低时能够进行跳跃变异，跳出当前解，增加种群的多样性。

5.4.2 EFJM-QBA的操作步骤

假设优化问题如式（5-58）所示。

$$\begin{aligned}&\min f(x)\\&\text{s.t.}\ \ x\in H_*\end{aligned} \tag{5-58}$$

式中，$f(x)$为目标函数；H_*为可行解空间。

基于能量函数及跳跃变异机制的QBA的具体操作流程，可表示为以下步骤。

步骤1：初始化。

1）设置算法参数（初始化频率、响度等基本参数）。

2）种群初始化，在D维空间中初始化种群大小为N，最大迭代次数为T，并给出一组初始解。

步骤2：根据初始化得到蝙蝠个体的位置信息x_i，并按目标函数适应度值进行排序，寻找当前最佳位置p_{best}和种群的全局最优位置g_{best}。

步骤3：根据QBA的更新公式进行蝙蝠个体位置信息的迭代，如式（5-59）~式（5-62）所示。

$$x_i^{t+1}=\left[p\pm\alpha\left|p-x_i^t\right|\cdot\ln\left(\frac{1}{u}\right)\right]\cdot f_i^t \tag{5-59}$$

$$f_i=f_{\min}+\left(f_{\max}-f_{\min}\right)\cdot\beta_* \tag{5-60}$$

$$p=\phi_1 p_{\text{best}}+\left(1-\phi_1\right)g_{\text{best}} \tag{5-61}$$

$$u = \text{rand}(0,1) \tag{5-62}$$

步骤4：判断能量函数$E(t)$的取值，若满足$E(t)<1$，提示个体能量不足，算法转为局部搜索。

步骤5：进一步判断能量函数$E(t)$的取值，若满足$|E(t)| \geqslant 0.5$，则根据式（5-63）进行迭代产生新解。

$$x_{\text{new}} = g_{\text{best}} - x(t) - E(t)\left|\left[2(1-\text{rand})\right]g_{\text{best}} - x(t)\right| \tag{5-63}$$

步骤6：生成随机数rand_1，若满足$\text{rand}_1<A_i$且目标函数适应度值$f(x_{\text{new}})<f(g_{\text{best}})$，则接受跳跃变异产生的新解$x_{\text{new}}$。

步骤7：更新蝙蝠个体的脉冲频度r_i及响度A_i，脉冲频度和响度的更新公式同BA一致。对目标函数适应度值排序，更新全局最优解g_{best}。

步骤8：重复操作步骤3~7，直到符合结束条件，例如达到最大迭代次数，然后输出最优解，寻优结束。

以上就是EFJM-QBA的操作步骤，其流程如图5-3所示。

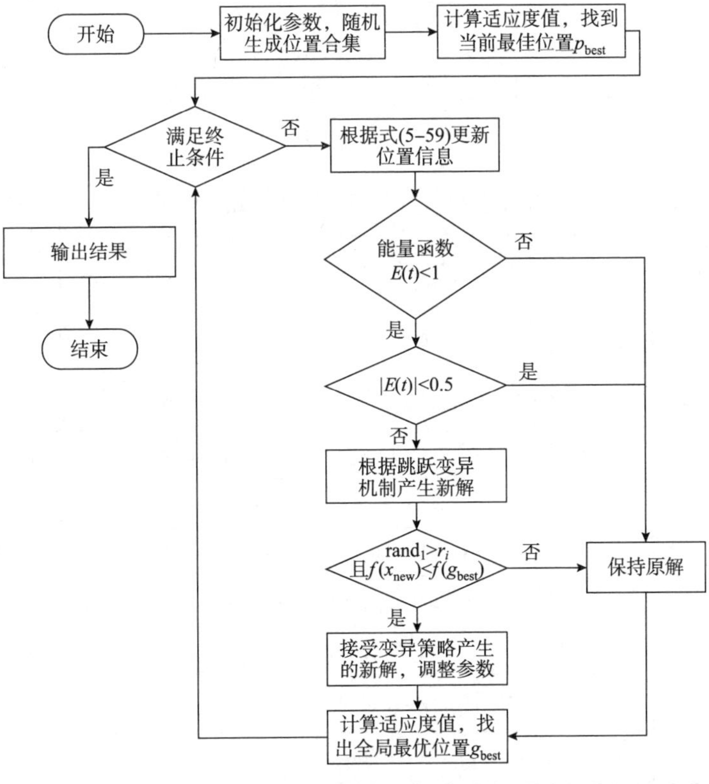

图5-3　EFJM-QBA流程

接下来，本书将通过数值仿真实验对EFJM-QBA的寻优性能进行测试和验证。

5.4.3 数值实验与结果分析

在本节数值仿真实验中使用15个标准测试函数评估EFJM-QBA的性能，具体测试函数如表5-13所示。本节共设计了两部分实验验证所提出算法的有效性：第一部分是在不同维数和种群规模的设置下，探索EFJM-QBA中设计的新寻优策略对算法搜索性能的影响；第二部分是将其与BA和QBA进行对比仿真实验，以期检验改进算法的寻优性能。

表5-13 测试函数

名称	函数	范围
Sphere	$F_1(x)=\sum_{i=1}^{n} x_i^2$	[−5.12，5.12]
Rastrigin	$F_2(x)=\sum_{i=1}^{n}[x_i^2-10\cos(2\pi x_i)+10]$	[−5.12，5.12]
Griewank	$F_3(x)=\sum_{i=1}^{n}\frac{x_i^2}{4000}-\prod_{i=1}^{n}\cos\left(\frac{x_i}{\sqrt{i}}\right)+1$	[−600，600]
Ackley	$F_4(x)=-20\,\mathrm{e}^{-0.2\sqrt{\left(\frac{1}{n}\sum_{i=1}^{n}x_i^2\right)}}-\mathrm{e}^{\frac{1}{n}\sum_{i=1}^{n}\cos 2\pi x_i}+20+\mathrm{e}$	[−600，600]
Schwefel	$F_5(x)=\sum_{i=1}^{n}\lvert x_i\rvert+\prod_{i=1}^{n}\lvert x_i\rvert$	[−10，10]
Salomon	$F_6(x)=1-\cos\left(2\pi\sum_{i=1}^{n}x_i\right)+0.1\sum_{i=1}^{n}x_i^2$	[−100，100]
Zakharov	$F_7(x)=\sum_{i=1}^{n}x_i^2+\left(\sum_{i=1}^{n}\frac{ix_i}{2}\right)^2+\left(\sum_{i=1}^{n}\frac{ix_i}{2}\right)^4$	[−5，5]
Ellipsoid	$F_8(x)=\sum_{i=1}^{n}\ \sum_{j=1}^{i}x_j^2$	[−65.5，65.5]
Drop-Wave	$F_9(x)=[1+\cos(12\sqrt{x_1^2+x_2^2})]/[0.5(x_1^2+x_2^2)+2]$	[−5.12，5.12]
Bohachevsky	$F_{10a}(x)=x_1^2+2x_2^2-0.3\cos(3\pi x_1)-0.4\cos(4\pi x_2)+0.7$	[−100，100]
	$F_{10b}(x)=x_1^2+2x_2^2-0.3\cos(3\pi x_1)\cos(4\pi x_2)+0.3$	[−100，100]
	$F_{10c}(x)=x_1^2+2x_2^2-0.3\cos(3\pi x_1+4\pi x_2)+0.3$	[−100，100]
Matayas	$F_{11}(x)=0.26(x_1^2+x_2^2)-0.48x_1x_2$	[−10，10]
Mccormick	$F_{12}(x)=\sin(x_1+x_2)+(x_1+x_2)^2-1.5x_1+2.5x_2+1$	[−0.547，0.547]
Camel	$F_{13}(x)=2x_1^2-1.05x_1^4+\frac{x_1^6}{6}+x_1x_2+x_2^2$	[−5，5]
Easom	$F_{14}(x)=-\cos(x_1)\cos(x_2)\,\mathrm{e}^{-(x_1-\pi)^2-(x_2-\pi)^2}$	[−100，100]

续表

名称	函数	范围
Bale	$F_{15}(x)=(1.5-x_1+x_1x_2)^2+(2.25-x_1+x_1x_2^2)^2+(2.625-x_1+x_1x_2^3)^2$	[-4.5，4.5]

1.改进策略的性能分析

改进策略对QBA性能的影响实验，是以QBA为基础对照组，将EFJM-QBA和只带有一种改进策略的算法在测试函数集上进行对比实验。其中，只带有一种改进策略的算法是指：EF-QBA（只带有能量函数控制策略）；JM-QBA（只带有跳跃变异机制策略）。每种算法在不同参数设置中对每个测试函数独立运行50次，在达到最大迭代次数或达到寻优精度时算法停止运行，4种算法其他的基本参数设置均保持一致，最大迭代次数为500，脉冲频度r=0.8，响度A=0.85。

在维数为2，种群规模为10的参数设置下，针对上述15个测试函数，对不同改进策略对算法性能的影响进行探究。数值仿真实验结果如表5-14所示，表中记录了测试函数适应度值Fitness及运行时间t，实验中最佳的数据结果加粗展示。其中，F_{10}测试函数同时包含3个子函数，这3个子函数同时寻得全局最优时才代表在该测试函数上有效收敛到了全局最优解。通过分析数据结果发现，在时间消耗方面，EF-QBA的时间消耗是4种算法中最多的，其余3种算法的时间消耗相差不大；在收敛精度方面，跳跃变异机制对QBA的收敛精度提升效果明显，这表明跳跃变异机制有助于个体跳出极值干扰；另外，带有两种改进策略的EFJM-QBA在大多数测试函数上表现更佳，这表明两种策略的结合使算法获得了更佳的寻优性能。

表5-14　2维时改进策略的性能对比

N，D	函数	指标	QBA	EF-QBA	JM-QBA	EFJM-QBA
10，2	F_1	Fitness	−0.439	−0.698	4.60×10^{-7}	$\mathbf{4.35\times10^{-8}}$
		t	0.0963	0.2766	0.1063	0.1141
	F_2	Fitness	−0.430	−0.683	9.06×10^{-6}	$\mathbf{5.30\times10^{-8}}$
		t	0.0972	0.2875	0.1031	0.1125
	F_3	Fitness	−0.433	−0.688	1.02×10^{-6}	$\mathbf{8.76\times10^{-7}}$
		t	0.1047	0.2859	0.1172	0.1109

续表

N，D	函数	指标	QBA	EF-QBA	JM-QBA	EFJM-QBA
10，2	F_4	Fitness	−0.440	−0.681	3.50×10^{-2}	**8.10×10^{-3}**
		t	0.1184	0.3281	0.1375	0.1391
	F_5	Fitness	−0.436	−0.724	**1.74×10^{-6}**	1.10×10^{-4}
		t	0.1072	0.2969	0.1297	0.1156
	F_6	Fitness	−0.434	−0.671	1.31×10^{-4}	**7.97×10^{-10}**
		t	0.1063	0.3031	0.1094	0.1078
	F_7	Fitness	−0.434	−0.696	**2.18×10^{-10}**	4.60×10^{-5}
		t	0.1144	0.3016	0.1146	0.1313
	F_8	Fitness	−0.437	−0.728	8.44×10^{-4}	**6.04×10^{-4}**
		t	0.0991	0.3219	0.1047	0.1219
	F_9	Fitness	−0.144	−0.167	**−1**	−0.997
		t	0.0894	0.2859	0.11047	0.1078
	F_{10a}	Fitness	−0.442	−0.734	**3.69×10^{-4}**	1.95×10^{-2}
		t	0.1038	0.3281	0.1016	0.1063
	F_{10b}	Fitness	−0.437	−0.716	6.68×10^{-6}	**4.91×10^{-6}**
		t	0.0966	0.2859	0.1219	0.1172
	F_{10c}	Fitness	−0.443	−0.686	1.00×10^{-4}	**6.13×10^{-5}**
		t	0.0953	0.2906	0.1266	0.1234
	F_{11}	Fitness	−0.440	−0.717	4.62×10^{-7}	**9.59×10^{-8}**
		t	0.1000	0.2922	0.1063	0.1109
	F_{12}	Fitness	−2.32	**−0.171**	−74.1	−80.4
		t	0.1000	0.2875	0.0984	0.1187
	F_{13}	Fitness	−0.446	−0.714	7.53×10^{-6}	**8.57×10^{-8}**
		t	0.1066	0.3047	0.1000	0.1203
	F_{14}	Fitness	−0.769	−1.50	−0.907	**−0.948**
		t	0.1022	0.2922	0.1187	0.1109
	F_{15}	Fitness	−0.910	0.595	3.06×10^{-2}	**9.27×10^{-3}**
		t	0.0931	0.3125	0.0969	0.1422

为了分析各改进策略对应算法的稳定性，对上述4种算法进行维数拓展对比实验，两组不同维数及种群规模设置下的对比实验数据如表5-15及表5-16所示，每种算法独立运行50次记录平均最优结果，实验指标分别包括：测试

函数适应度值 Fitness、运行时间 t、收敛迭代次数 T，实验中最佳的数据结果加粗展示。由于测试函数 F_1~F_8 能够进行维数扩展，故此部分对比实验主要通过这 8 个测试函数进行。通过分析实验数据可知，带有不同改进策略的对应算法表现均比 QBA 的结果更佳，并且在维数增加时寻优性能稳定。具体来说，EF–QBA 在所有测试函数上均取得了明显的迭代次数优势，这表明了能量函数控制策略对算法所需迭代次数有显著的提升作用。相较于 QBA，EF–QBA 函数适应度值的精度与之齐平，而 JM–QBA 则在算法精度方面有明显改善。EFJM–QBA 的实验数据表明，两种改进策略的结合使得算法在不同维数设置下依旧获得了更佳的寻优速度和精度，但须指出的是算法的迭代次数是对比算法中最大的。

表 5–15　10 维时改进策略的性能对比

N，D	函数	指标	QBA	EF–QBA	JM–QBA	EFJM–QBA
10，10	F_1	Fitness	−0.412	−0.682	4.36×10^{-6}	$\mathbf{1.47\times10^{-6}}$
		t	0.1134	0.1281	0.1359	0.1109
		T	29	**7**	160	236
	F_2	Fitness	−0.323	−0.639	7.12×10^{-4}	$\mathbf{6.65\times10^{-5}}$
		t	0.1194	0.1172	0.1141	0.1187
		T	50	**18**	37	25
	F_3	Fitness	−0.423	−0.655	4.42×10^{-5}	$\mathbf{1.80\times10^{-5}}$
		t	0.1191	0.1156	0.1172	0.1169
		T	18	**6**	230	300
	F_4	Fitness	−0.399	−0.656	$\mathbf{1.39\times10^{-4}}$	1.29×10^{-2}
		t	0.1350	0.1234	0.1266	0.1281
		T	45	**7**	416	329
	F_5	Fitness	−0.436	−0.679	2.78×10^{-5}	$\mathbf{8.30\times10^{-6}}$
		t	0.0966	0.1203	0.1172	0.1203
		T	22	**4**	413	500
	F_6	Fitness	−0.350	−0.656	$\mathbf{1.37\times10^{-9}}$	1.60×10^{-9}
		t	0.0941	0.141	0.1156	0.1234
		T	39	**4**	60	304

续表

N，*D*	函数	指标	QBA	EF-QBA	JM-QBA	EFJM-QBA
10，10	F_7	Fitnesst	−0.359	−0.631	2.05×10^{-6}	$\mathbf{1.17\times10^{-6}}$
		t	**0.0966**	0.1219	0.1226	0.1375
		T	39	**3**	108	222
	F_8	Fitness	−0.433	−0.657	6.09×10^{-4}	$\mathbf{3.24\times10^{-4}}$
		t	0.1956	0.1147	0.1094	0.1156
		T	7	**4**	235	317

表 5-16　30 维时改进策略的性能对比

N，*D*	函数	指标	QBA	EF-QBA	JM-QBA	EFJM-QBA
30，30	F_1	Fitness	−0.422	−0.674	4.90×10^{-2}	$\mathbf{2.30\times10^{-3}}$
		t	0.3809	0.3484	0.8109	0.3625
		T	47	**9**	390	386
	F_2	Fitness	−0.377	−0.698	0.731	**0.350**
		t	0.4022	0.3489	0.8109	0.3625
		T	79	**9**	390	386
	F_3	Fitness	−0.377	−0.710	$\mathbf{6.41\times10^{-7}}$	1.52×10^{-4}
		t	0.4022	0.3594	0.8625	0.4047
		T	79	**6**	334	275
	F_4	Fitness	−0.438	−0.681	2.50×10^{-3}	$\mathbf{2.19\times10^{-3}}$
		t	0.3974	0.3875	0.6797	0.3859
		T	35	**8**	500	436
	F_5	Fitness	−0.397	−0.703	$\mathbf{1.46\times10^{-6}}$	9.60×10^{-3}
		t	0.3133	0.3531	0.5909	0.3672
		T	27	**5**	306	297
	F_6	Fitness	−0.412	−0.715	5.74×10^{-8}	$\mathbf{1.43\times10^{-10}}$
		t	0.2916	0.3578	0.5906	0.3563
		T	27	**5**	118	312
	F_7	Fitness	−0.428	−0.702	5.89×10^{-11}	7.30×10^{-7}
		t	0.3156	0.3578	0.6000	0.3781
		T	32	**4**	50	193

续表

N，D	函数	指标	QBA	EF-QBA	JM-QBA	EFJM-QBA
30，30	F_8	Fitness	–0.466	–0.715	2.78×10^{-5}	$\mathbf{1.78\times10^{-5}}$
		t	0.1956	0.3453	0.5750	0.3438
		T	7	**5**	164	222

2. 同源算法的性能比较

在对各改进策略进行分析的基础上，接下来进行同源算法的性能比较。设置种群规模为20，维数为20，最大迭代次数为500，对测试函数进行50次独立求解，记录BA、QBA及EFJM–QBA这3种同源算法在不同测试函数上的数值实验结果，3种对比算法的核心参数设置如表5–17所示。

表 5–17　BA，QBA 和 EFJM–QBA 核心参数

算法	参数
BA	A=0.85，r=0.8
QBA	A=0.85，r=0.8，α 采取非线性递减模式 2
EFJM–QBA	A=0.85，α 采取非线性递减模式 2

对比算法在不同测试函数上的求解结果如表5–18所示，由表可知，在相同的参数设置下，BA在所有测试函数上的求解效果是最差的，本节所提出的EFJM–QBA的收敛精度较BA、QBA得到了明显提升。在运行时间方面，EFJM–QBA同QBA基本持平；在收敛所需迭代次数方面，BA在达到最大迭代次数500时仍未收敛，EFJM–QBA较BA有了一定提升，QBA所需迭代次数最少。

综合分析上述两部分实验结果可知：EFJM–QBA较BA和QBA而言有效提升了算法的收敛精度并且具有良好的稳定性，但对所求解的测试函数未能搜索到理论最优值，这样的结果在一定程度上说明了EFJM–QBA在寻优性能方面还有进一步提升的空间。接下来，针对如何进一步提升算法收敛精度和速度的问题，提出新的改进算法。

表 5-18　BA、QBA、EFJM-QBA 求解测试函数的平均最优结果

函数	N，D	算法	Fitness	t	T
F_1	20，20	BA	14.9	**0.0566**	500
		QBA	−0.422	0.2259	38
		EFJM-QBA	**2.16×10^{-2}**	0.2844	278
F_2	20，20	BA	2.84×10^{5}	**0.0675**	500
		QBA	−0.212	0.2331	97
		EFJM-QBA	**1.74×10^{-2}**	0.2789	313
F_3	20，20	BA	0.281	**0.0816**	497
		QBA	−0.433	0.2353	25
		EFJM-QBA	**5.87×10^{-4}**	0.3117	285
F_4	20，20	BA	4.72	**0.0959**	500
		QBA	−0.405	0.2503	49
		EFJM-QBA	**1.25×10^{-2}**	0.2961	417
F_5	20，20	BA	26.8	**0.0912**	400
		QBA	−0.37	0.2025	37
		EFJM-QBA	**2.80×10^{-3}**	0.2922	458
F_6	20，20	BA	573	**0.0941**	347
		QBA	−0.391	0.2003	25
		EFJM-QBA	**2.39×10^{-5}**	0.2680	293
F_7	20，20	BA	226	**0.0944**	414
		QBA	−0.411	0.2050	17
		EFJM-QBA	**6.69×10^{-6}**	0.2727	176
F_8	20，20	BA	2.69×10^{5}	**0.0834**	500
		QBA	−0.456	0.2547	19
		EFJM-QBA	**8.80×10^{-4}**	0.2719	372

5.5　自适应预判变异及频率优化协同作用的 QBA（APMQ-QBA）

受到上一节所设计的基于全局最优解的跳跃变异机制启发，我们从如何更好地利用蝙蝠个体历史最优信息的角度入手，进一步对QBA进行优化设计。同时，从第4章中基于频率参数的自适应多普勒补偿策略对算法性能提升效果明显的结论中可知对频率参数的改进是算法改进的重要方向。由此，我们提出预判变异及频率优化协同作用的QBA（APMQ-QBA）。

5.5.1　APMQ-QBA描述

本节介绍所提出的APMQ-QBA，其主要组成部分包括基本QBA、自适应预判变异机制（APM）和频率优化机制（Q）。

1. 自适应预判变异机制

基于全局最优位置的自适应预判变异机制是APMQ-QBA的第一项策略，以蝙蝠种群当前全局最优位置对应的目标函数适应度值作为算法是否进行变异操作的依据。在算法的迭代过程中，记录蝙蝠个体的当前最优位置为p_{best}，蝙蝠种群在进行若干次迭代后，根据算法的寻优法则最终会落到p_{best}决定的极大值或者极小值上。本节以求解最小值问题为基准，令：

$$f_{t,g_{\text{best}}}=\min_{i=1}^{N} f_{t,p_{\text{best}},i} \tag{5-64}$$

式中，$f_{t,p_{\text{best}},i}$为第i个蝙蝠个体在t次迭代内找到的最优位置的目标函数适应度值，这里是将蝙蝠种群中i个蝙蝠个体在完成第t次迭代后的最优位置记录下来，记作$f_{t,g_{\text{best}}}$。

在进行第t+1次迭代时，如果满足式（5-65）所示的条件1，即第t+1次迭代得到的最优解目标函数适应度值优于第t次迭代后的结果，就认为蝙蝠种群进行了有效寻优，寻优效果更佳、收敛性能良好。

$$f_{t+1}<f_{t,g_{\text{best}}} \tag{5-65}$$

如果满足式（5-65）所示的条件2，即第t+1次迭代得到的最优解目标函数适应度值劣于第t次迭代后的结果，这意味着蝙蝠种群没有进行有效寻优，寻优性能不佳，容易陷入早熟收敛状态，种群的多样性降低。此时，就需要对算法进行变异操作，使算法具有跳出局部最优、在算法后期仍能保持种群多样性的能力。

$$f_{t+1} \geqslant f_{t,g_{\text{best}}} \tag{5-66}$$

当上述自适应预判条件1满足时，算法继续进行迭代搜索寻优；当上述自适应预判条件2满足时，触发算法变异操作，第i个蝙蝠个体的第d维根据自身的最优位置$p_{i,d}$进行如式（5-67）所示的变异操作。

$$X_{i,d}(t) = p_{i,d}(t) \cdot \tau \cdot \text{betarnd} \tag{5-67}$$

式中，τ为变异因子；betarnd为服从beta分布的随机数。

从算法流程角度分析，对蝙蝠个体进行位置信息变异操作的自适应预判机制取代了QBA中根据随机数rand_1与脉冲频度最大值比较获得新解的策略，不再简单地依靠随机数确定更新新解，而是客观地依据算法迭代过程记录下蝙蝠个体完成第t次迭代后的最优位置，并进行目标函数的适应度值排序对比，理性判断算法当前是否有必要进行新解的更新。同时，这样的策略使得算法的局部搜索更具导向性，具有优化蝙蝠个体位置信息的能力，还进一步减少了算法的参数设置。

2.频率优化机制

在QBA引入上述自适应预判变异机制的同时，对频率引入优化机制，将QBA中频率参数的更新公式变更为式（5-68）及式（5-69）。

$$f_{i,\text{new}} = \left[f_{\min} + \left(f_{\max} - f_{\min} \right) \beta_* \right] \rho \tag{5-68}$$

$$\rho = \frac{T_{\max}}{T_{\max} + 10t} \tag{5-69}$$

式中，$T_{\max}$为最大迭代次数；t为当前迭代次数。

分析频率参数更新公式可知，一方面，ρ在算法迭代初期（即t取值较小时）的取值较大，从而使蝙蝠个体获得较高的脉冲频率，有益于算法进行全局探索；另一方面，ρ在算法迭代后期（即t取值较大时）的取值较小，从而使蝙蝠个体获得较低的脉冲频率，强化局部搜索行为。因此，这样的频率优化策略有利于强化QBA前期的全局探索能力和后期的局部搜索能力，能够进一步提升算法性能。

5.5.2 APMQ-QBA的操作步骤

假设优化问题如式（5–70）所示。

$$\begin{aligned}&\min f(x)\\&\text{s.t. } x\in H_*\end{aligned} \tag{5-70}$$

式中，$f(x)$为目标函数；H_*为可行解空间。

由自适应性预判变异机制及频率优化机制改进后的APMQ–QBA的具体操作流程，可表示为以下步骤。

步骤1：初始化。

1）设置算法参数（初始化频率、脉冲频度、响度等基本参数）。

2）种群初始化，在D维空间中初始化种群大小为N，最大迭代次数为$T_{\max}$，并给出一组初始解。

步骤2：根据式（5–68）及式（5–69）更新蝙蝠个体的频率。

步骤3：根据式（5–71）对蝙蝠种群的位置信息进行迭代。

$$x_i^{t+1}=\left[p\pm\alpha\,|\,p-x_i^t|\cdot\ln\left(\frac{1}{u}\right)\right]\cdot f_i^t \tag{5-71}$$

步骤4：根据蝙蝠个体的位置信息X_i计算目标函数适应度值，记录蝙蝠个体的当前最佳位置p_{best}及对应的适应度值f_t, $p_{\text{best},i}$，记录种群中全局最优位置g_{best}，进行自适应性预判确定是否需要进行变异操作，若需要，则使用式（5–72）进行变异操作获得新解x_{new}。

$$x_{\text{new}}=p_{i,d}\cdot\tau\cdot\text{betarnd} \tag{5-72}$$

步骤5：生成随机数rand_1，若满足$\text{rand}_1>r_i$且$f(x_{\text{new}})<f(g_{\text{best}})$，则接受新解$x_{\text{new}}$。

步骤6：更新蝙蝠个体的频度r_i。对目标函数适应度值排序，更新全局最优解g_{best}。

步骤7：重复操作步骤2~6，直到符合结束条件，例如达到最大迭代次数，然后输出最优解，寻优结束。

以上就是APMQ–QBA的操作步骤，其流程如图5–4所示。

5.5.3 APMQ-QBA的收敛性分析

上述内容通过自适应预判变异机制和频率优化机制对QBA进行了改进，

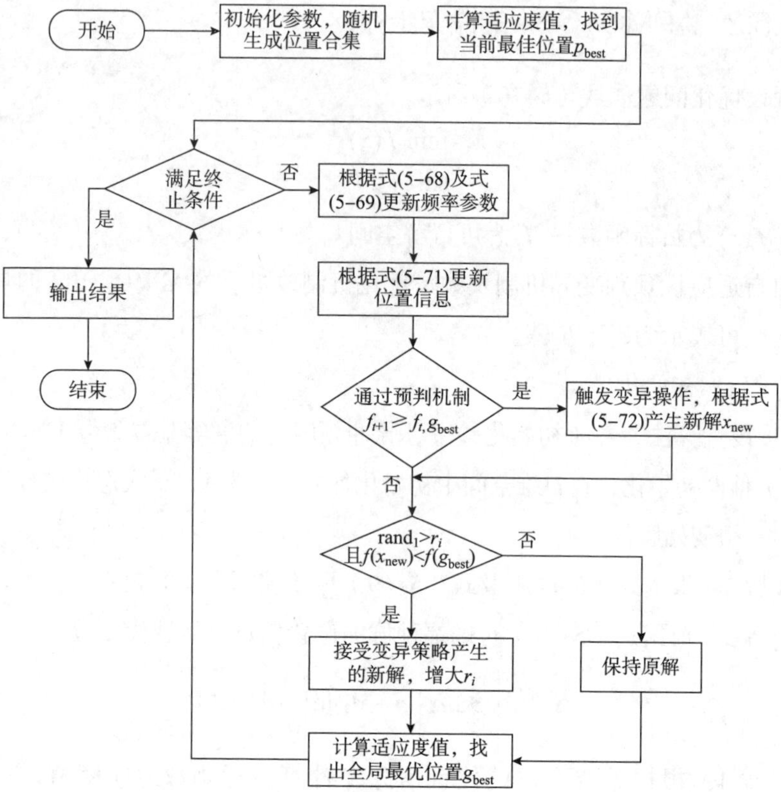

图5-4　APMQ-QBA流程

针对APMQ-QBA的收敛性问题，参考第2.2节中运用的Markov链模型的分析方法，建立吸收态Markov模型对其进行收敛性分析。

定理5.2　在APMQ-QBA的第t次迭代过程中，将蝙蝠个体的位置信息视作状态$X(t)$，记$\{X(t)\}_{t=0}^{+\infty}$为基于APMQ-QBA的状态序列，则$\{X(t)\}_{t=0}^{+\infty}$具有Markov性。

证明：根据APMQ-QBA的更新公式可知，状态序列$\{X(t)\}_{t=0}^{+\infty}$是独立的随机过程，并且算法所包含的更新公式中的因子$\beta_* \in [0,1]$是一个服从正态分布的随机变量，γ、ρ以及t的值均与时刻t之前的状态无关，由此可得状态$X(t)$仅由状态$X(t-1)$决定，与之前的状态$X(t-2),\cdots,X(1),X(0)$无关。由定义2.3有：$P\left[X(t)\,|\,X(t-1),X(t-2),\cdots,X(1),X(0)\right]=P\left[X(t)\,|\,X(t-1)\right]$，故得$\{X(t)\}_{t=0}^{+\infty}$具有Markov性。

定义5.3　对于Markov过程$\{X(t)\}_{t=0}^{+\infty}$和最优解空间Z^*，若满足$P[X(t+1)\cap$

$Z^* = \varnothing \mid X(t) \cap Z^* \neq \varnothing] = 0$，则称$\{X(t)\}_{t=0}^{+\infty}$是吸收态Markov过程。

定理5.3　APMQ-QBA对应的状态序列$\{X(t)\}_{t=0}^{+\infty}$是吸收态Markov过程。

证明：在APMQ-QBA的核心迭代过程中仅包含位置信息的更新，算法中引入的频率优化机制使得蝙蝠个体在搜索前期获得较高频率，有益于较大步长进行全局探索，在探索后期优化因子减小使算法获得较低频率，强化局部精细搜索，同时基于全局最优位置的自适应预判变异机制使算法具备跳出局部极值的能力，通过这两种策略的协同作用蝙蝠个体能够快速搜索全局最优解。这样的寻优过程保证了算法在每次迭代后，全局最优解会保持不变或向更好的解移动。由此易知，当$X(t) \in Z^*$时，有：$P\left[X(t+1) \cap Z^* = \varnothing \mid X(t) \cap Z^* \neq \varnothing\right] = 0$，由定义5.3可得：$\{X(t)\}_{t=0}^{+\infty}$是吸收态Markov过程。

定义5.4　对于吸收态Markov过程$\{X(t)\}_{t=0}^{+\infty}$和最优解空间Z^*，记$\xi(t) = P\left[X(t) \cap Z^* = \varnothing\right]$表示在$t$时刻搜索到最优解的概率，若满足$\lim\limits_{t \to \infty} \xi(t) = 1$，则称$\{X(t)\}_{t=0}^{+\infty}$收敛。

定理5.4　对于APMQ-QBA对应的状态序列$\{X(t)\}_{t=0}^{+\infty}$和最优解空间Z^*，若满足$\exists t' \geqslant 0$，当$t > t'$时，$P\left[X(t) \cap Z^* \neq \varnothing \mid X(t-1) \cap Z^* = \varnothing\right] \geqslant \xi(t)$且$\prod\limits_{t=0}^{+\infty}[1 - \xi(t)] = 0$，则称APMQ-QBA收敛。

证明：因为$\exists t' \geqslant 0$，当$t > t'$时，$P\left[X(t) \cap Z^* \neq \varnothing \mid X(t-1) \cap Z^* = \varnothing\right] \geqslant \xi(t)$，由此可得式（5-73）。

$$P\left[X(t) \cap Z^* = \varnothing \mid X(t-1) \cap Z^* = \varnothing\right] \leqslant 1 - \xi(t) \tag{5-73}$$

记$P_{\text{not}}(t) = \prod\limits_{t=0}^{t-1} P\left[X(t) \cap Z^* = \varnothing \mid X(t-1) \cap Z^* = \varnothing\right]$，则有式（5-74）。

$$\lim_{t \to +\infty} P_{\text{not}} \leqslant \prod_{t=0}^{+\infty} [1 - \xi(t)] \tag{5-74}$$

又因为$\prod\limits_{t=0}^{+\infty}[1 - \xi(t)] = 0$，所以有$\lim\limits_{t \to +\infty} P_{\text{not}} = 0$。因此APMQ-QBA在迭代次数趋于无穷时定能至少一次搜索到全局最优解。

根据定理5.3可知，APMQ-QBA对应的状态序列$\{X(t)\}_{t=0}^{+\infty}$是吸收态Markov过程，故有式（5-75）。

$$P\left[X(t) \cap Z^* = \varnothing \mid X(t-1) \cap Z^* \neq \varnothing\right] = 0 \tag{5-75}$$

又由全概率公式可得式（5-76）。

$$
\begin{aligned}
P\left[X(t)\cap Z^{*}=\varnothing\right]=&P\left[X(t)\cap Z^{*}=\varnothing\mid X(t-1)\cap Z^{*}=\varnothing\right]\cdot P\left[X(t-1)\cap Z^{*}=\varnothing\right]+\\
&P\left[X(t)\cap Z^{*}=\varnothing\mid X(t-1)\cap Z^{*}\neq\varnothing\right]\cdot P\left[X(t-1)\cap Z^{*}\neq\varnothing\right]=\\
&P\left[X(0)\cap Z^{*}=\varnothing\right]\cdot\prod_{t=0}^{t-1}P\left[X(t+1)\cap Z^{*}=\varnothing\mid X(t)\cap Z^{*}=\varnothing\right]=\\
&P\left[X(0)\cap Z^{*}=\varnothing\right]\cdot P_{\text{not}}(t)
\end{aligned}
\tag{5-76}
$$

进而有式（5–77）。

$$
\begin{aligned}
\lim_{t\to+\infty}\xi(t)=\lim_{t\to+\infty}P\left[X(t)\cap Z^{*}\neq\varnothing\right]=1-\lim_{t\to+\infty}P\left[X(t)\cap Z^{*}=\varnothing\right]=\\
1-P\left[X(0)\cap Z^{*}=\varnothing\right]\cdot\lim_{t\to+\infty}P_{\text{not}}(t)=1
\end{aligned}
\tag{5-77}
$$

因此，由定义5.4可得APMQ–QBA收敛。

5.5.4 APMQ-QBA的时间复杂度分析

时间复杂度是体现算法性能的重要指标，能够反映出算法的运算效率。在QBA中，假设蝙蝠种群规模为N，解空间维数为D，由于QBA迭代过程同BA相比去掉了速度信息，其他环节均相同，因此参考第4章中BA的时间复杂度的分析过程，易知QBA的时间复杂度为$O\left[D+f(D)\right]$。

在APMQ–QBA中，算法的种群规模N、维数D、初始化参数的过程所需时间t_{1*}、求解目标函数所需时间$f(D)$、对目标函数适应度值进行排序并寻找当前最优位置所需时间为t_{2*}，均与基本QBA一致，因此APMQ–QBA在初始化参数和位置信息阶段的时间复杂度与QBA相同，如式（5–78）所示。

$$
O\left\{t_{1*}+N\left[Dt_{2*}+f(D)\right]\right\}=O\left[D+f(D)\right]
\tag{5-78}
$$

在蝙蝠个体更新位置阶段，引入了频率优化策略，蝙蝠个体按式（5–68）和式（5–69）产生频率参数，其所需时间为t_{*}，每一维按式（5–71）更新位置信息所需时间为t_{3*}，则该阶段的时间复杂度如式（5–79）所示。

$$
O\left\{N\left[D\left(t_{*}+t_{3*}\right)\right]\right\}=O(D)
\tag{5-79}
$$

在局部搜索产生新解的阶段，引入了自适应预判变异机制，由式（5–66）进行预判所需时间为t_{4*}，若满足自适应预判条件触发变异操作，由式（5–67）产生新解所需时间为t_{5*}，则该阶段的时间复杂度如式（5–80）所示。

$$
O\left\{N\left[D\left(t_{4*}+t_{5*}\right)\right]\right\}=O(D)
\tag{5-80}
$$

在接受新解及位置更新阶段，随机数的产生及大小比较所需时间为t_{6*}、蝙蝠个体求解目标函数适应度值的所需时间$f(D)$、最优位置适应度值的比较替换所需时间t_{7*}、更新频度所需时间为t_{8*}，则该阶段的时间复杂度如式（5–81）所示。

$$O\left\{N\left[D\left(t_{6*}\right)+f(D)+t_{7*}+t_{8*}\right]\right\}=O\left[D+f(D)\right] \tag{5–81}$$

由上述分析可得APMQ–QBA的时间复杂度也为$O\left[D+f(D)\right]$，因此所提出的自适应预判变异机制和频率优化策略从理论上讲并未增加QBA的时间复杂度。

接下来，将通过数值仿真实验对APMQ–QBA的收敛性及其寻优性能进行测试和验证。

5.5.5　数值实验与结果分析

在本节数值仿真实验中同样使用第5.4节中的15个标准测试函数评估APMQ–QBA的性能，本节共设计了3部分实验评估APMQ–QBA的有效性：第1部分是在不同维数和种群规模的情况下，在测试函数集上验证APMQ–QBA中各个新的学习策略对算法性能提升的影响；第2部分将APMQ–QBA与基本BA、QBA及第5.4节提出的EFJM–QBA进行对比仿真实验；第3部分将APMQ–QBA与QPSO算法进行了一系列高维对比实验，通过对比深入探究APMQ–QBA在求解高维复杂优化问题的寻优性能。

1.改进机制的性能分析

在不同的维数及种群规模设置下，将APMQ–QBA与QBA和只带有一种改进机制的算法在测试函数集上进行对比实验，探究不同的改进机制对APMQ–QBA性能的影响。其中，只带有一种改进机制的算法是指：Q–QBA（只带有频率优化机制）；APM–QBA（只带有自适应预判变异机制）。每种算法在不同参数设置中对每个测试函数独立运行50次，在达到最大迭代次数或达到寻优精度时算法停止运行。4种算法其他的基本参数设置均保持一致，最大迭代次数为500，脉冲频度r=0.8，响度A=0.85。

在维数为2，种群规模为10的参数设置下，针对上述15个标准测试函数进行改进机制的分析，实验结果如表5–19所示，表中记录了测试函数适应度值Fitness及运行时间t，实验中最佳的数据结果加粗展示。通过分析结果发现，在时间消耗方面，带有频率优化机制及自适应预判变异机制的算法较QBA稍多一点，但整体时间耗费相差不大；在收敛精度方面，带有自适应预判变异机制算法的收敛精度较QBA有了大幅提升，同时带有两种改进机制的算法表现更佳，在所有测试函数上均取得了最好的结果，并且在除F_4、F_{12}及F_{14}测试函数外都获得了理论最优值。

表5-19　2维时4种函数在测试函数集的实验结果

N，*D*	函数	指标	QBA	Q-QBA	APM-QBA	APMQ-QBA
10，2	F_1	Fitness	−0.439	−0.432	1.66×10^{-157}	**0.00**
		t	0.0963	0.1241	0.1297	0.1300
	F_2	Fitness	−0.430	−0.431	**0.00**	**0.00**
		t	0.0972	0.1303	0.1294	0.1297
	F_3	Fitness	−0.433	−0.431	**0.00**	**0.00**
		t	0.1047	0.1341	0.1300	0.1291
	F_4	Fitness	−0.440	−0.425	-8.88×10^{-16}	$\mathbf{-8.88\times10^{-16}}$
		t	0.1184	0.1437	0.1456	0.1459
	F_5	Fitness	−0.436	−0.422	3.68×10^{-95}	**0.00**
		t	0.1072	0.1363	0.1391	0.1459
	F_6	Fitness	−0.434	−0.436	2.20×10^{-175}	**0.00**
		t	0.1063	0.1425	0.1437	0.1447
	F_7	Fitness	−0.434	−0.437	6.77×10^{-174}	**0.00**
		t	0.1144	0.1391	0.1469	0.1434
	F_8	Fitness	−0.437	−0.427	7.59×10^{-165}	**0.00**
		t	0.0991	0.1316	0.1334	0.1325
	F_9	Fitness	−0.144	−0.143	**−1**	**−1**
		t	0.0894	0.1316	0.1294	0.1372
	F_{10a}	Fitness	−0.442	−0.439	**0.00**	**0.00**
		t	0.1038	0.1294	0.1325	0.1334
	F_{10b}	Fitness	−0.437	−0.427	**0.00**	**0.00**
		t	0.0966	0.1284	0.1300	0.1338
	F_{10c}	Fitness	−0.443	−0.441	**0.00**	**0.00**
		t	0.0953	0.1250	0.1244	0.1300

续表

N，D	函数	指标	QBA	Q-QBA	APM-QBA	APMQ-QBA
10，2	F_{11}	Fitness	−0.440	−0.434	1.19×10^{-138}	**0.00**
		t	0.1000	0.1288	0.1253	0.1275
	F_{12}	Fitness	−2.33	−0.738	−99.1	**−1.0331**
		t	0.1000	0.1300	0.1238	0.1344
	F_{13}	Fitness	−0.446	−0.443	5.67×10^{-139}	**0.00**
		t	0.1066	0.1313	0.1341	0.1331
	F_{14}	Fitness	−0.770	−1.04	**−1.00**	−0.918
		t	0.1022	0.1294	0.1263	0.1313
	F_{15}	Fitness	0.910	0.758	6.47×10^{-4}	**0.00**
		t	0.0931	0.1322	0.1291	0.1350

为了进一步分析不同维数及种群规模设置下各改进机制的稳定性，接下来进行维数拓展的对比实验。两组不同维数及种群规模设置下的对比实验结果分别如表5–20和表5–21所示，每种算法独立运行50次记录平均最优结果，实验指标分别包括：测试函数适应度值Fitness、运行时间t、收敛时迭代次数T，实验中最佳的数据结果加粗展示。由于测试函数F_1~F_8能够进行维数扩展，故此部分对比实验主要通过这8个测试函数进行。通过分析实验数据可知，频率优化机制及自适应预判变异机制对QBA性能均有显著提升作用。具体来说，Q–QBA在所有测试函数上均取得了迭代次数最优，这表明了频率优化机制对算法达到收敛时所需迭代次数具有非常明显的提升作用；相较于QBA，Q–QBA函数适应度值的精度几乎没有改变，而APM–QBA则在算法精度方面有明显改善，在F_2、F_3测试函数上获得了最优值，并将F_1、F_4、F_5、F_6、F_7、F_8的收敛精度大大提升，同时APM–QBA在大多数测试函数上的运行时间都是最短的，这些结果表明自适应预判变异机制很好地提升了算法的寻优精度并减少了运行时间；APMQ–QBA的实验结果表明，两种改进机制的结合使得算法的寻优速度和精度大大提升，除F_4测试函数外均取得了理论最优值，并且达到收敛所需的迭代次数也明显优于QBA，因此结合频率优化和自适应预判变异两个机制的APMQ–QBA寻优性能更优。

表 5-20　10 维时 4 种函数在测试函数集的实验结果

N，D	函数	指标	QBA	Q-QBA	APM-QBA	APMQ-QBA
10，10	F_1	Fitness	−0.412	−0.428	2.10×10^{-114}	**0.00**
		t	**0.1134**	0.1169	0.1169	0.2306
		T	29	**15**	29	18
	F_2	Fitness	−0.323	−0.431	**0.00**	**0.00**
		t	0.1194	**0.1125**	0.1178	0.2275
		T	50	**18**	37	25
	F_3	Fitness	−0.423	−0.430	**0.00**	**0.00**
		t	0.1191	0.1263	**0.1169**	0.2319
		T	18	**13**	34	19
	F_4	Fitness	−0.399	−0.421	$\mathbf{-8.88\times10^{-16}}$	$\mathbf{-8.88\times10^{-16}}$
		t	0.1350	0.1294	**0.1241**	0.2562
		T	45	**20**	55	30
	F_5	Fitness	−0.436	−0.432	2.72×10^{-90}	**0.00**
		t	**0.0966**	0.1241	0.1119	0.1138
		T	22	**6**	27	18
	F_6	Fitness	−0.350	−0.435	1.08×10^{-183}	**0.00**
		t	**0.0941**	0.1200	0.1394	0.1278
		T	39	**6**	17	26
	F_7	Fitness	−0.359	−0.450	1.01×10^{-188}	**0.00**
		t	**0.0966**	0.1187	0.1203	0.1200
		T	39	**4**	10	7
	F_8	Fitness	−0.433	−0.426	1.31×10^{-107}	**0.00**
		t	0.1956	0.1759	0.1719	**0.0978**
		T	7	**7**	32	14

表 5-21　30 维时 4 种函数在测试函数集的实验结果

N，D	函数	指标	QBA	Q-QBA	APM-QBA	APMQ-QBA
30，30	F_1	Fitness	−0.422	−0.464	4.29×10^{-95}	**0.00**
		t	0.3809	0.3709	**0.3675**	0.7013
		T	47	**15**	41	20

续表

N，D	函数	指标	QBA	Q-QBA	APM-QBA	APMQ-QBA
30，30	F_2	Fitness	−0.377	−0.460	**0.00**	**0.00**
		t	0.4022	0.3766	**0.3694**	0.7391
		T	79	**20**	48	36
	F_3	Fitness	−0.438	−0.466	**0.00**	**0.00**
		t	0.3974	0.3713	**0.3584**	0.7478
		T	35	**13**	34	19
	F_4	Fitness	−0.412	−0.455	**-8.88×10^{-16}**	**-8.88×10^{-16}**
		t	0.4050	0.4019	**0.3944**	0.7719
		T	57	**20**	64	31
	F_5	Fitness	−0.397	−0.477	7.08×10^{-87}	**0.00**
		t	0.3133	0.3666	0.3775	0.0.3816
		T	27	**5**	28	17
	F_6	Fitness	−0.412	−0.471	1.35×10^{-175}	**0.00**
		t	0.2916	0.3638	0.3747	0.3656
		T	27	**5**	13	13
	F_7	Fitness	−0.428	−0.479	5.24×10^{-155}	**0.00**
		t	0.3156	0.3709	0.3691	0.3716
		T	32	**3**	8	6
	F_8	Fitness	−0.466	−0.479	5.02×10^{-119}	**0.00**
		t	0.1956	**0.1759**	0.5256	0.2469
		T	7	**7**	32	13

从不同维数下的数值结果初步得到改进机制对QBA性能提升较明显，不同改进机制的算法同QBA在达到收敛时所需迭代次数的对比情况如图5-5和图5-6所示。从统计结果中可以直观地看出：结合两种改进机制的APMQ-QBA达到收敛所需的迭代次数较QBA提升明显；仅带有频率优化机制的Q-QBA对收敛速度的提升效果最好，所需迭代次数是最少的；仅带有自适应预判变异机制的APM-QBA达到收敛所需迭代次数在4种对比算法中最多，这主要是由于自适应预判变异机制将算法收敛精度大幅度提升，所以迭代次数相应增加了一些。随着维数和种群规模的增加，不同改进机制对算法性能的提升依旧明显且稳定。

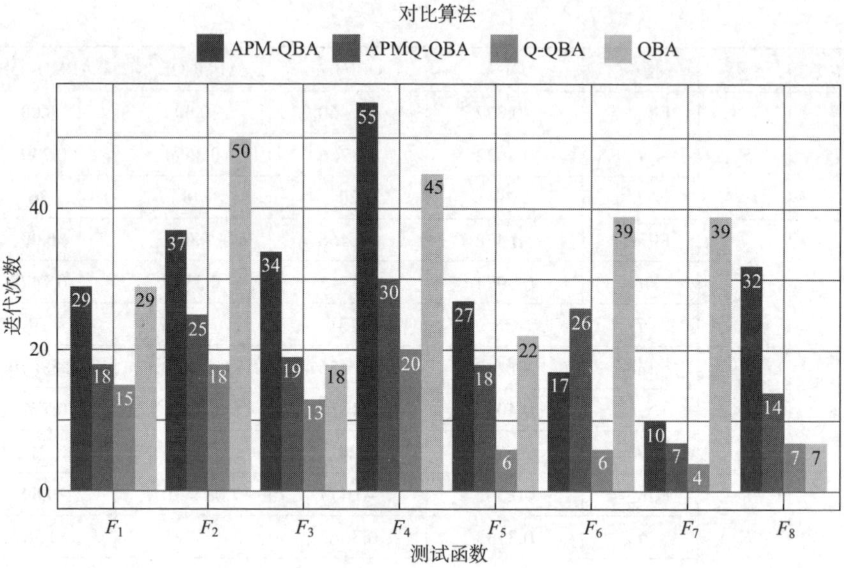

图5-5　10维时不同改进机制对算法迭代次数影响的统计结果

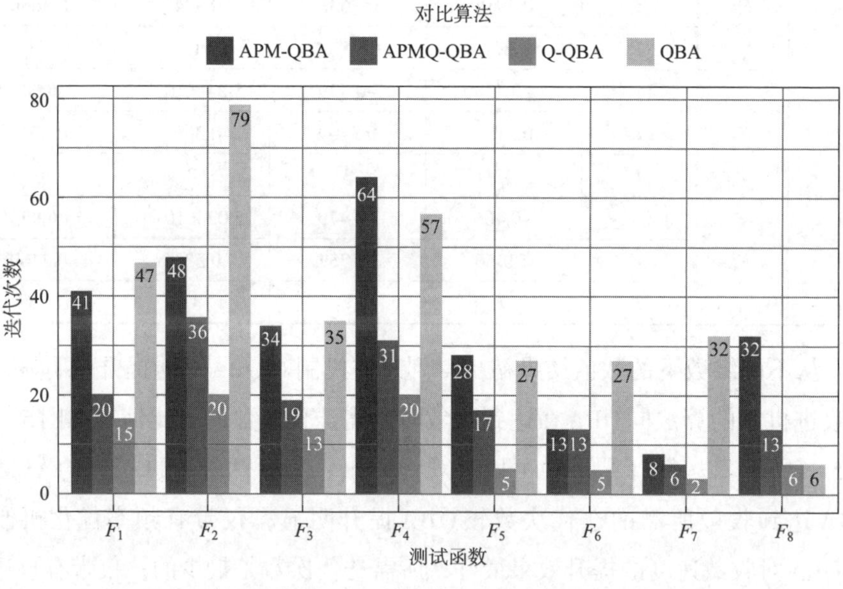

图5-6　30维时不同改进机制对算法迭代次数影响的统计结果

2. 同源算法的性能比较

在种群规模为20，维数为20，最大迭代次数为500时，对测试函数进行50次独立求解，记录BA、QBA、EFJM-QBA及APMQ-QBA的求解结果，依旧选取测试函数适应度值Fitness、运行时间t、达到收敛所需迭代次数T这3

项指标反映不同算法的求解性能，算法的核心参数设置同前文一致。

4 种算法的对比结果如表 5-22 所示，从表中可得：在相同的参数设置下，BA 效果最差，QBA 性能次之，接下来是收敛精度获得有效提升的 EFJM-QBA，APMQ-QBA 的寻优性能最佳。在寻优精度方面，APMQ-QBA 表现最优，在 F_1、F_2、F_3、F_5、F_6、F_7、F_8 测试函数上获得了理论最优值。

表 5-22　BA、QBA、EFJM-QBA、APMQ-QBA 算法求解测试函数的平均最优结果

函数	N，D	算法	Fitness	t	T
F_1	20，20	BA	14.9	0.0566	500
		QBA	-4.22×10^{-1}	0.2259	38
		EFJM-QBA	2.16×10^{-2}	0.2844	278
		APMQ-QBA	**0**	0.4478	20
F_2	20，20	BA	2.84×10^{5}	0.0675	500
		QBA	-2.12×10^{-1}	0.2331	97
		EFJM-QBA	1.74×10^{-2}	0.2789	313
		APMQ-QBA	**0**	0.4512	41
F_3	20，20	BA	2.81×10^{-1}	0.0816	497
		QBA	-4.33×10^{-1}	0.2353	25
		EFJM-QBA	5.87×10^{-4}	0.3177	285
		APMQ-QBA	**0**	0.4512	18
F_4	20，20	BA	4.72	0.0959	500
		QBA	-4.05×10^{-1}	0.2503	49
		EFJM-QBA	1.25×10^{-2}	0.2961	417
		APMQ-QBA	$\mathbf{-8.88\times10^{-16}}$	0.4938	30
F_5	20，20	BA	2.68×10^{1}	0.0912	400
		QBA	-3.70×10^{-1}	0.2025	37
		EFJM-QBA	2.80×10^{-3}	0.2922	492
		APMQ-QBA	**0**	0.2628	18
F_6	20，20	BA	5.73×10^{2}	0.0941	347
		QBA	-3.91×10^{-1}	0.2003	25
		EFJM-QBA	2.35×10^{-5}	0.2680	293
		APMQ-QBA	**0**	0.2641	16

续表

函数	N，D	算法	Fitness	t	T
F_7	20，20	BA	2.26×10^{2}	0.0944	414
		QBA	-4.11×10^{-1}	0.2050	17
		EFJM-QBA	6.69×10^{-6}	0.2727	176
		APMQ-QBA	**0**	0.2669	7
F_8	20，20	BA	2.69×10^{5}	0.0834	500
		QBA	-4.56×10^{-1}	0.2547	19
		EFJM-QBA	8.80×10^{-4}	0.2719	372
		APMQ-QBA	**0**	0.1038	13

在算法运行时间方面，APMQ-QBA的结果较前3种算法稍差。在达到收敛所需迭代次数方面，BA在达到最大迭代次数500时仍未收敛，而APMQ-QBA则表现脱俗，其达到收敛所需迭代次数与BA的对比如图5-7所示，较BA而言，APMQ-QBA在F_1~F_8测试函数上将迭代次数分别降低了96.00%、91.80%、96.38%、94.00%、95.50%、95.39%、98.32%及97.40%。

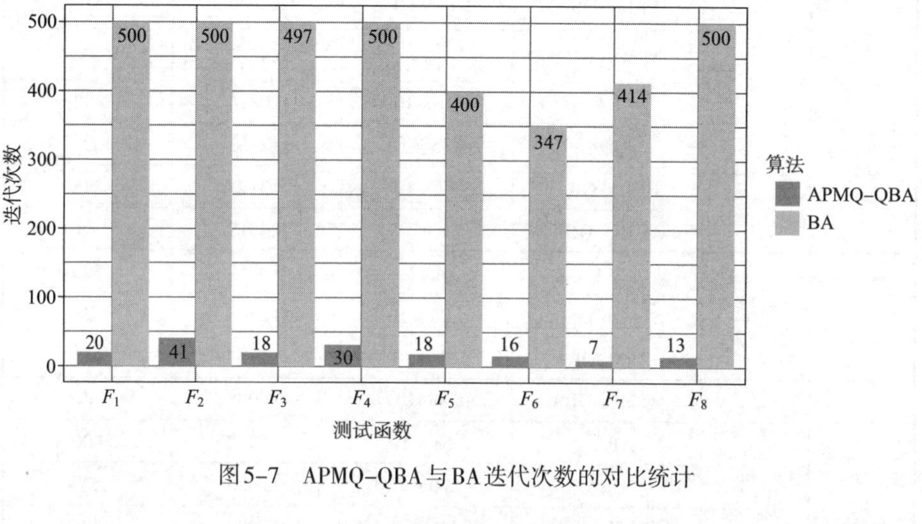

图5-7　APMQ-QBA与BA迭代次数的对比统计

为了进一步定量分析各对比算法的求解性能，依然使用MAE对上述同源算法进行排序，MAE的数学表达式如式（5-82）所示。

$$MAE = \frac{\sum_{i=1}^{N_f} \left| \text{mean}_i - O_i \right|}{N_f} \tag{5-82}$$

式中，mean_i为算法求解第i个测试函数的最优结果的平均值；O_i为第i个测试函数的理论最优值；N_f为测试函数的个数。

4种算法的MAE排名如表5-23所示，APMQ-QBA排名为1，EFJM-QBA排名为2，APMQ-QBA提供了最优的MAE值，EFJM-QBA的MAE值次之，这表明了本章提出的两种改进算法的有效性。

表 5-23　4 种算法的 MAE 排名

算法	MAE 值	排名
BA	4.62×10^{4}	4
QBA	0.258	3
EFJM-QBA	4.65×10^{-4}	2
APMQ-QBA	0	1

此外，本节还对实验数据结果进行了H检验，以探讨数据差异是否具有统计学意义。Levene误差均等性检验结果如表5-24所示，可以看到Fitness值数据方差不均匀；非参数统计方法H检验的统计结果如表5-25所示，针对Fitness数据的统计检验，其卡方值为29.546，p值均为0.000。根据统计检验的测试标准（设置为0.05），可得这4种算法的性能差异是明显的，并且APMQ-QBA的优越性在统计上是显著的。此外，通过QBA及本章所提出的两种改进算法的Fitness值和所需迭代次数的结果可得：EFJM-QBA较QBA将收敛精度进行了有效提升；在此基础上，APMQ-QBA性能更佳，在保证收敛精度进一步提升的同时获得了更优的收敛速度，并且在全部测试函数上获得了理论最优解，其寻优性能得到了显著提升。

表 5-24　Fitness 值的 Levene 误差均等性检验结果

Levene 统计量	df1	df2	Sig.
20.918	3	28	0.000

表 5-25　Fitness 值 H 检验结果

卡方值	df 值	渐近显著性 p 值
29.546	3	0.000

针对APMQ-QBA的收敛性问题，4种同源算法对于不同测试函数的收敛迭代曲线如图5-8所示，由于不同算法的收敛性能存在较大差异，对8个测试函数的纵坐标进行取对数处理。通过分析各算法在不同测试函数上的收敛迭

代曲线，可以得出：在相同的参数设置下，APMQ-QBA的收敛精度最高，收敛速度也得到了明显提升。另外，BA在所有测试函数上的收敛曲线均呈现出平缓的状态，基本上无法跳出局部极值的束缚，寻优质量较差；QBA通过量子行为拓展了蝙蝠个体的搜索范围并且提高了蝙蝠种群的多样性，在F_2、F_3、F_4测试函数上寻优精度明显优于BA；EFJM-QBA由于受到能量函数和跳跃变异机制的改进在除F_3外的7个测试函数上收敛精度均优于BA和QBA；APMQ-QBA先通过优化机制补偿频率，并在局部搜索阶段依据自适应预判变异机制精细寻优，能够有效摆脱局部极值的束缚达到快速收敛，提前终止迭代，具有最佳的寻优性能。APMQ-QBA对于F_1、F_6、F_7及F_8测试函数在不到300次迭代时就收敛到精度较高的适应度值，对于F_2、F_3和F_4测试函数仅在不到50次左右的迭代次数时就达到收敛。综上所述，对比实验表明APMQ-QBA相比其他3种算法具有良好的收敛性及稳定性。

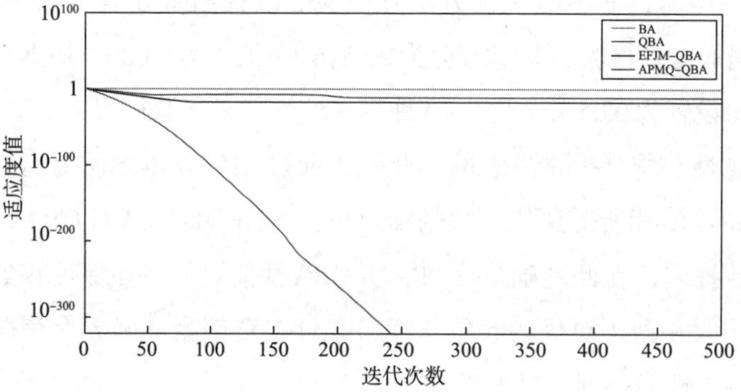

（a）F_1测试函数

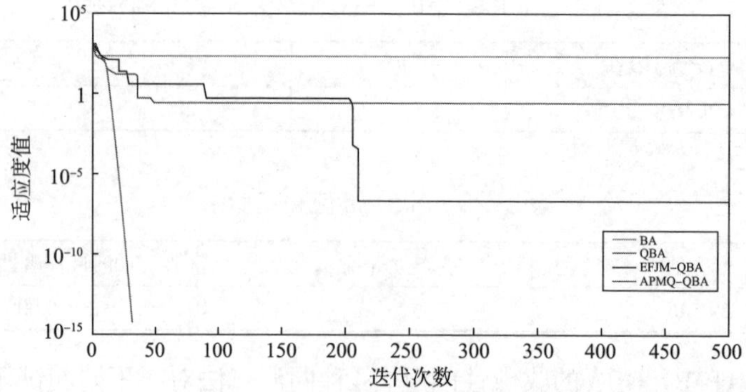

（b）F_2测试函数

图5-8 BA、QBA、EFJM-QBA及APMQ-QBA对于不同测试函数的收敛迭代曲线

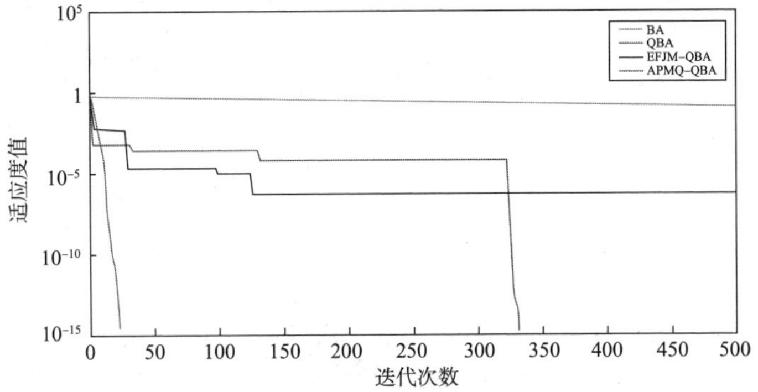

（c）F_3测试函数

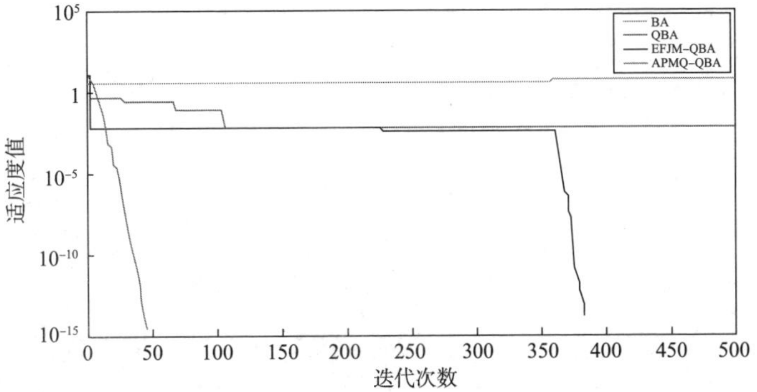

（d）F_4测试函数

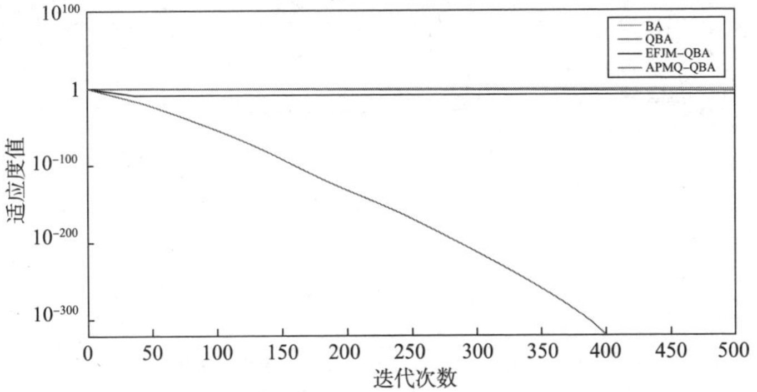

（e）F_5测试函数

图5-8　BA、QBA、EFJM-QBA及APMQ-QBA对于不同测试函数的收敛迭代曲线（续）

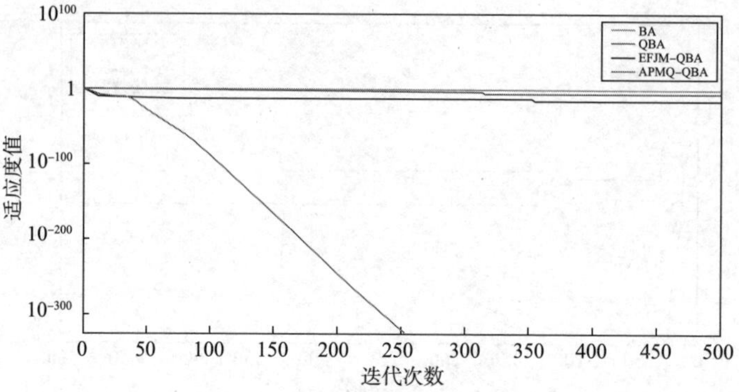

（f）F_6测试函数

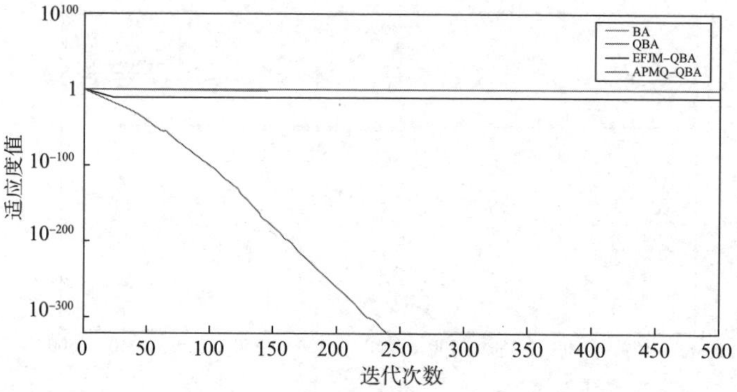

（g）F_7测试函数

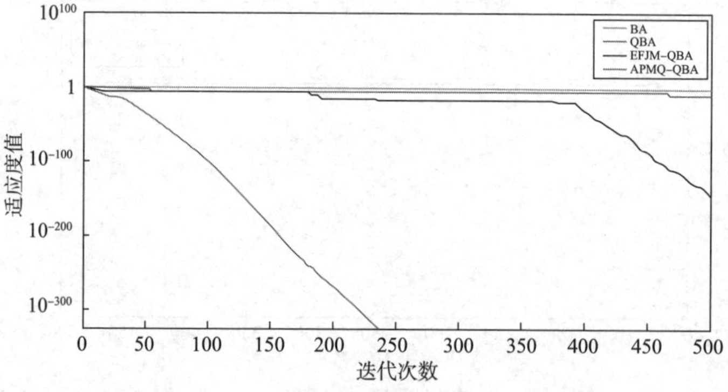

（h）F_8测试函数

图5-8　BA、QBA、EFJM-QBA及APMQ-QBA对于不同测试函数的收敛迭代曲线（续）

3. 与QPSO算法的高维性能比较

为了探究APMQ-QBA在高维度、更复杂的求解问题中的寻优效果，接下来将APMQ-QBA和QPSO算法分别在维数设置为300、500的情况下，进行高维度复杂化的对比实验。对每个测试函数，每种算法依旧独立运行50次，记录实验结果的平均最优值，实验结果如表5-26所示。分析数据结果可知，在不同维数情况下两种算法的运行时间对比中，QPSO算法所用时间较少，但与APMQ-QBA的差异并不明显。在迭代次数方面，APMQ-QBA达到收敛时所需的迭代次数较QPSO算法有着明显的优势，如图5-9所示。随着维数的不断增长，APMQ-QBA的求解性能没有发生明显变化，例如在300维和500维时，在测试函数的适应度值指标上对F_1、F_2、F_3、F_5、F_6、F_7及F_8均达到了理论最优值，迭代次数方面也没有因为维数的大幅增加而加大。反观QPSO算法，随着维数的增加，测试函数愈加复杂，算法的求解性能减弱，目标函数适应度值精度出现不同程度的下降。

表 5-26　APMQ-QBA 与 QPSO 算法的性能对比

N，D	函数	算法	Fitness	t	T
10，300	F_1	APMQ-QBA	**0.00**	0.2472	**20**
		QPSO	1.00×10^{4}	**0.2128**	500
	F_2	APMQ-QBA	**0.00**	**0.2625**	**25**
		QPSO	1.31×10^{4}	0.2947	500
	F_3	APMQ-QBA	**0.00**	**0.2831**	**18**
		QPSO	34.90	0.2853	500
	F_4	APMQ-QBA	$\mathbf{-8.88\times10^{-16}}$	**0.2434**	**27**
		QPSO	15.30	0.2819	500
	F_5	APMQ-QBA	**0.00**	0.2353	**18**
		QPSO	1.73×10^{-44}	**0.1981**	152
	F_6	APMQ-QBA	**0.00**	0.2306	**20**
		QPSO	7.50×10^{-80}	**0.1938**	243
	F_7	APMQ-QBA	**0.00**	0.2303	**8**
		QPSO	3.01×10^{-88}	**0.1941**	198
	F_8	APMQ-QBA	**0.00**	**0.2559**	**18**
		QPSO	1.30×10^{6}	0.4790	500

续表

N，D	函数	算法	Fitness	t	T
10，500	F_1	APMQ-QBA	**0.00**	0.3322	**20**
		QPSO	1.76×10^{4}	**0.2859**	500
	F_2	APMQ-QBA	**0.00**	**0.3563**	**25**
		QPSO	2.34×10^{4}	0.4353	500
	F_3	APMQ-QBA	**0.00**	**0.3819**	**17**
		QPSO	5.49	0.4134	500
	F_4	APMQ-QBA	**-8.88×10^{-16}**	**0.3178**	**28**
		QPSO	15.80	0.3434	500
	F_5	APMQ-QBA	**0.00**	0.3081	**18**
		QPSO	4.82×10^{-45}	**0.2569**	257
	F_6	APMQ-QBA	**0.00**	0.3050	**17**
		QPSO	1.62×10^{-69}	**0.2531**	330
	F_7	APMQ-QBA	**0.00**	0.2969	**8**
		QPSO	4.47×10^{-80}	**0.2575**	350
	F_8	APMQ-QBA	**0.00**	0.2907	**17**
		QPSO	1.38×10^{8}	**0.2593**	500

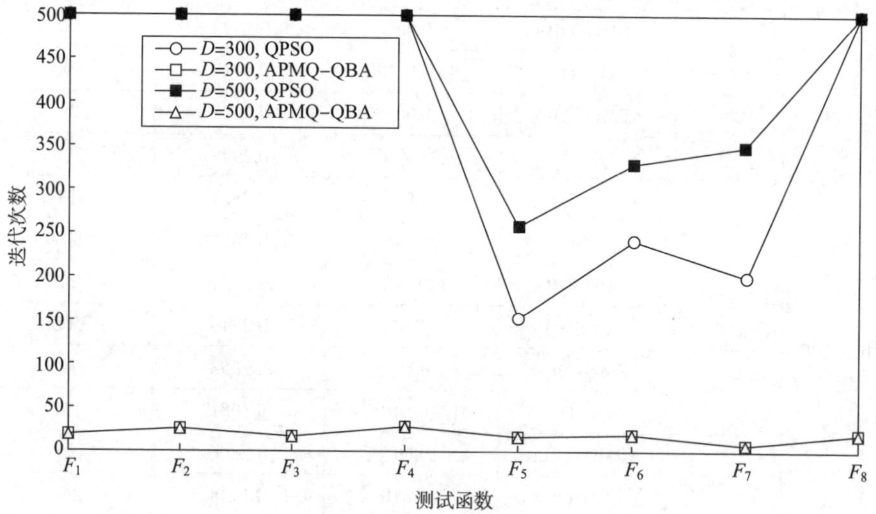

图5-9 APMQ-QBA与QPSO算法迭代次数

此外，本节也对QPSO算法和APMQ-QBA的实验数据进行了H检验，分别探讨在维数设置为300和500时两种算法的寻优性能差异是否明显。统计检验结果分别如表5-27及表5-28所示，两种对比算法在300维和500维时的卡方值均为6.522，p值均为0.011，根据统计检验的测试标准（设置为0.05），可得APMQ-QBA较QPSO算法而言其优越性是显著的。此外，两种对比算法在300维和500维下Fitness的平均值如图5-10所示，算法1代表QPSO算法，算法2代表APMQ-QBA。从图5-10中可明显得出，在300维时APMQ-QBA比QPSO算法收敛精度高5个数量级，500维时收敛精度的优势进一步扩大到7个数量级。由此可得，在高维设置下APMQ-QBA的搜索性能较QPSO算法明显更优。

表 5-27　Levene 误差均等性检验结果

维数	Levene 统计量	df1	df2	Sig.
300 维	5.433	1	14	0.035
500 维	5.444	1	14	0.035

表 5-28　H 检验结果

值	Fitness（300 维）	Fitness（500 维）
卡方值	6.522	6.522
df 值	1	1
近似显著性水平值	0.011	0.011

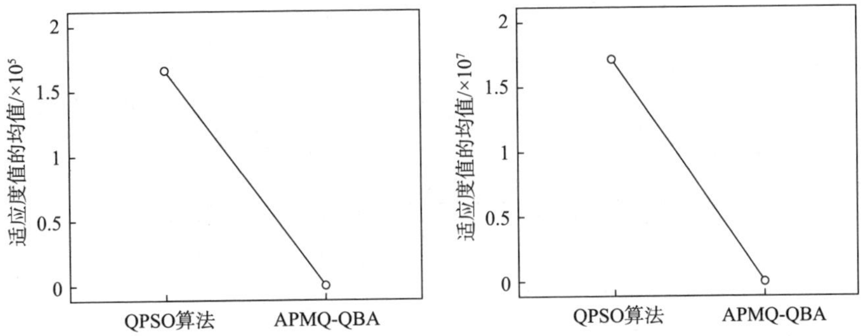

（a）300维算法的平均值图　　（b）500维算法的平均值图

图5-10　QPSO算法与APMQ-QBA在不同维数下Fitness的平均值

针对在高维设置下APMQ-QBA及QPSO算法的收敛性问题，两种算法在50维、100维、300维及500维的设置下对于F_1~F_8测试函数的收敛迭代曲线如图5-11所示。由于APMQ-QBA和QPSO算法的收敛性能存在较大差异，依旧对测试函数的纵坐标进行取对数处理。通过分析迭代曲线图易知，在所有测试实验中APMQ-QBA收敛性能均优于QPSO算法，随着维数的不断加大，APMQ-QBA的寻优精度和速度依然存在较大优势，这与数值实验结果一致。

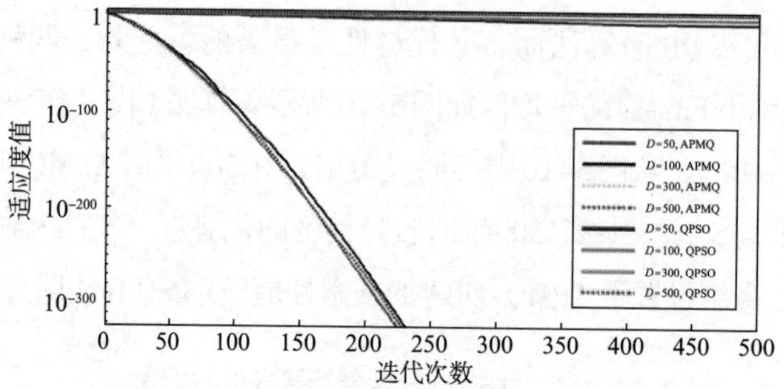

（a）F_1测试函数

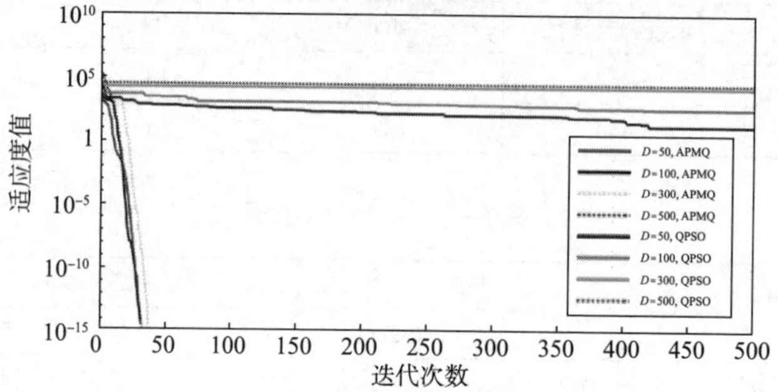

（b）F_2测试函数

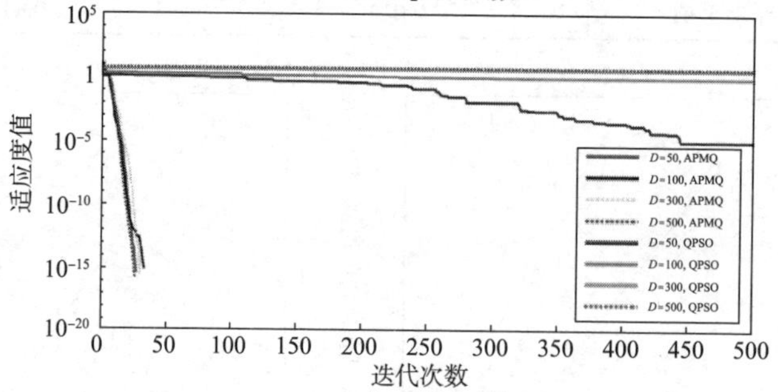

（c）F_3测试函数

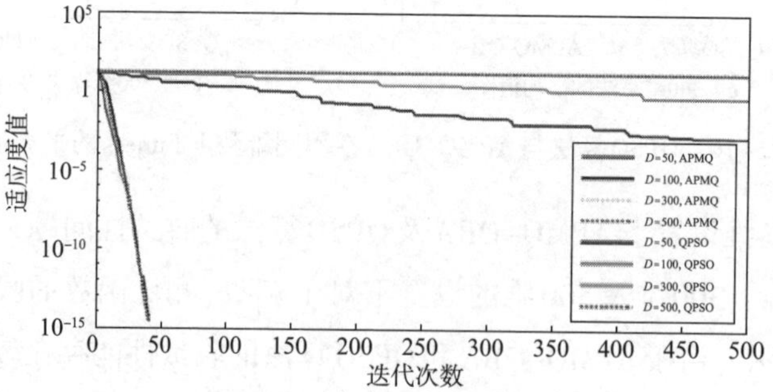

（d）F_4测试函数

图5-11　不同维数下算法对于F_1~F_8测试函数的收敛迭代曲线

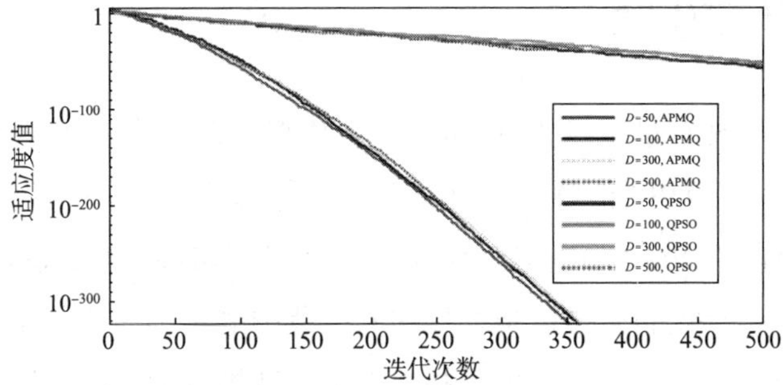

（e）F_5测试函数

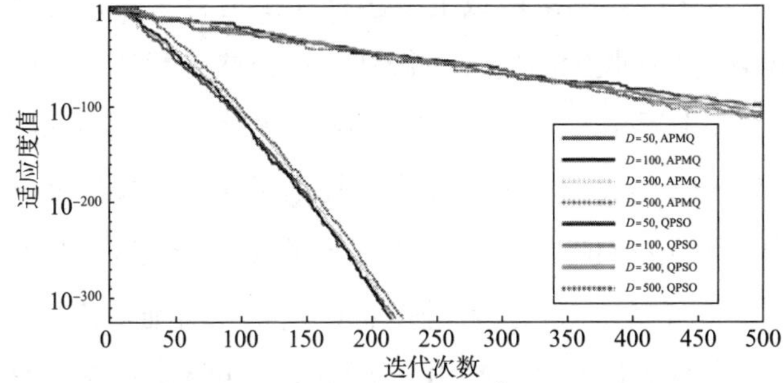

（f）F_6测试函数

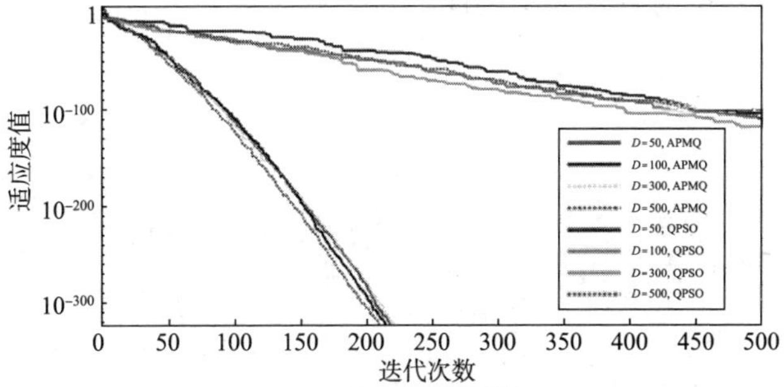

（g）F_7测试函数

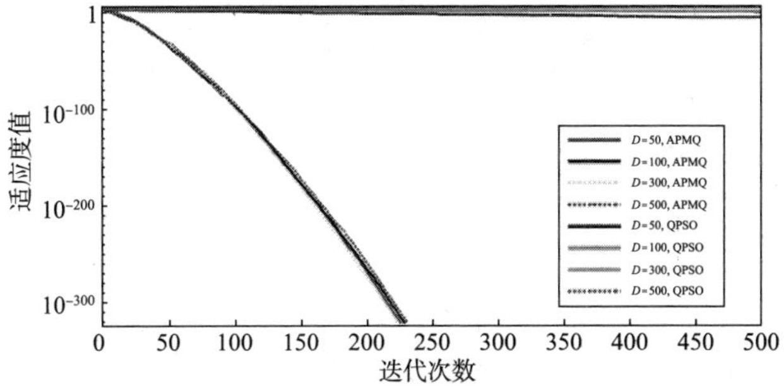

（h）F_8测试函数

图 5-11　不同维数下算法对于 F_1~F_8 测试函数的收敛迭代曲线（续）

5.6 本章小结

本章介绍了具有量子行为的BA，并运用概率测度方法给出了QBA的收敛性分析，证明了QBA能够保证搜索到全局最优解，为QBA提供了理论基础。本章还探索了QBA中的重要参数α在不同控制策略下对算法性能的影响，得到了关于核心参数的最佳控制方式和取值范围的结论。为了平衡算法全局探索和局部搜索能力，本章提出了基于能量函数控制策略及跳跃变异机制的EFJM-QBA。将其在经典测试函数上与多种算法进行了对比仿真实验，实验结果表明EFJM-QBA在收敛精度方面得到了提升并且算法寻优性能稳定，但仍有改进空间。在此基础上，受EFJM-QBA中跳跃变异策略的有效性启发，为了进一步提升QBA的收敛精度和速度，提出了自适应预判变异机制和频率优化机制协同作用的APMQ-QBA。针对经典测试函数的3部分对比性实验验证了APMQ-QBA优异的求解精度和速度，以及它在高维复杂求解问题中的稳健性。接下来，本书将利用SDDW-BA及APMQ-QBA解决图像分割问题，进一步验证改进算法的有效性和实用性。

第6章 改进蝙蝠算法的应用

随着最优化方法的不断发展，群智能优化算法日益成为研究热点，BA作为其中的重要一员已被成功地应用于各类复杂的优化问题中。这些广泛的应用得益于BA具有较强的全局性、并行性及通用性特点，它并不要求问题须满足可微、凸性等限制条件，能够对所求解的复杂优化问题参数进行编码、将其映射为可操作的数据结构，进而对其进行有效求解。在当前大数据背景下，海量图像及视频数据的处理问题是人们生活、生产中必须面对和解决的。作为图像处理的重要方法之一，图像分割是对图像进行分析和理解的重要预处理步骤，同时它也有众多直接的应用方向，例如，工业自动化、产品检测、智能化交通、生物医学工程、文字识别、人脸识别等。由于很多图像处理及计算机视觉方向的问题都可以转化为最优化问题，BA作为一种可以有效求解该类问题的方法被成功地应用于该领域。本章中，针对两种典型图像分割问题，将其转化为最优化问题，并将本书提出的两种改进算法应用其中，进一步验证所提算法的有效性和实用性。

6.1 SDDW-BA在多阈值图像分割中的应用

图像分割广义上是指将图像分割为一些子区域，它的目标是从原始图像中提取出所关注的部分进行分析和处理。在医学成像、卫星图像中的目标定位、机器视觉、农业成像等应用中，图像分割是必不可少的预处理步骤。目前，常用的分割方法主要包括阈值分割、边缘分割、区域分割、基于小波或人工神经网络（Artificial Neural Network，ANN）的分割、主动轮廓模型分割、聚类分割等。阈值法作为一类并行性直接检测区域的分割方法，一直受到学者们的广泛关注。一幅大小为300dpi × 300dpi的灰度图像，其灰度级为256、包含90000个像素，当阈值从两级扩展到多级时，其计算复杂度呈爆炸式增长。由于图像分割问题实质上可被转化为在复杂的参数空间里搜寻最优分割参数的优化问题，因此群智能优化算法被广泛应用于其中以此提升分割效率。使用BA处理图像分割问题的优点在于它具有群智能优化算法能保留历史最优解以利于种群进化的特点，对复杂的非线性多维度的数据空间能够进行快速有效的计算；同时，BA是直接在问题域上实施实数编码求解，易于编程实现；此外，BA所需的参数个数相对于其他群体智能优化算法较少，这保证了BA的相对稳定性。不过，美中不足的是BA在图像分割领域的文献研究不多，这在一定程度上减弱了算法的可比性。因此，将改进的BA应用于多阈值图像分割问题不仅可以对算法性能进行有效验证，还能扩展算法的应用范围。

本节将多阈值分割法与BA进行结合，把多阈值分割问题的求解建模为最优化问题，探索了基于SDDW-BA的多阈值分割。为了增加算法多样性，更好地开发算法的寻优能力，本书在第4章提出了SDDW-BA，它具有自适应多普勒策略（SD）和动态权重优化策略（DW）。为了进一步验证SDDW-BA的有效性及实用性，将其应用于大津法（Otsu）多阈值分割问题中，并与其他分割算法进行对比实验，实验结果证明该算法求解多阈值分割问题是可行且更有效的。

6.1.1 多阈值图像分割的优化问题构建

大津法由日本学者大津于1979年提出，是一种常用的自适应性确定阈值的方法，也称作最大类间方差法。大津法按照图像的灰度特性，把图像分成背景和前景两个部分，并利用方差衡量灰度是否分布均匀。图像背景和前景之间的类间方差越大，说明这两部分的差别越大，如果出现部分前景被错分为背景或部分背景被错分为前景的情况，则会导致这两部分差别变小，该方法因为计算简单且不受图像亮度、对比度的影响而被认为是阈值选取的极佳方法。标准的Otsu法只能用于单阈值分割，假设一幅图像的L个灰度级表示为$0,1,\cdots,L-1$，灰度级为i的像素点可表示为$m_i^*=\text{hist}(i)$，单阈值t^*将图像分割为c_1、c_2两个区域，每个区域的平均概率水平的公式可表示为式（6–1）及式（6–2）。

$$m_0=\sum_{i=0}^{t^*}\frac{i\cdot\text{hist}(i)}{P_0} \tag{6–1}$$

$$m_1=\sum_{t^*}^{L-1}\frac{i\cdot\text{hist}(i)}{P_1} \tag{6–2}$$

式中，P_0、P_1 分别为区域 c_1 和 c_2 的概率分布，分别由式（6–3）及式（6–4）计算。

$$P_0=\sum_{i=0}^{t^*-1}\text{hist}(i) \tag{6–3}$$

$$P_1=\sum_{i=t^*}^{L-1}\text{hist}(i) \tag{6–4}$$

因此，单阈值Otsu法的类间方差可表示为式（6–5）。

$$S_b^*=P_0\left(m_0-E_g\right)^2+P_1\left(m_1-E_g\right)^2 \tag{6–5}$$

式中，E_g 为所分割图像整体的灰度值期望。

对标准Otsu法进行多阈值推广，假设 k 个阈值为：$\text{TH}=[t_1,t_2,\cdots,t_k]$，将图像分为 $M_0,M_1,\cdots,M_k$，共 k+1类，这 k+1个类别所对应的灰度级分别为：0, 1, 2, $\cdots$, t_1, t_1+1, t_1+2, $\cdots$, t_2, $\cdots$, t_k+1, t_k+2, $\cdots$, L–1。因此，多级阈值的Otsu法优化目标函数可定义为式（6–6）。

$$S_b=\sum_{i=0}^{k}P_i\left(m_i-E_g\right)^2 \tag{6–6}$$

式中，m_i 为每个区域的平均概率水平，可由式（6–7）计算；P_i 为 k 个区域的概率分布，可由式（6–8）计算。

$$\begin{cases} m_0=\sum\limits_{i=0}^{t_1-1}\dfrac{i\cdot\text{hist}(i)}{P_0} \\ m_1=\sum\limits_{i=t_1}^{t_2-1}\dfrac{i\cdot\text{hist}(i)}{P_1} \\ m_i=\sum\limits_{i=t_i}^{t_{i+1}-1}\dfrac{i\cdot\text{hist}(i)}{P_i} \\ \vdots \\ m_{k-1}=\sum\limits_{i=t_k}^{L-1}\dfrac{i\cdot\text{hist}(i)}{P_{k-1}} \end{cases} \tag{6–7}$$

$$\begin{cases} P_0 = \sum_{i=0}^{t_1-1} \text{hist}(i) \\ P_1 = \sum_{i=t_1}^{t_2-1} \text{hist}(i) \\ P_i = \sum_{i=t_i}^{t_{i+1}-1} \text{hist}(i) \\ \vdots \\ P_{k-1} = \sum_{i=t_k}^{L-1} \text{hist}(i) \end{cases} \quad (6\text{–}8)$$

目标函数可表示为最大化类间方差，如式（6–9）所示。

$$F_1(\text{TH}) = S_b \quad (6\text{–}9)$$

由此得到，多阈值最大类间方差法图像分割的优化目标函数，如式（6–10）所示。

$$\left\{t_1^*, t_2^*, \cdots, t_k^*\right\} = \arg\max\left\{F_1(\text{TH})\right\} \quad (6\text{–}10)$$

最大类间方差法在大多数情况下都能取得不错的分割结果，但仍不可避免地存在许多错分割的现象，有研究者对标准Otsu法的阈值进行了深入的性质分析，发现背景和目标的类内相似因素对图像的分割效果也存在一定影响。具体来说，在图像中不同种类的物体之间像素不相似，进而像素间的方差较大；相同种类的物体之间像素具有相似性，进而像素间的方差较小。根据这样的结论，有学者对标准Otsu法衡量阈值的标准上增加了类内方差因素。S_w代表类内方差，有式（6–11）~式（6–14）。

$$S_w = \sum_{i=0}^{k} \frac{S_i}{S_g} \quad (6\text{–}11)$$

$$S_i = \sum_{t_i}^{t_{i+1}} \left[\text{hist}(i) - m_i'\right]^2 \quad (6\text{–}12)$$

$$S_g = \sum_{t_i}^{t} \text{hist}(i) \cdot \left(i - m_g\right)^2 \quad (6\text{–}13)$$

$$m_i' = \frac{\sum_{t_i}^{t_{i+1}} x \cdot \text{hist}(x)}{\sum_{t_i}^{t_{i+1}} \text{hist}(x)} \quad (6\text{–}14)$$

目标函数可表示为式（6–15）。

$$F_2(\mathrm{TH})=\frac{S_b}{S_w} \tag{6–15}$$

因此，多阈值类间–类内方差比图像分割的优化目标函数如式（6–16）所示。

$$\{t_1',t_2',\cdots,t_k'\}=\arg\max\{F_2(\mathrm{TH})\} \tag{6–16}$$

至此，多阈值图像分割问题转化为最优化问题，接下来将改进的SDDW-BA应用于该优化问题中，对其进行求解。

6.1.2　实验结果及分析

在本节图像分割实验中，探讨基于SDDW-BA的多阈值Otsu法的有效性，并将其与BA、PSO算法及5种传统分割算法进行对比实验。实验图像选取经典数据库Berkeley Segmentation Dataset and Benchmark中6个测试图像。测试图像的直方图如图6–1所示，SDDW-BA的主要参数设置为：最大迭代次数为100，种群规模为20。

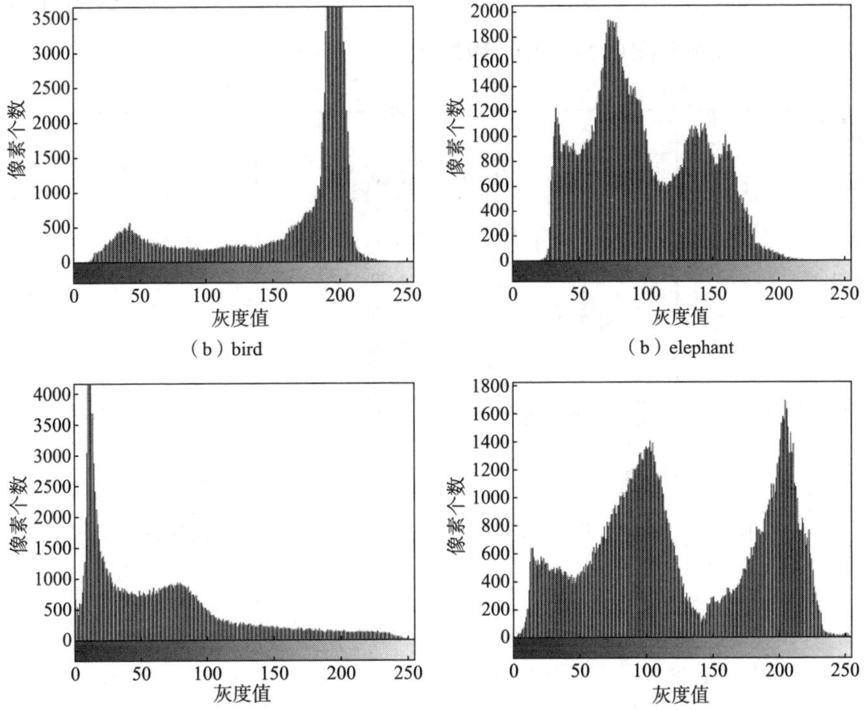

（b）bird　（b）elephant　（c）grain　（d）horses

图6–1　6个测试图像的直方图

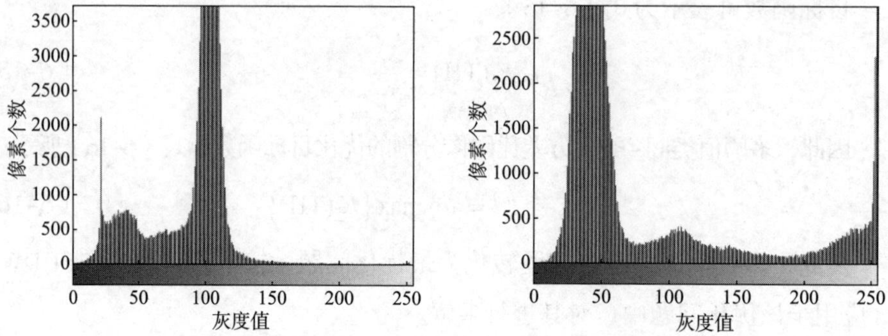

（e）plane　　（f）swan

图6-1　6个测试图像的直方图（续）

1. SDDW-BA在两种阈值度量方式下的性能对比

为了探索SDDW-BA在多阈值图像分割问题上的有效性，本节使用最大类间方差（度量方式1）和类间-类内方差比（度量方式2）这两种阈值度量方式验证算法的分割性能。对6个测试图像分别使用这两种度量方式作为函数适应度值的计算方式求解阈值，阈值的维数依次从一维递增至六维。6个测试图像阈值的选取结果分别如图6-2~图6-13所示；测试图像在各维数阈值选取下的分割结果分别如图6-14~图6-19所示。

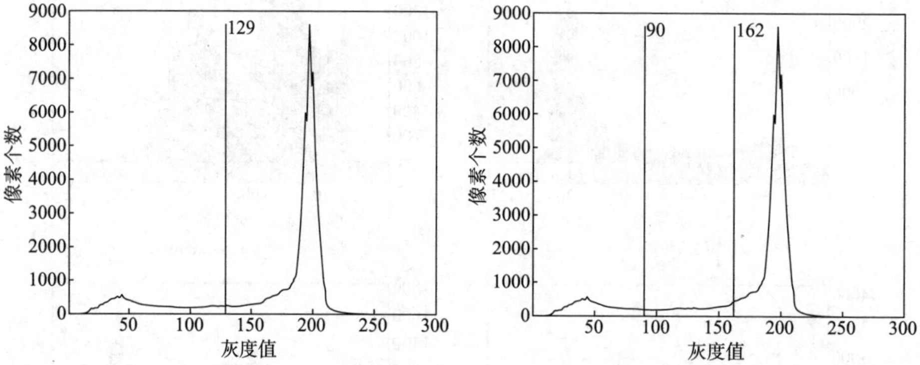

（a）一维　　（b）二维

图6-2　SDDW-BA在度量方式1下对“bird”的阈值选取结果

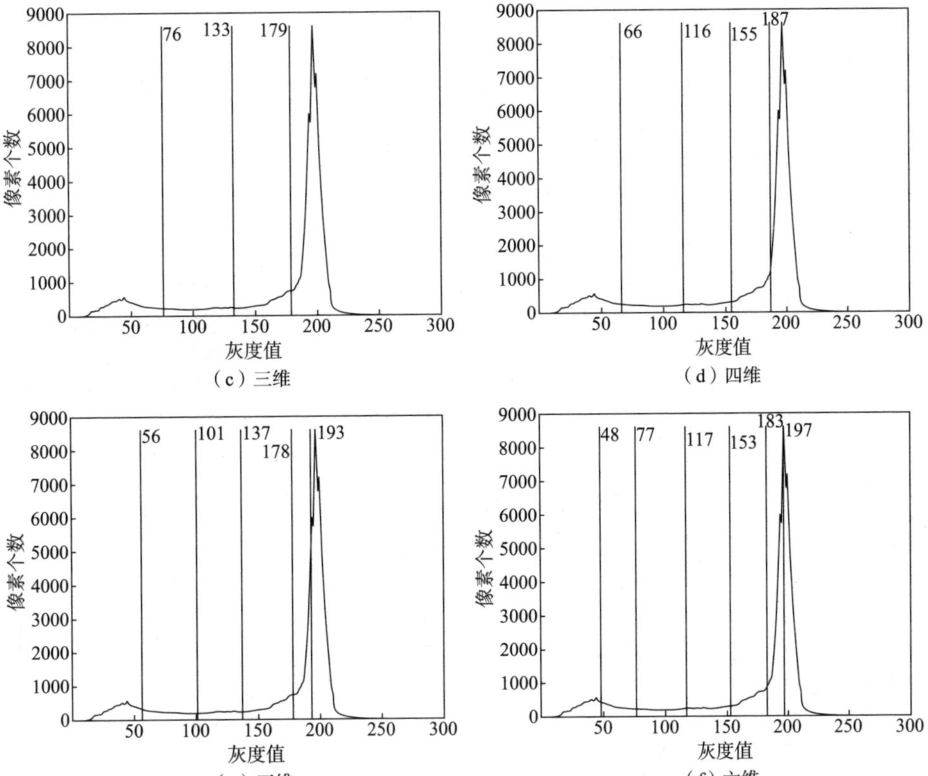

（c）三维　（d）四维　（e）五维　（f）六维

图6-2　SDDW-BA在度量方式1下对“bird”的阈值选取结果（续）

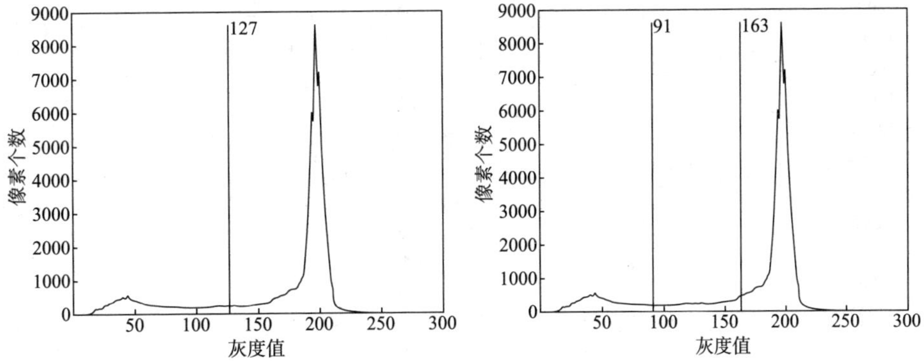

（a）一维　（b）二维

图6-3　SDDW-BA在度量方式2下对“bird”的阈值选取结果

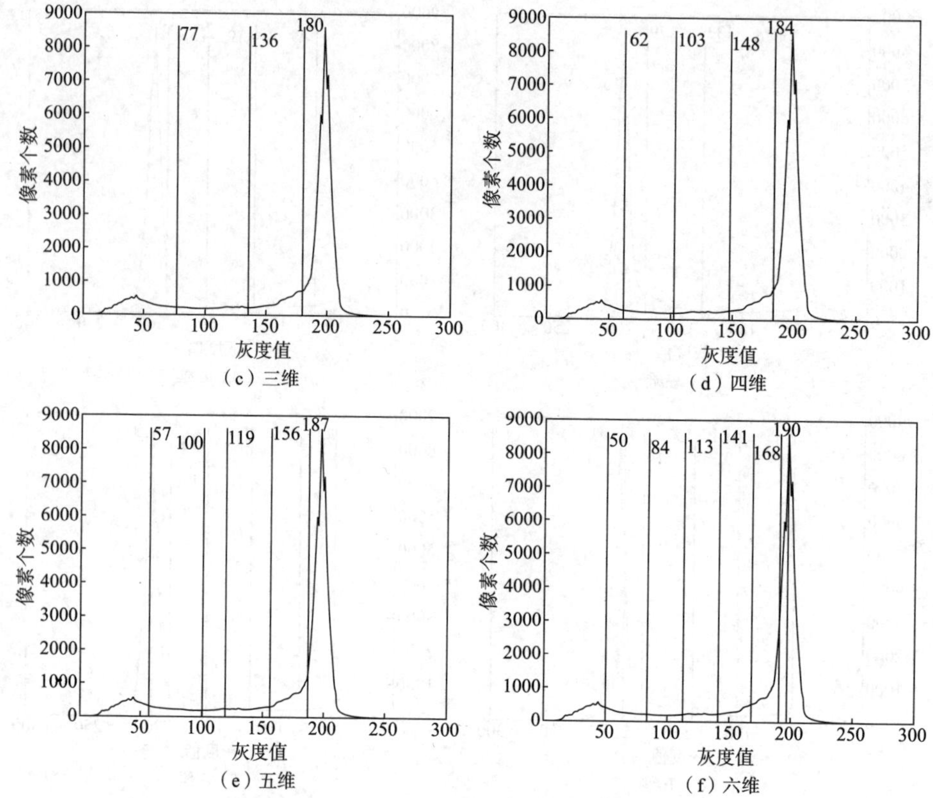

（c）三维 （d）四维 （e）五维 （f）六维

图6-3 SDDW-BA在度量方式2下对“bird”的阈值选取结果（续）

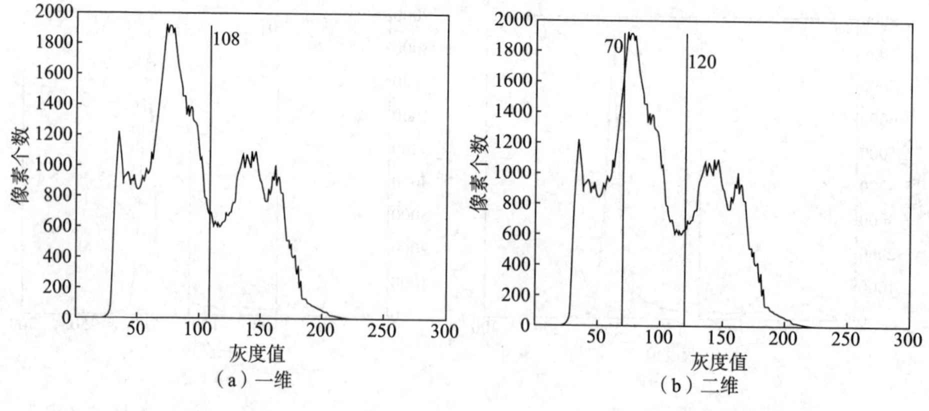

（a）一维 （b）二维

图6-4 SDDW-BA在度量方式1下对“elephant”的阈值选取结果

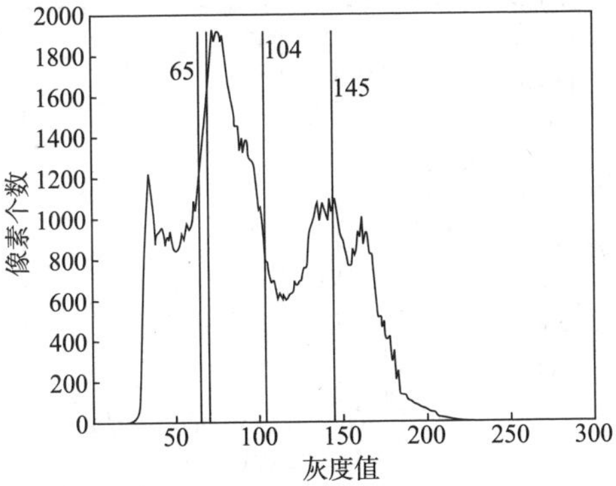

（c）三维

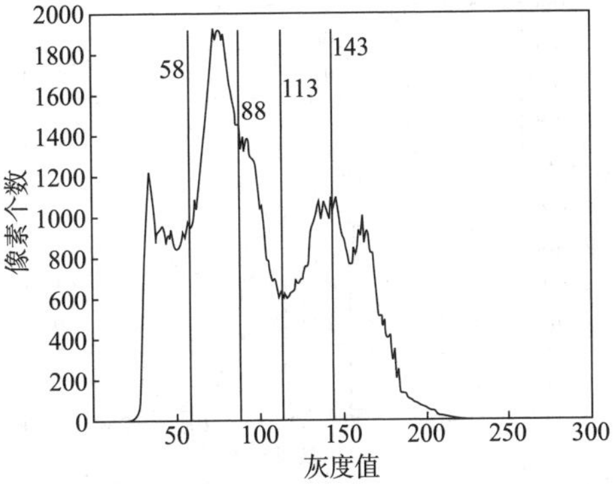

（d）四维

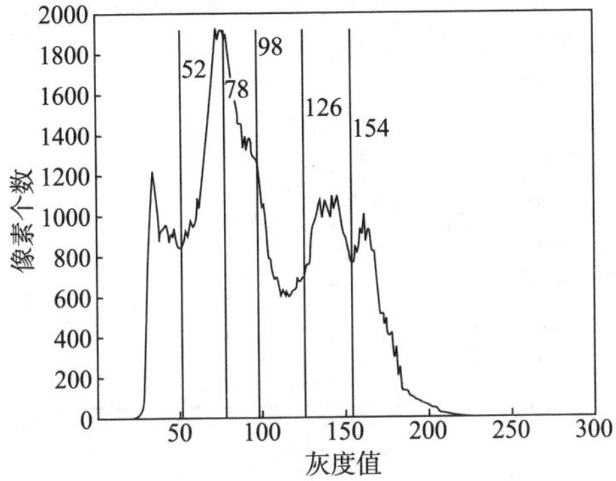

（e）五维

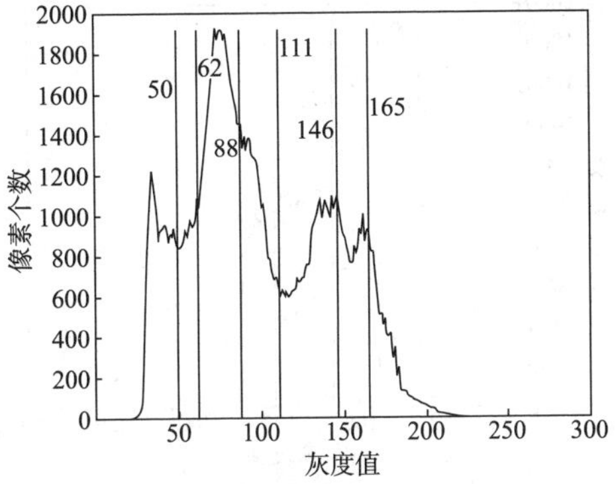

（f）六维

图6-4　SDDW-BA在度量方式1下对“elephant”的阈值选取结果（续）

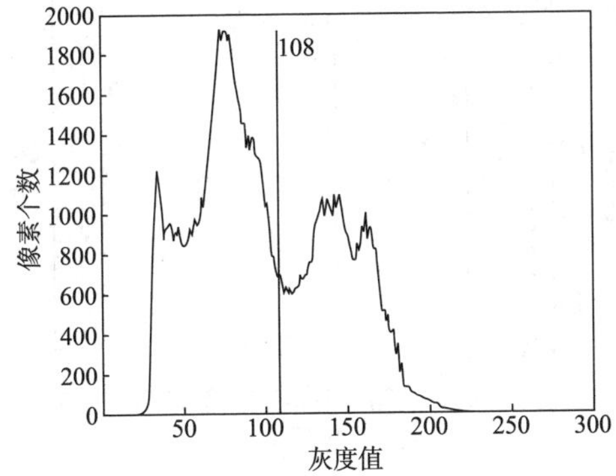

（a）一维

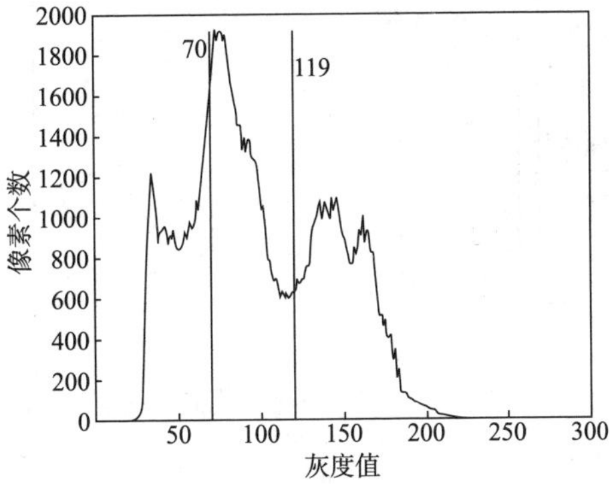

（b）二维

图6-5　SDDW-BA在度量方式2下对“elephant”的阈值选取结果

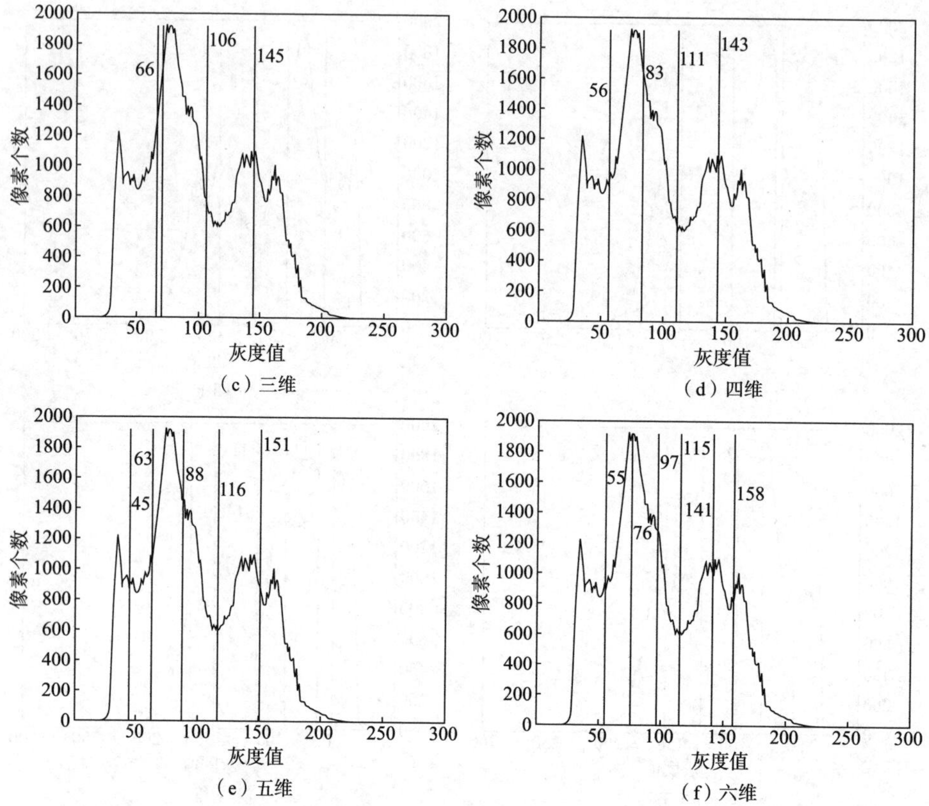

（c）三维　（d）四维　（e）五维　（f）六维

图6-5　SDDW-BA在度量方式2下对“elephant”的阈值选取结果（续）

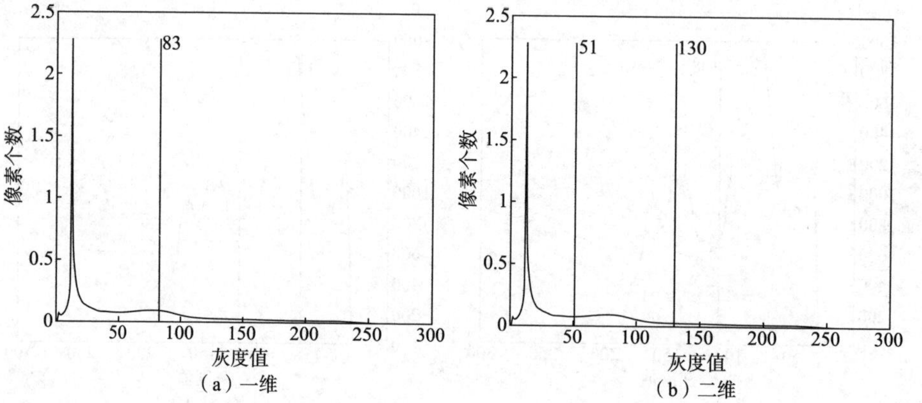

（a）一维　（b）二维

图6-6　SDDW-BA在度量方式1下对“grain”的阈值选取结果

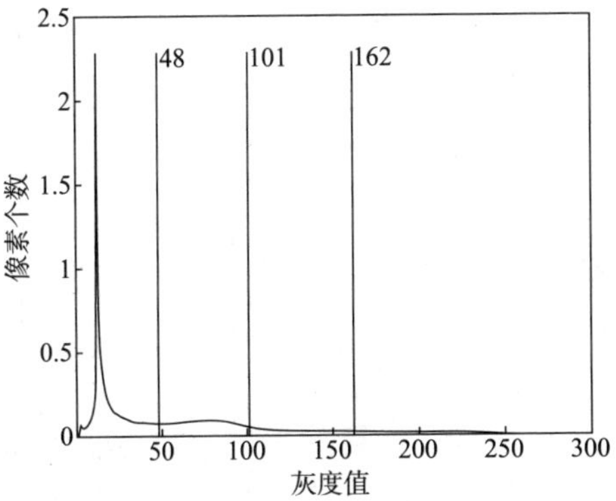

（c）三维

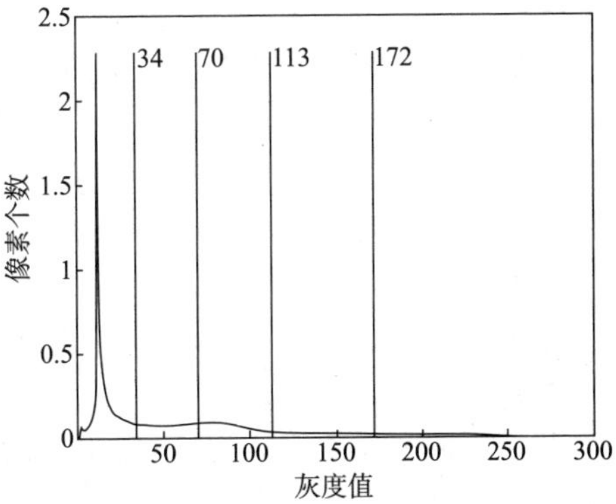

（d）四维

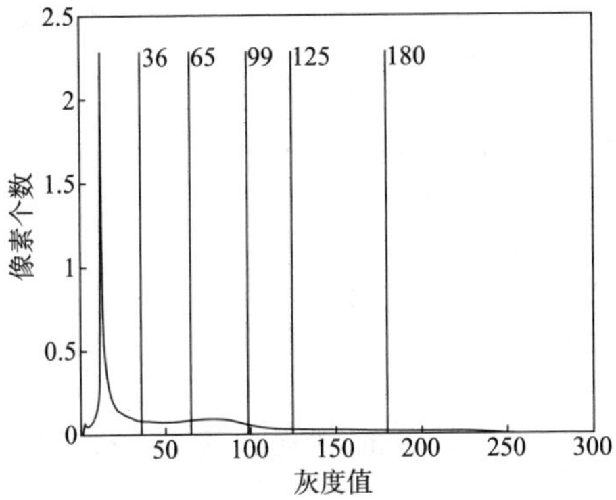

（e）五维

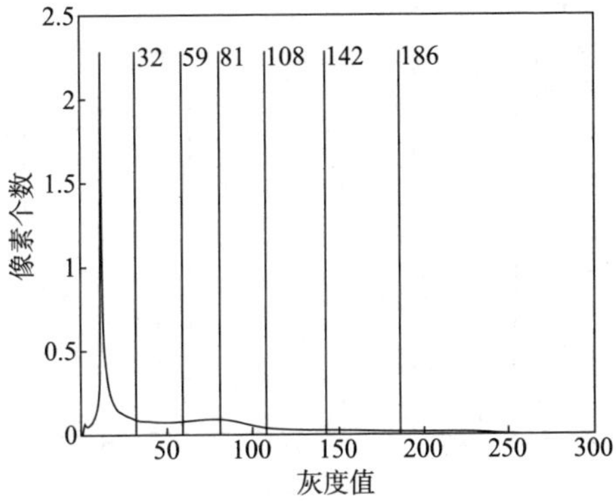

（f）六维

图6-6　SDDW-BA在度量方式1下对“grain”的阈值选取结果（续）

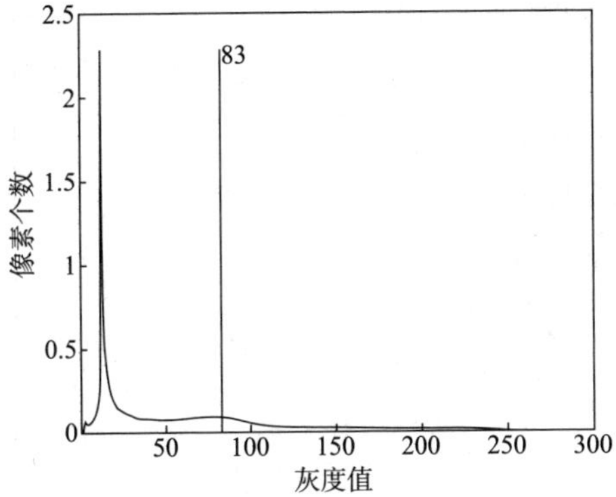

（a）一维

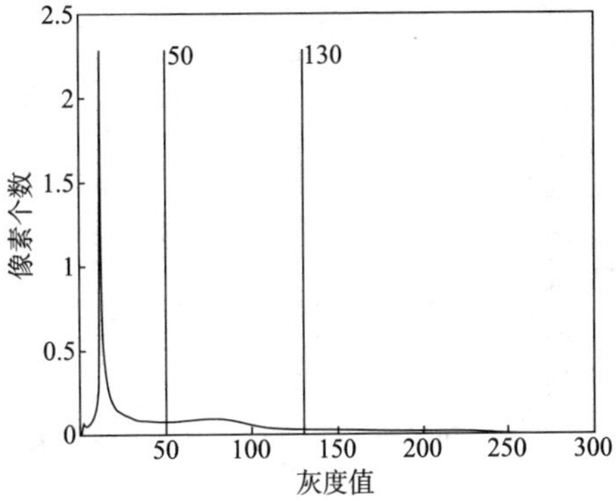

（b）二维

图6-7　SDDW-BA在度量方式2下对“grain”的阈值选取结果

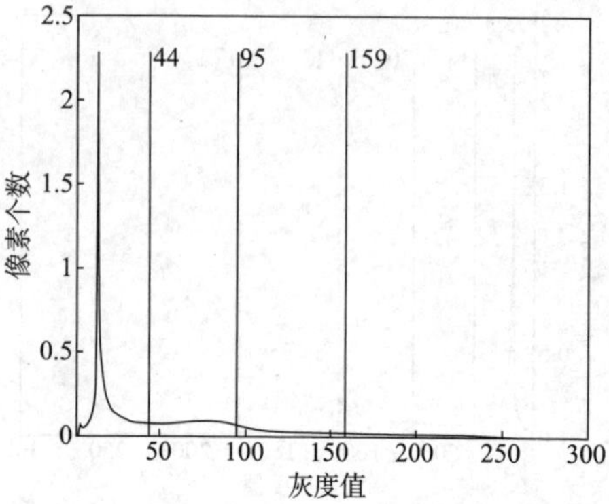

（c）三维

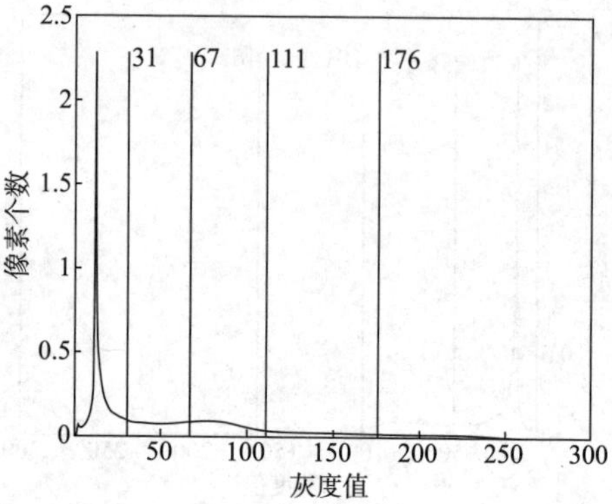

（d）四维

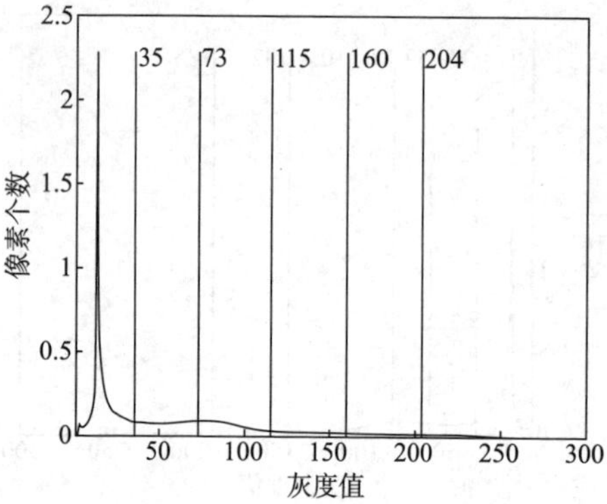

（e）五维

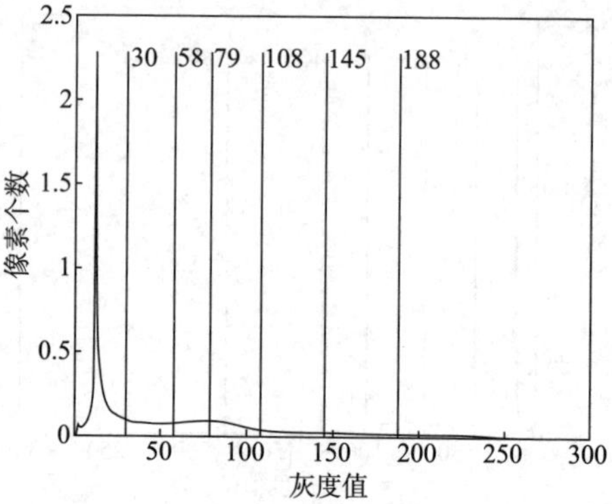

（f）六维

图6-7　SDDW-BA在度量方式2下对“grain”的阈值选取结果（续）

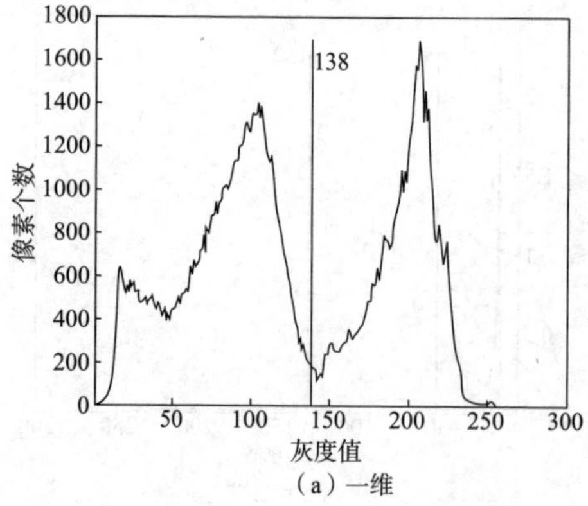

（a）一维

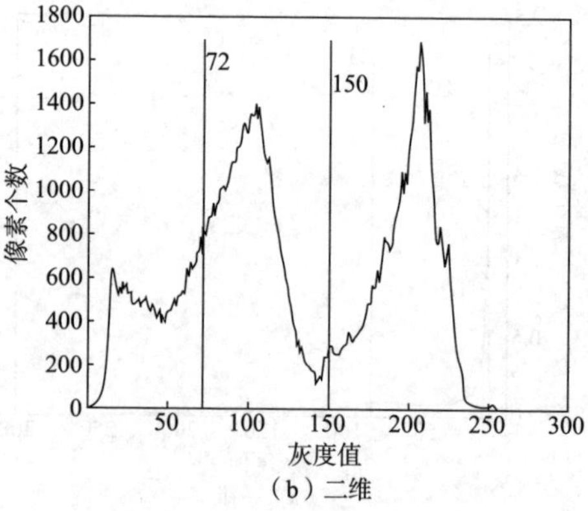

（b）二维

图6-8　SDDW-BA在度量方式1下对“horses”的阈值选取结果

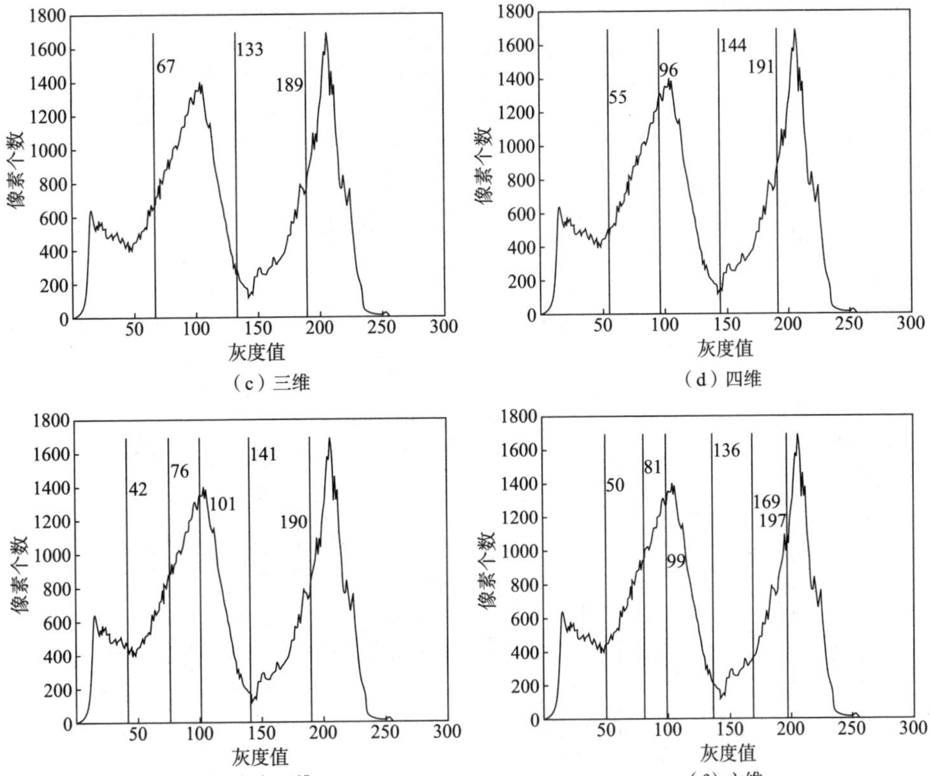

（c）三维　（d）四维　（e）五维　（f）六维

图6-8　SDDW-BA在度量方式1下对“horses”的阈值选取结果（续）

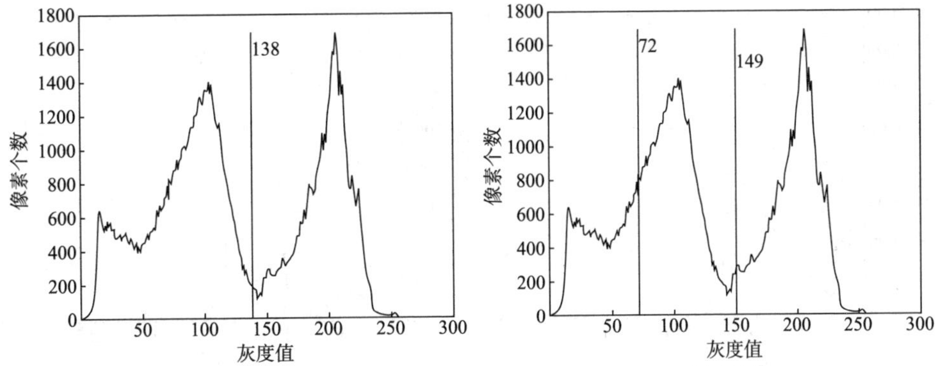

（a）一维　（b）二维

图6-9　SDDW-BA在度量方式2下对“horses”的阈值选取结果

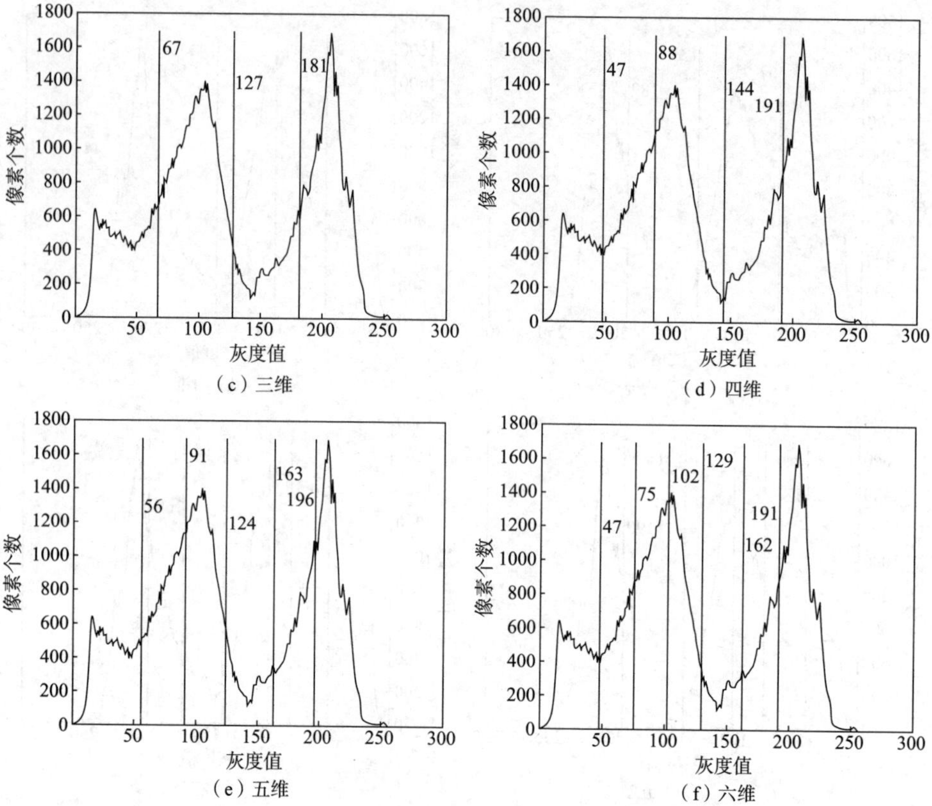

（c）三维 （d）四维

（e）五维 （f）六维

图6-9 SDDW-BA在度量方式2下对“horses”的阈值选取结果（续）

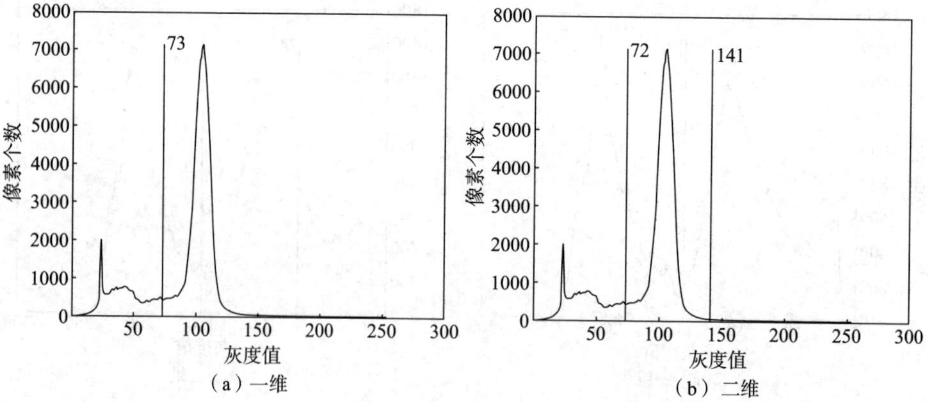

（a）一维 （b）二维

图6-10 SDDW-BA在度量方式1下对“plane”的阈值选取结果

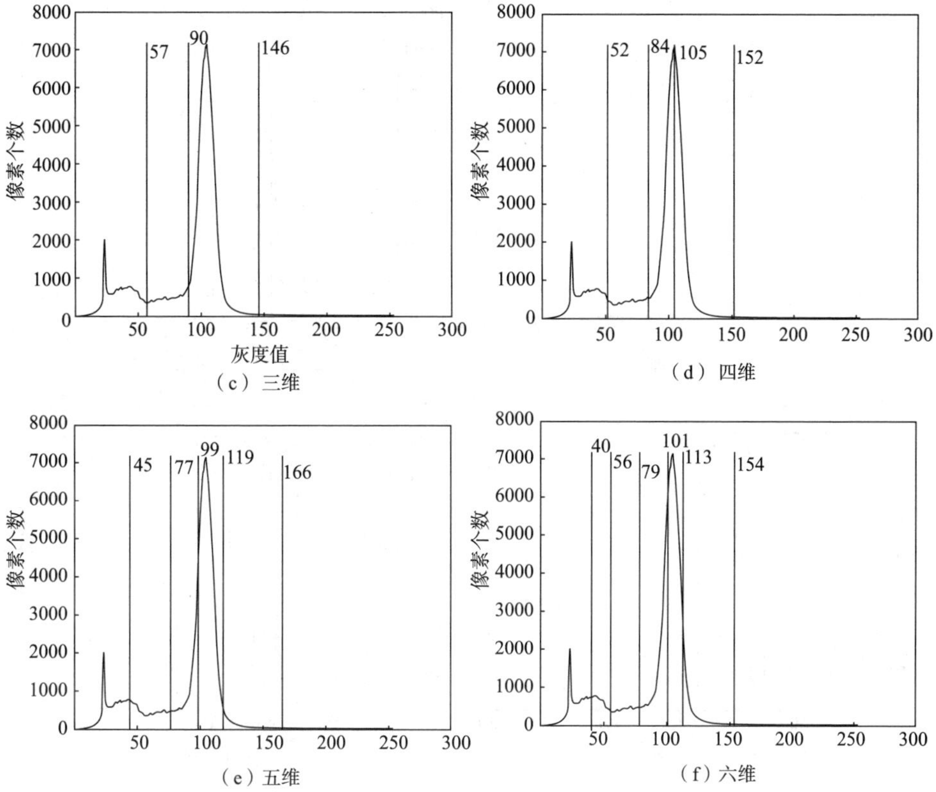

图 6-10　SDDW-BA 在度量方式 1 下对“plane”的阈值选取结果（续）

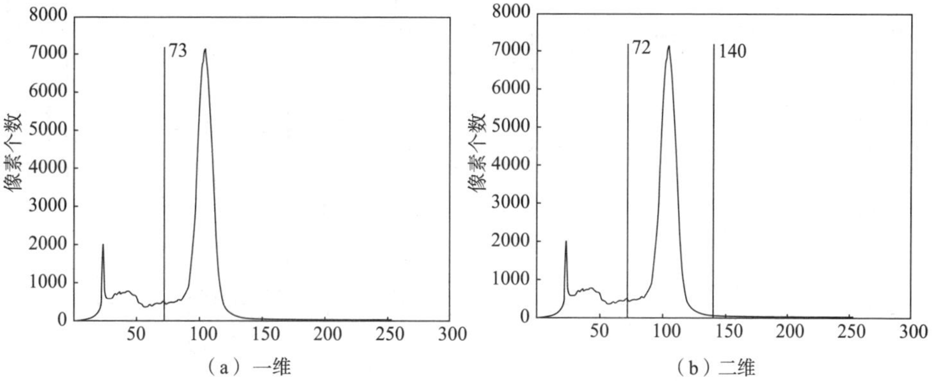

图 6-11　SDDW-BA 在度量方式 2 下对“plane”的阈值选取结果

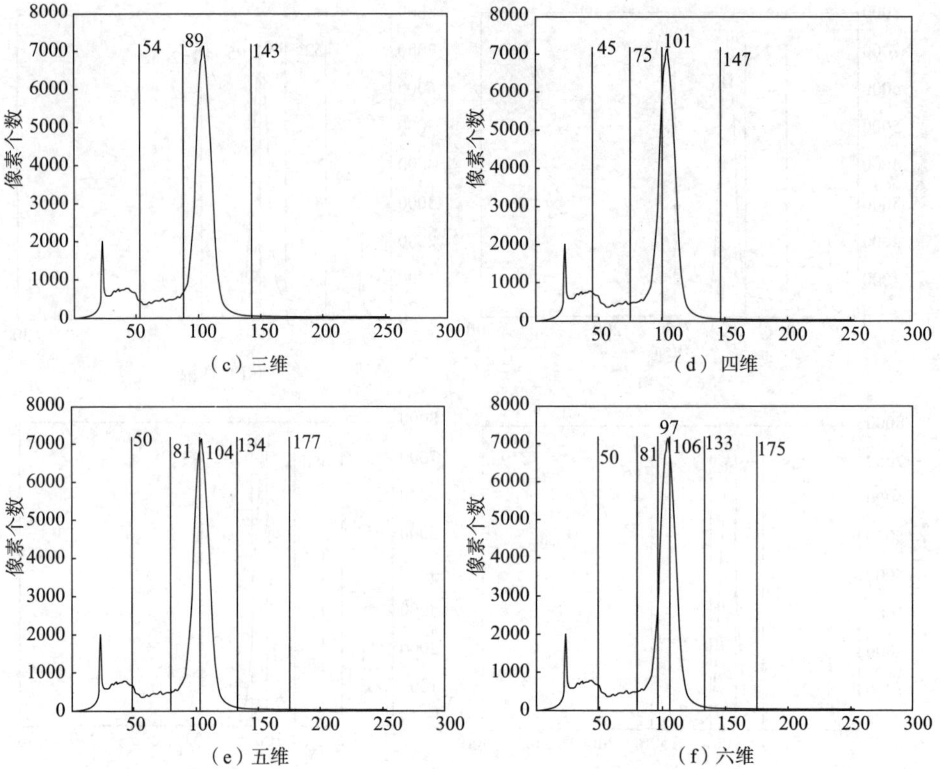

（c）三维 （d）四维

（e）五维 （f）六维

图6-11 SDDW-BA在度量方式2下对“plane”的阈值选取结果（续）

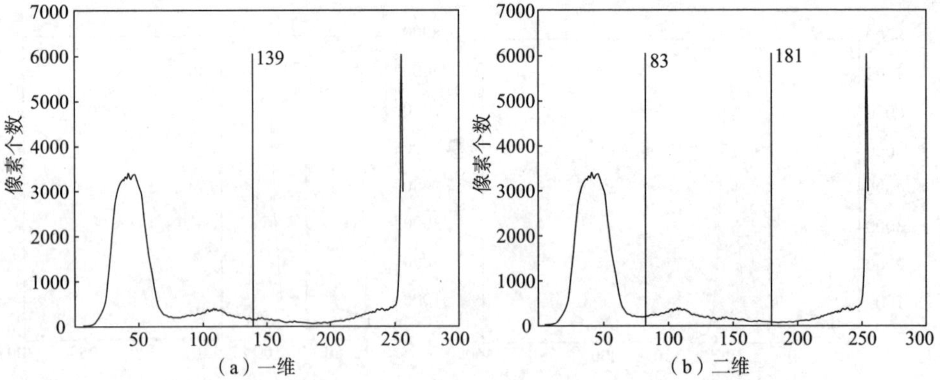

（a）一维 （b）二维

图6-12 SDDW-BA在度量方式1下对“swan”的阈值选取结果

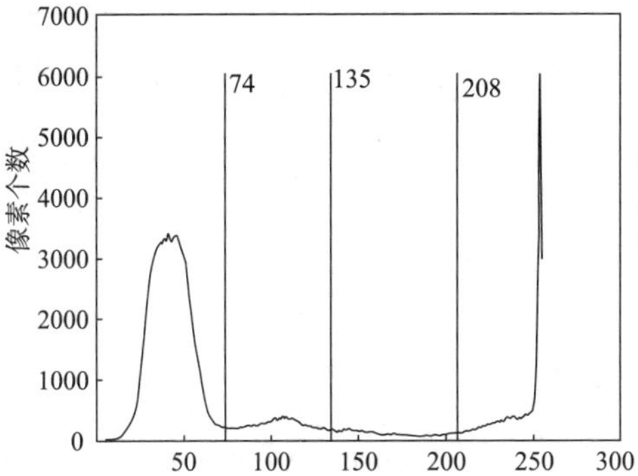

（c）三维

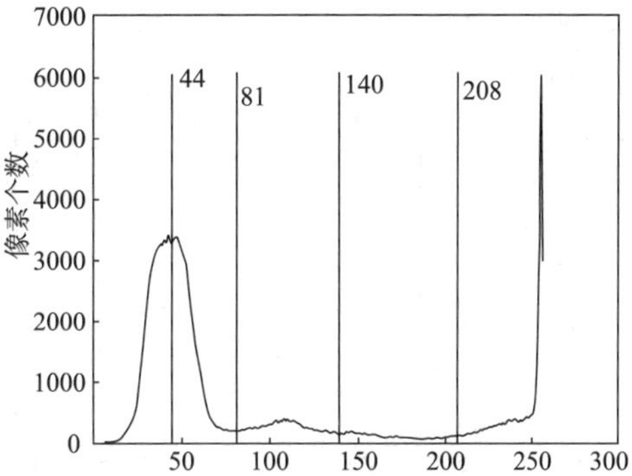

（d）四维

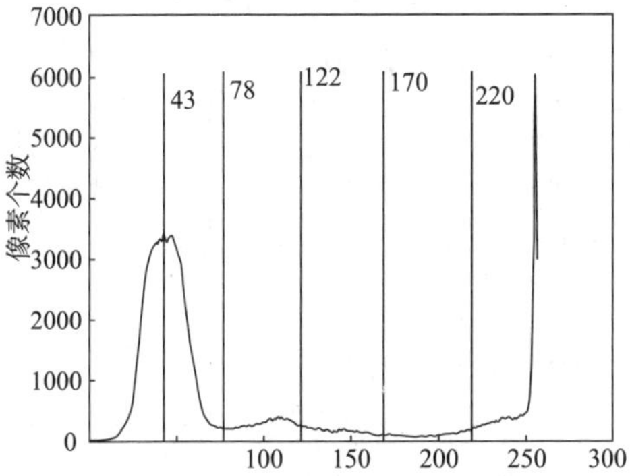

（e）五维

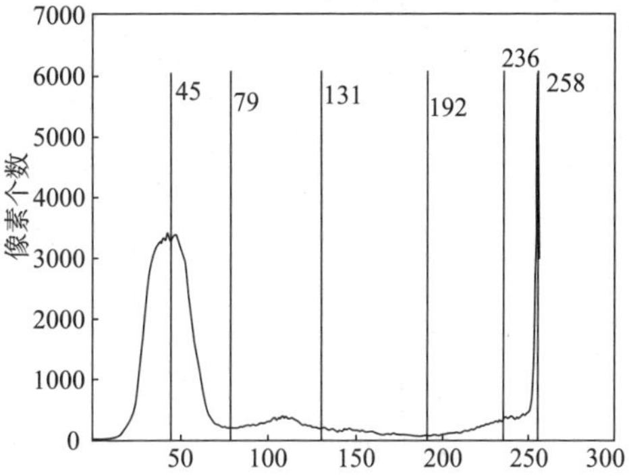

（f）六维

图6-12　SDDW-BA在度量方式1下对“swan”的阈值选取结果（续）

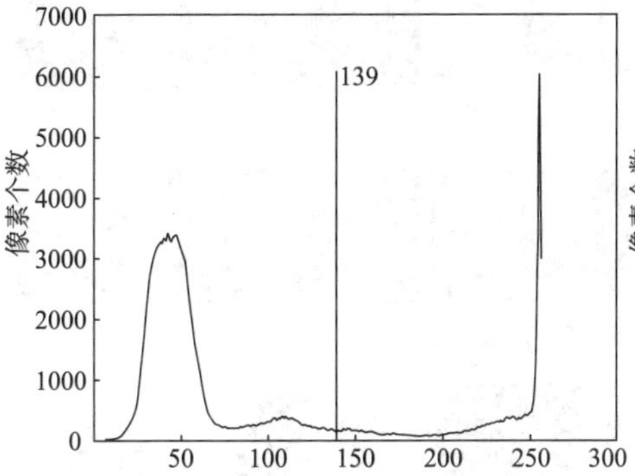

（a）一维

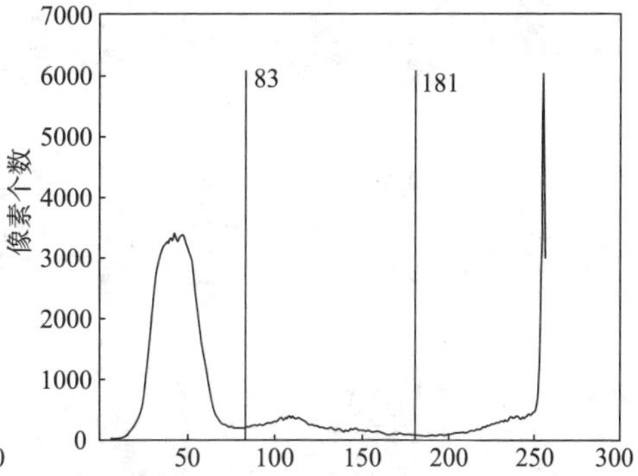

（b）二维

图6-13　SDDW-BA在度量方式2下对“swan”的阈值选取结果

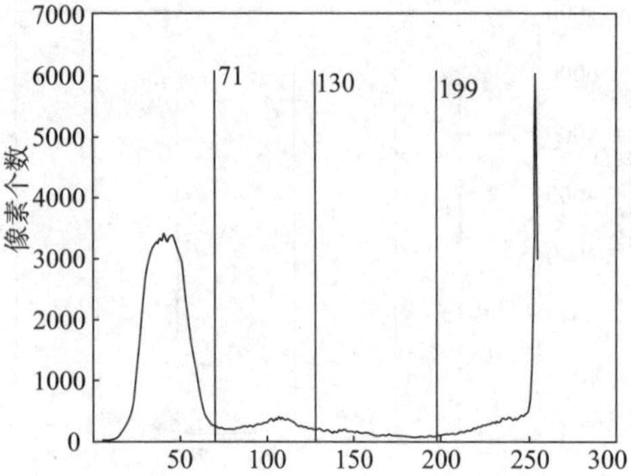

（c）三维

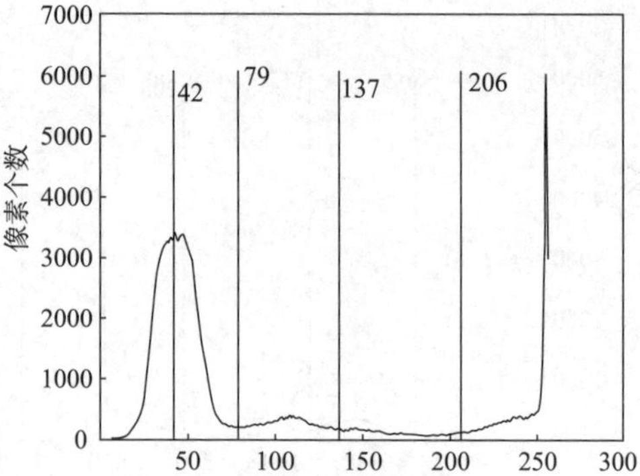

（d）四维

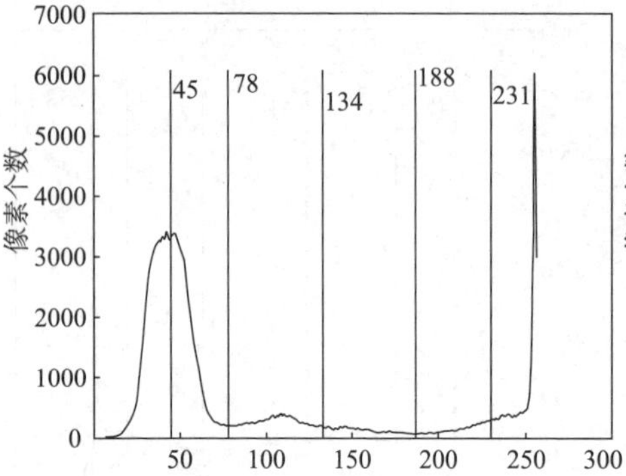

（e）五维

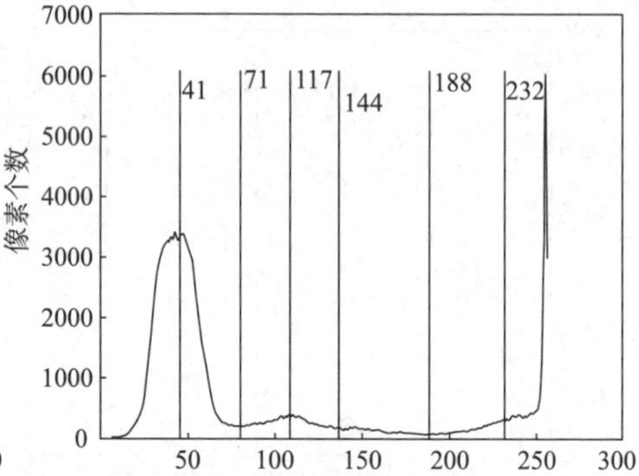

（f）三维

图6-13　SDDW-BA在度量方式2下对“swan”的阈值选取结果（续）

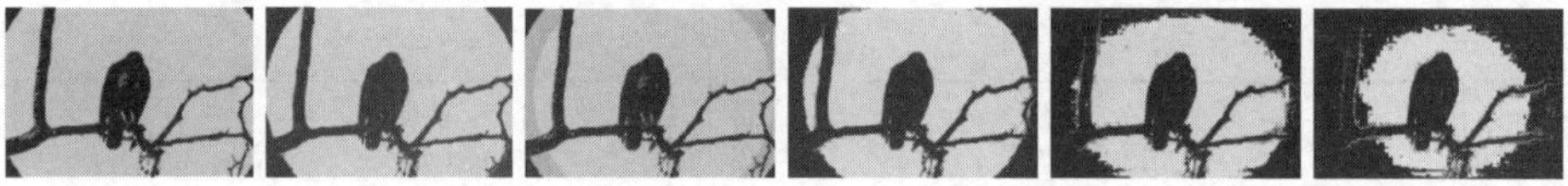

（a）度量方式1对“bird”的分割结果

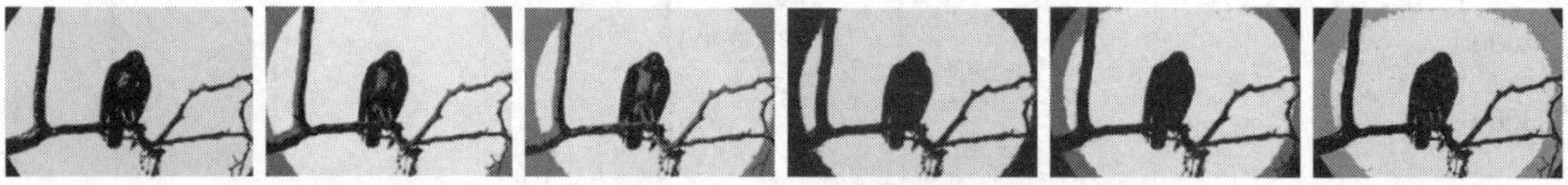

（b）度量方式2对“bird”的分割结果

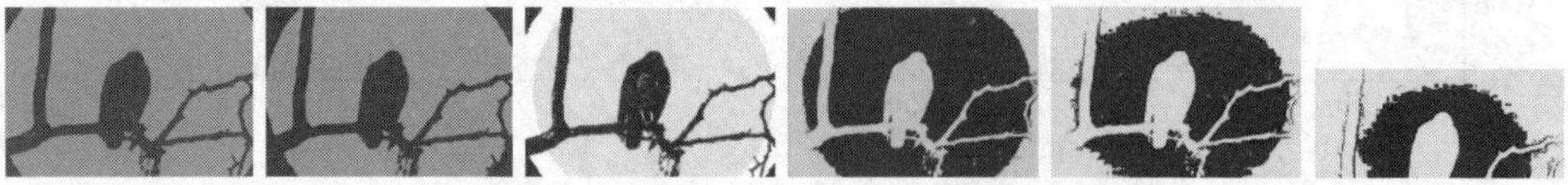

（c）度量方式1对“bird”的分割结果的彩色映射图

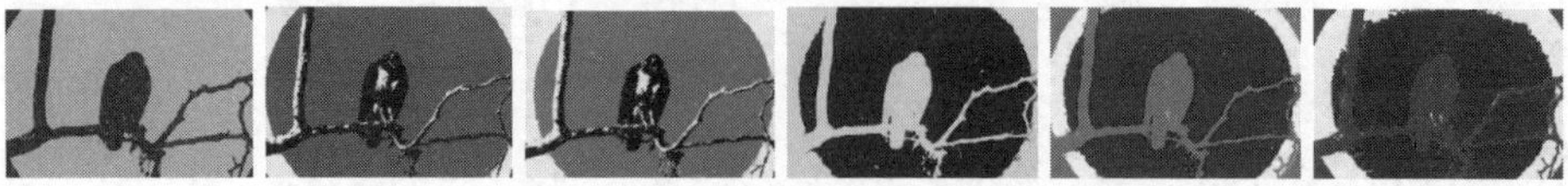

（d）度量方式2对“bird”的分割结果的彩色映射图

图6-14　SDDW-BA在两种度量方式下对“bird”的分割结果

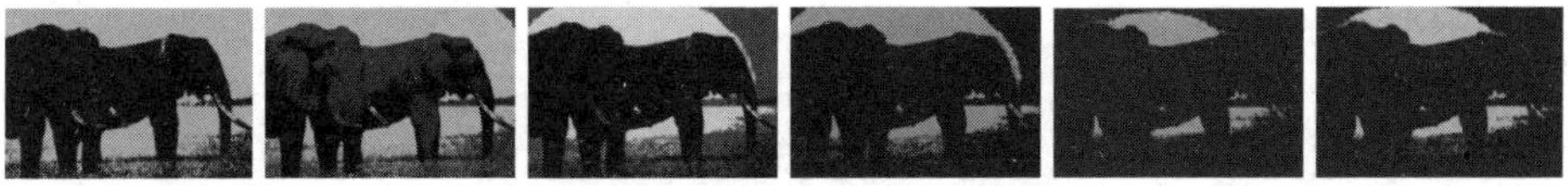

（a）度量方式1对“elephant”的分割结果

（b）度量方式2对“elephant”的分割结果

（c）度量方式1对“elephant”的分割结果彩色映射图

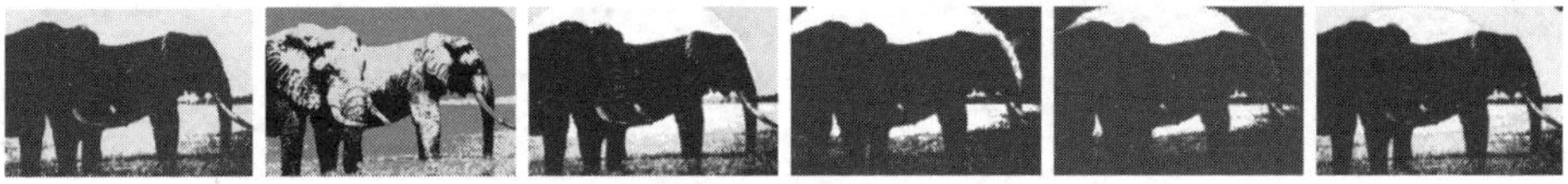

（d）度量方式2对“elephant”的分割结果彩色映射图

图6–15 SDDW–BA在两种度量方式下对“elephant”的分割结果

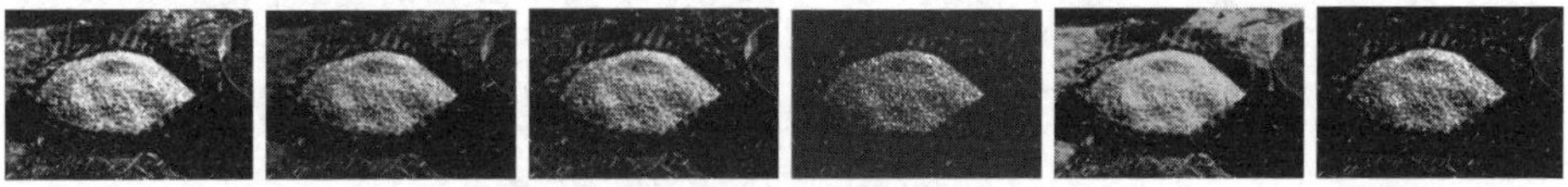

（a）度量方式1对“grain”的分割结果

（b）度量方式2对“grain”的分割结果

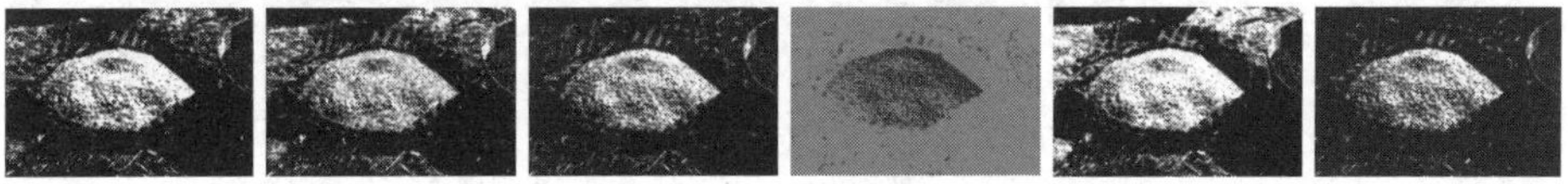

（c）度量方式1对“grain”的分割结果彩色映射图

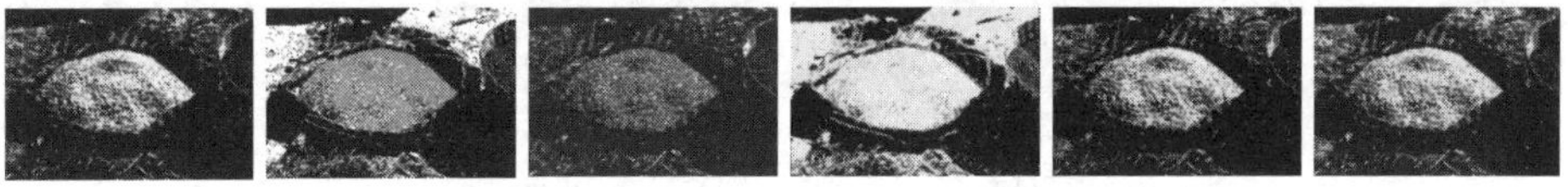

（d）度量方式2对“grain”的分割结果彩色映射图

图6–16 SDDW–BA在两种度量方式下对“grain”的分割结果

（a）度量方式1对“horses”的分割结果

（b）度量方式2对“horses”的分割结果

（c）度量方式1对“horses”的分割结果彩色映射图

（d）度量方式2对“horses”的分割结果彩色映射图

图6-17　SDDW-BA在两种度量方式下对“horses”的分割结果

（a）度量方式1对“plane”的分割结果

（b）度量方式2对“plane”的分割结果

（c）度量方式1对“plane”的分割结果彩色映射图

（d）度量方式2对“plane”的分割结果彩色映射图

图6-18　SDDW-BA在两种度量方式下对“plane”的分割结果

（a）度量方式1对“swan”的分割结果

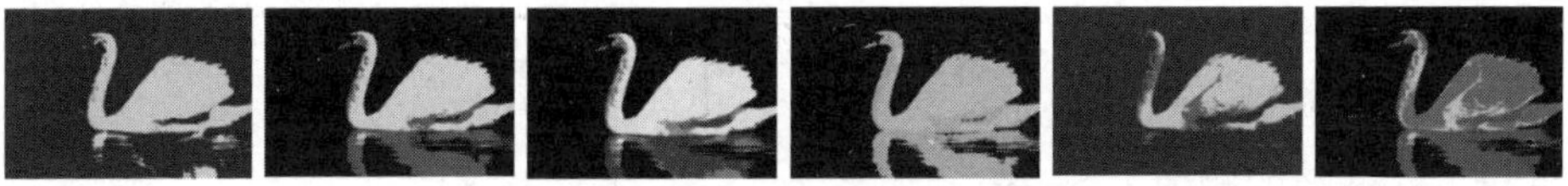

（b）度量方式2对“swan”的分割结果

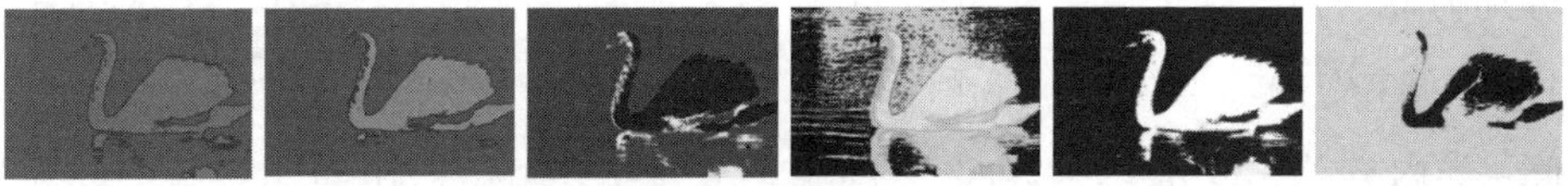

（c）度量方式1对“swan”的分割结果彩色映射图

（d）度量方式2对“swan”的分割结果彩色映射图

图6-19　SDDW-BA在两种度量方式下对“swan”的分割结果

在两种度量方式下，依据上述6个测试图像的实验结果分析可知基于SDDW-BA的多阈值图像分割算法能够对测试图像进行有效分割，并且采用类间-类内方差比的度量方式所得的分割结果普遍优于最大类间方差的度量方式。例如，对于“bird”测试图像，两种度量方式当维数为1时的分割结果在直观上差别不大，但随着维数的增加，类间-类内方差比度量方式的分割结果细节更丰富；当维数增加到4以后，最大类间方差的度量方式出现了较明显的背景及目标的错分情况。当维

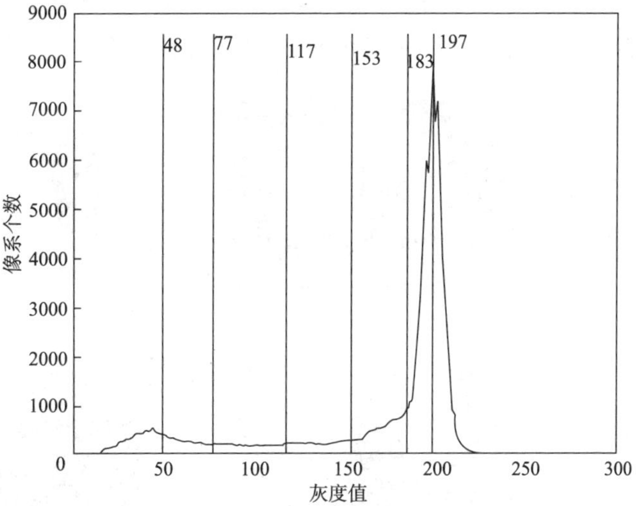

（a）度量方式1的阈值选取结果

图6-20　维数增加至6时两种度量方式对“bird”的阈值选取结果

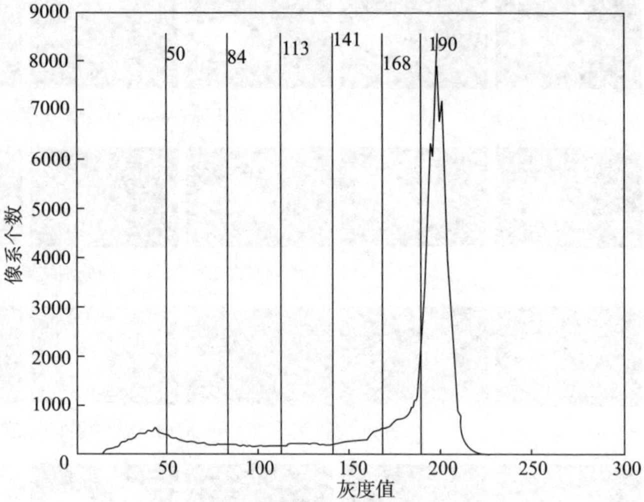

（b）度量方式2的阈值选取结果

图6-20　维数增加至6时两种度量方式对“bird”的阈值选取结果（续）

数增加至6时，“bird”测试图像在两种度量方式下的阈值选取结果如图6-20所示，其中，最大类间方差度量方式选择的阈值分别为48、77、117、153、183及197，类间-类内方差比度量方式选取的阈值分别为50、84、113、141、168及190。两种度量方式下的分割结果如图6-21所示，其中图6-21（a）及图6-21（c）是对“bird”图的分割结果，为了更清楚地对分割结果进行说明还给出了分割结果对应的彩色映射图，如图6-21（b）及图6-21（d）所示，从中清晰可得当阈值维数设置为6时第一种度量方式出现了明显的背景及目标的错分情况，第二种度量方式的分割结果更佳。通过分析6个测试图像的分割结果，可知基于SDDW-BA的多阈值图像分割算法采用类间-类内方差比的度量方式的分割效果更优。

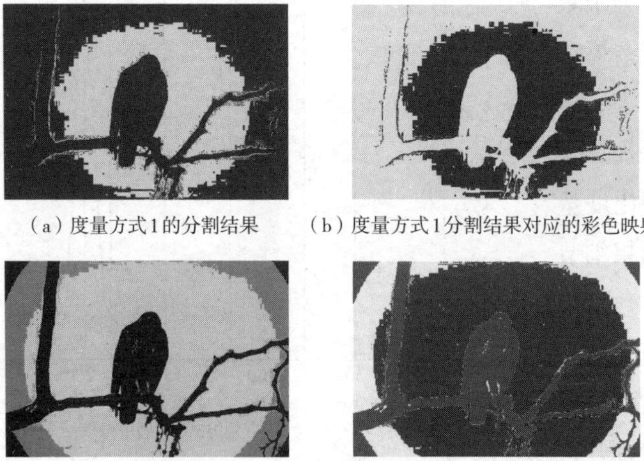

（a）度量方式1的分割结果　（b）度量方式1分割结果对应的彩色映射图

（c）度量方式2的分割结果　（d）度量方式2分割结果对应的彩色映射图

图6-21　两种度量方式下对“bird”的分割结果

除了直观的视觉观察外，为了进一步对比分割结果，采用分割运行时间 t 和峰值信噪比 PSNR（Peak Signal-to-Noise Ratio）定量分析 SDDW-BA 在两种度量方式下的分割性能。给定一个大小为 $m \times n$ 的原始测试图像 I 和分割后图像 K，$PSNR$ 的表达式如式（6-17）及式（6-18）所示。

$$PSNR = 10\lg\left(\frac{255^2}{MAE}\right) \tag{6-17}$$

$$MAE = \frac{\sum_{i=1}^{m}\sum_{j=1}^{n}|I(i,j) - K(i,j)|}{mn} \tag{6-18}$$

SDDW-BA 在上述两种分割度量方式下针对 6 个测试图像的运行时间 t 和 $PSNR$ 值如表 6-1 所示。从这两个指标的数据结果可得：在运行时间方面，分割结果的运行时间 t 随着分割维数的增加而增加，时间指标的最佳结果普遍出现在一维分割时。这两种不同的度量方式在低维状态时的运行时间差别不大，随着维数的增加，类间 - 类内方差比度量方式的分割结果的运行时间略长一点。在 PSNR 指标上，两种分割度量方式二维阈值的分割效果明显最好，第二种分割度量方式在三维时的效果也不错。此外，相同的阈值维数下第二种度量方式的 PSNR 指标结果均优于第一种度量方式。

表 6-1　SDDW-BA 在两种阈值度量方式下的分割性能对比

度量方式	图像	指标	一维	二维	三维	四维	五维	六维
度量方式 1	bird	*PSNR*	**23.2739**	20.3360	20.3019	18.7570	16.2407	14.3047
		t	**0.3520**	0.4420	0.6960	0.7870	0.8620	1.0820
	elephant	*PSNR*	19.4724	**20.7945**	20.5647	20.2018	18.8528	19.2988
		t	**0.3150**	0.4430	0.5900	0.7160	0.8800	1.0020
	grain	*PSNR*	18.8596	**22.1725**	19.6880	15.3870	20.5360	18.0467
		t	**0.2900**	0.4330	0.5790	0.7120	0.8950	1.0910
	horses	*PSNR*	**20.4860**	18.9030	19.7581	18.3844	20.3460	19.6224
		t	**0.2990**	0.4990	0.5660	0.6820	0.9620	0.9880
	plane	*PSNR*	15.3770	**25.9755**	23.9996	23.1222	18.1981	21.8510
		t	**0.2970**	0.4410	0.6040	0.7940	0.8570	1.1490
	swan	*PSNR*	19.2407	15.7818	**20.8747**	18.0338	17.0751	13.6864
		t	**0.2780**	0.4770	0.6280	0.7180	0.8400	1.0470

续表

度量方式	图像	指标	一维	二维	三维	四维	五维	六维
度量方式 2	bird	*PSNR*	23.2785	23.7581	**24.3264**	19.3606	20.2547	22.8096
		t	**0.3790**	0.4930	0.6940	0.8200	0.9610	1.1940
	elephant	*PSNR*	19.4724	20.8369	**22.5971**	20.2802	19.4785	21.0588
		t	**0.3200**	0.4680	0.6660	0.8460	0.9560	1.1770
	grain	*PSNR*	18.8596	**23.2947**	20.4828	20.0506	20.1632	20.3961
		t	**0.3000**	0.3250	0.6890	0.8080	0.9440	1.1190
	horses	*PSNR*	20.4860	**23.3153**	21.2168	23.1339	22.3377	20.0637
		t	**0.3050**	0.4820	0.7500	0.7800	0.9710	1.1110
	plane	*PSNR*	15.3770	**26.0418**	25.4948	24.9999	23.4452	23.2157
		t	0.3000	0.4650	0.6670	0.8060	0.9450	1.1310
	swan	*PSNR*	19.2407	23.7041	**24.8024**	17.5118	15.8299	17.9493
		t	**0.2900**	0.4540	0.6340	0.7870	0.9950	1.0810

2. SDDW-BA与其他算法的性能对比

从上一部分对比实验中发现，SDDW-BA在类间-类内方差比的度量方式下的分割效果更佳，为了进一步验证SDDW-BA解决分割问题的性能，将其与BA和PSO算法采用该阈值度量方式进行对比实验。为保证实验的公平性，3种算法的最大迭代次数和种群规模均分别设置为100次和20。定量性分割结果如表6-2所示，其中包括对比算法所选取的阈值、分割运行时间*t*及*PSNR*值3个指标。从数据结果分析可知，SDDW-BA在分割运行时间*t*及*PSNR*值指标上的结果对于6个测试图像均取得了最佳值，分割所用时间明显优于BA和PSO算法，分割效果更佳。

表6-2　3种算法的定量性分割结果对比

测试图像	算法	阈值	*t*	*PSNR*
bird	BA	129	0.4410	14.2497
	PSO	128	0.4440	14.2530
	SDDW-BA	127	**0.3790**	**23.2785**
elephant	BA	124	0.4480	11.7148
	PSO	107	0.4890	11.5365
	SDDW-BA	108	**0.3200**	**19.4724**

续表

测试图像	算法	阈值	*t*	*PSNR*
grain	BA	82	0.4190	11.6629
	PSO	82	0.5570	13.3972
	SDDW–BA	83	**0.3000**	**18.8596**
horses	BA	135	0.4430	12.8030
	PSO	137	0.4580	12.7918
	SDDW–BA	138	**0.3050**	**20.4860**
plane	BA	77	0.4710	8.1002
	PSO	72	0.4690	8.0048
	SDDW–BA	73	**0.3000**	**15.3770**
swan	BA	136	0.5300	14.5544
	PSO	138	0.5730	15.6159
	SDDW–BA	139	**0.2900**	**19.2407**

为了进一步验证SDDW–BA的有效性，使用5种传统的分割方法与其进行了对比实验，对比算法包括：均匀性度量的阈值分割法、最大熵分割法、局部阈值分割法、区域增长算法、分水岭算法。针对上述6个测试图像，为了更好地验证算法的分割性能，对测试图像添加了高斯噪声，噪声使得测试图像变得模糊甚至淹没图像特征，因此常被用来加大分割难度。为了更清楚地评价分割结果，给出SDDW–BA与5种传统分割算法分割结果的彩色映射图，如图6–22所示。通过各对比算法的分割结果可直观得到，在高斯噪声的干扰

（a）均匀性度量的阈值分割法的分割结果

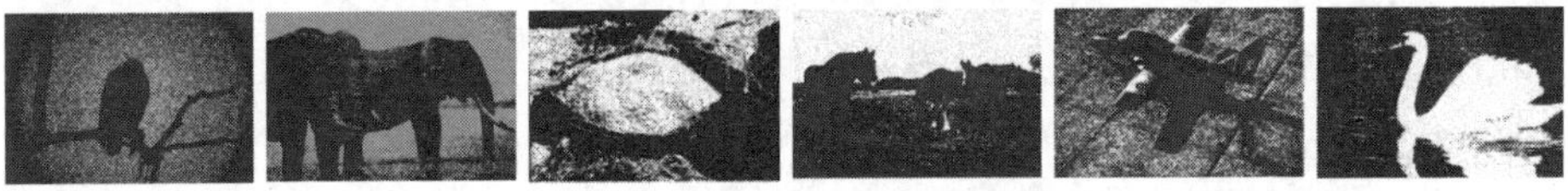

（b）最大熵分割法的分割结果

（c）局部阈值分割法的分割结果

图6–22　SDDW–BA与传统算法的分割结果对比

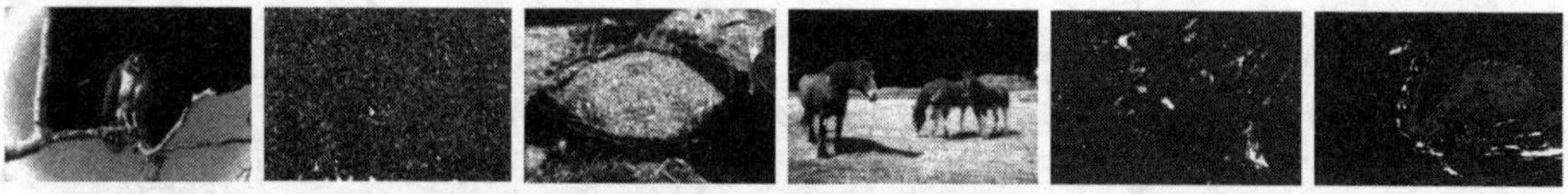

（d）区域增长算法的分割结果

（e）分水岭算法的分割结果

（f）SDDW-BA的分割结果

图6-22　SDDW-BA与传统算法的分割结果对比（续）

下，SDDW-BA很好地解决了图像的噪声问题，其分割结果较其余5种传统方法明显更优。

6.2　APMQ-QBA在脉冲耦合神经网络图像分割中的应用

人工神经网络是依据人或者哺乳类动物的大脑皮层运行机制，结合神经生理学、心理学、生物学和电子信息学等多学科内容，提出的一类模拟动物神经系统处理信息的模型。这类模型的基础主要包括网络拓扑结构、节点特征、训练和学习规则，可以充分模拟任意形式的复杂非线性关系。人工神经网络模型通常采用并行式分布处理的计算模式，具有同时处理定量、定性知识的能力，能够快速地进行大规模运算，并且所有定量或定性的信息都等势分布储存于网络内的各神经元内，因此具有很强的容错性和稳健性。人工神经网络曾一度由于其理论解析不完善、不具有普适性等陷入研究低迷，但是随着生物神经学的突破性发展，研究者们发现了哺乳动物大脑皮层的视觉相关区域神经元具有同步脉冲发放的现象，由此开始了人工神经网络将研究的侧重点放在神经元结构方面的热潮。Eckhorn等在大量研究的基础上提出了脉冲耦合神经网络（Pulse Coupled Neural Network，PCNN）基本模型，拉开了新一代人工神经网络的序幕。PCNN模型在图像处理中的应用从最初仅局限于分类、聚类的问题逐渐延伸拓展到了图像恢复、图像增强、图像分割、图像重构、图像压缩等各个领域，有着巨大的应用潜力。本章针对PCNN模型图像分割问题，将其建模为基于最大信息熵的优化问题，并使用APMQ-QBA进行求解，通过对比分割实验验证该改进算法的有效性。

6.2.1　脉冲耦合神经网络模型概述

PCNN作为第三代人工神经网络，其最大的优势在于没有传统神经网络模型在计算时需要对大量样本进行训练的步骤，具有同步脉冲发放和全局耦合等特性，并且PCNN模型的信号形式和处理机制更符合人类视觉神经系统的生理学特性。接下来，本节将简要概述PCNN的基本模型及工作机理。

1. 标准脉冲耦合神经网络模型

脉冲耦合神经网络的神经元模型如图6-23所示。

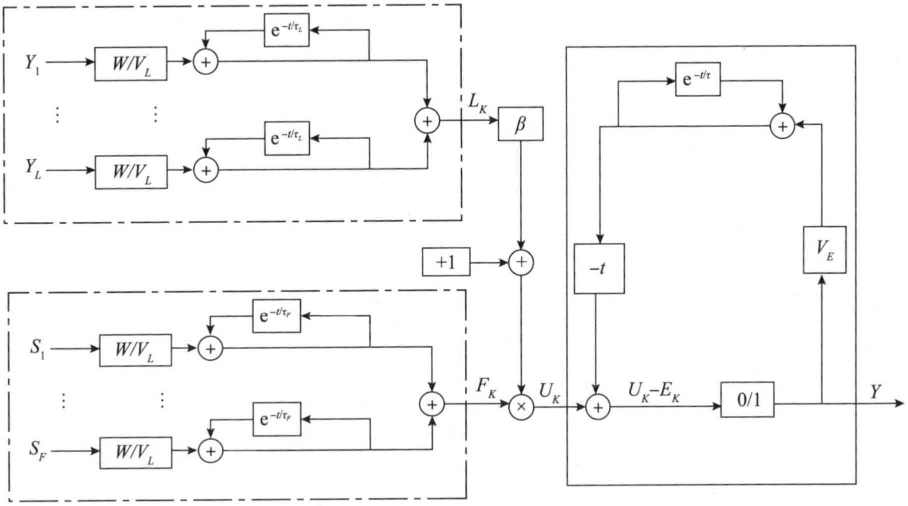

图6-23　脉冲耦合神经网络的神经元模型

Eckhorn把脉冲耦合神经网络的神经元模型的内部活动模式模拟成漏电积分器模型$I(V_x, \tau_x, t)$，其中V_x为放大系数，τ_x为时间衰减系数。该模型是一个非时变线性系统，它的单位脉冲响应的数学模型如式（6-19）所示。

$$I\left(V_x,\tau_x,t\right)=V_x e^{-t/\tau_x} \tag{6-19}$$

式中，$t \geqslant 0$。

整个数学模型可表示为式（6–20）~式（6–24）。

$$F_k(t)=\sum_{i=1}^{f}\left\{M_{ik}Y_i(t)+S_k(t)\right\}\otimes I\left(V_F,\tau_F,t\right) \tag{6–20}$$

$$L_k(t)=\sum_{j=1}^{l}\left\{W_{jk}Y_j(t)+S_k(t)\right\}\otimes I\left(V_L,\tau_L,t\right) \tag{6–21}$$

$$U_k(t)=F_k(t)\left\{1+L_t(t)\right\} \tag{6–22}$$

$$Y_k(t)=\begin{cases}1, & U_k(t)\geqslant E_k(t-1)\\ 0, & \text{其他}\end{cases} \tag{6–23}$$

$$E_k(t)=Y_k\otimes I\left(V_E,\tau_E,t\right)+E_0 \tag{6–24}$$

式中，f为神经元的个数；k为神经元计数；W_{jk}和M_{ik}为神经元的权值；S_k为外部输入；L_k为连接输入；U_k为神经元的内部活动项因子；E_k为动态阈值；Y_k为脉冲输入。

2005年，Eckhorn通过对上述模型进行时间离散化处理和进一步变型，得到通用的标准PCNN模型的迭代数学表达式，如式（6–25）~式（6–29）所示。

$$F_{ij}(n)=F_{ij}(n-1)\mathrm{e}^{-\alpha_F}+V_F M_{ij,kl}Y_{kl}(n-1)+S_{ij}(n) \tag{6–25}$$

$$L_{ij}(n)=L_{ij}(n-1)\mathrm{e}^{-\alpha_L}+V_L W_{ij,kl}Y_{kl}(n-1) \tag{6–26}$$

$$U_{ij}(n)=F_{ij}(n)\left[1+\beta L_{ij}(n)\right] \tag{6–27}$$

$$Y_{ij}(n)=\begin{cases}1, & U_{ij}(n)\geqslant E_{ij}(n-1)\\ 0, & \text{其他}\end{cases} \tag{6–28}$$

$$E_{ij}(n)=E_{ij}(n-1)\mathrm{e}^{-\alpha_E}+V_E Y_{ij}(n) \tag{6–29}$$

式中，n为迭代次数；β为连接强度。

上述单个神经元离散迭代的模型介绍了在原始PCNN模型的中心神经元（i，j）上进行的运算，包括输入阶段、调制阶段及脉冲生成阶段。①在输入阶段，$F_{ij}(n)$和$L_{ij}(n)$为反馈输入和连接输入，这两个输入单元在中心神经元上进行n次迭代的过程中，会继承上一次迭代形成的输入值$F_{ij}(n-1)$和$L_{ij}(n-1)$，并以指数规律$\mathrm{e}^{-\alpha_E}$和$\mathrm{e}^{-\alpha_L}$的衰减形式进行调节。此外，这两个输入单元还包括了邻近神经元的影响，即邻近神经元（k，l）上一次迭代输出的$Y_{kl}(n-1)$会与突触权值矩阵$M_{ij,kl}$和$W_{ij,kl}$进行加乘运算，并且所获得的值通过放大系数V_F和V_L调节。反馈输入$F_{ij}(n)$还包括一个外部激励$S_{ij}(n)$。②在调制阶段，主要进行的是内部活动项 $U_{ij}(n)$ 的生成，反馈输入和连接输入通过连接强度 β 耦合生成 $U_{ij}(n)$。③在脉冲生成阶段，主要进行的是时序脉冲序列 $Y_{ij}(n)$ 和每次迭代中动态阈值 $E_{ij}(n)$ 的生成。其中，时序脉冲序列 $Y_{ij}(n)$ 的生成过程中，内部活动项 $U_{ij}(n)$ 将会与上一次迭代过程中形成的动态阈值 $E_{ij}(n-1)$ 进行比较，当满足条件时就在该神经元 (i, j) 上进行脉冲点火，否则不点火，没有脉冲输出。动态阈值 $E_{ij}(n)$ 的生成主要依靠前一次迭代阈值的衰减和当前迭代输出的放大两方面共同作用形成，它主要是用于判断下一次迭代是否发生脉冲点火，并且如果当前迭代的神经元发生了脉冲点火，那么动态阈值就随着放大系数 V_E 变大，如果没有点火输出，它就随着衰减时间系数以指数规律 $e^{-\alpha_E}$ 减小。

2. PCNN模型在图像分割中的优良特性及参数分析

众多学者将PCNN模型应用于数字图像处理，尤其是图像分割领域，其主要原因就是在解决相关问题时，PCNN模型中的神经元与图像像素之间具有一一对应的密切关系，在模型的迭代过程中，当神经元的输入像素灰度值由原来的 F_{kl} 更替为 F_{kl}（$1+\beta L_{kl}$），若 F_{kl}（$1+\beta L_{kl}$）$>F_{kl}$，神经元将会在下一时间提前点火产生脉冲发放。此外，在模型迭代过程中若像素灰度值相近，还会产生同步发放脉冲的现象，PCNN模型也因此在图像分割中有着得天独厚的特点，具体如下。①具有单层二维空间网络结构，这与数字图像的空间表达一致。PCNN模型以单层二维空间分布的单个神经元为对象进行架构，进而实现信息传递和处理，其中，单个的神经元与邻近神经元之间的关系是在二维坐标系上进行描述的，这一点和数字图像的表达非常契合。以PCNN模型中每个神经元对应输入图像中的每个像素，利用 S_{ij} 和 Y_{ij} 分别反映像素的相关性质和像素转换处理后的结果。②具有非线性映射能力，能够实现图像区域分割的同步激发性。在图像分割中，就是通过映射的方式把图像空间中具有相似特性的目标区域提取出来。当神经元产生脉冲时，该激发信号会通过网络连接作用传递到邻近的其他神经元上，实现邻域内相同性质神经元的同步激发。③无须进行网络训练。PCNN模型在应用过程中不需要进行预先学习和训练，是一类无监督学习网络，多个处理单元并行分布，自组织性强。

通过对PCNN的数学模型进行分析可知，模型的参数设置可分为4类，共8个，具体如下：①连接系数 β。β 的大小决定了整个模型的耦合强度，会影响脉冲发放的强弱，当其取值较大时脉冲发放的区域范围会随之变广，它是整个模型中举足轻重的重要参数；②权重系数矩阵$M_{ij,kl}$、$W_{ij,kl}$。这2个参数是人为设置的，一般取值为相连神经元之间的欧几里得距离的平方倒数；③放大系列系数V_F、V_L、V_E。其中V_F为反馈放大系数，V_L为耦合连接放大系数，通常设置为1；V_E则更为重要，代表阈值放大系数，阈值放大系数的大小直接决定了阈值的大小，并且对神经元的点火周期也产生影响；④衰减系列系数$-\alpha_F$、$-\alpha_L$、$-\alpha_E$。其中$-\alpha_F$和$-\alpha_L$分别为$F_{ij}(n)$和$L_{ij}(n)$的衰减时间常数；衰减系列系数中最重要的是$-\alpha_E$，它为动态阈值的衰减系数，对模型的运行时间有一定影响。当其取值较大时，阈值的下降速度会由此变慢，模型运行时间相应变大；取值较小时，则会缩短运行时间。不难发现，耦合连接放大系数、阈值放大系数、阈值衰减系数是整个模型中最重要的3个参数，后文中运用APMQ-QBA也是主要优化这3个参数设置。

6.2.2 PCNN模型图像分割的优化问题构建

基于PCNN模型的图像分割方法属于区域性分割，利用群智能优化算法实现PCNN模型多个参数的优化设置以及对图像进行自动分割的关键之处，就是建立合适的优化目标函数。熵作为一种以概率统计模型为基础的信息度量，被广泛应用于图像处理问题，我们在PCNN模型中引入熵函数作为目标函数的方法就是利用了熵信息的统计特性。本节研究的是基于最大信息熵的PCNN模型，设图像的灰度级为$L-1$，各灰度级中像素出现的个数记作$f_0^*,f_1^*,\cdots,f_{L-1}^*$，像素总数为$N_*$，有$N_*=f_0^*+f_1^*+\cdots+f_{L-1}^*=\sum_{i=0}^{L-1}f_i^*$。对于图像中灰度级为$i$的像素，将其出现的概率记作$P_i^*$，则有$P_i^*=\dfrac{f_i^*}{N_*}$，并且有$P_i^*>0$，$\sum_{i=0}^{L-1}P_i^*=1$。直方图的熵定义如式（6-30）所示。

$$H(P)=-\sum_{i=0}^{L-1}P_i^*\ln P_i^* \tag{6-30}$$

式中，{0，1，…，$L-1$}为图像的灰度范围；P_i^*为图像中灰度级i出现的概率。

因此，若有阈值t^*对图像进行目标与背景的分割，图像的目标o和背景b的概率分布则分别如式（6-31）和式（6-32）所示。

$$o:\ \frac{P_{i+1}^*}{1-P_t^*},\frac{P_{i+2}^*}{1-P_t^*},\cdots,\frac{P_{L-1}^*}{1-P_t^*} \tag{6-31}$$

$$b: \frac{P_1^*}{P_t^*}, \frac{P_2^*}{P_t^*}, \cdots, \frac{P_i^*}{P_t^*} \tag{6-32}$$

上述两个概率分布对应的信息熵分布分别如式（6–33）和式（6–34）所示。

$$H_o(t) = -\sum_{i=t+1}^{L-1} \frac{P_i^*}{1-P_i^*} \ln \frac{P_i^*}{1-P_i^*} \tag{6-33}$$

$$H_b(t) = -\sum_{i=0}^{t} P_i^* \tag{6-34}$$

令 $P_t^* = \sum_{i=0}^{t} P_i^*$， $h_t = -\sum_{i=0}^{t} P_i^* \ln P_i^*$。

那么，图像的总熵表示如式（6–35）所示。

$$\begin{aligned} H(t) &= H_o(t) + H_b(t) = \\ &\ln P_t^* \left(1 - P_t^*\right) + \frac{h_t}{P_t^*} + \frac{H - h_t}{1 - P_t^*} \end{aligned} \tag{6-35}$$

最佳阈值 t^* 即为使得 $H(t)$ 取最大值的解，优化目标函数描述如式（6–36）所示。

$$t^* = \arg\max\{H(t)\} \tag{6-36}$$

至此，PCNN 模型的图像分割问题已转化为最优化问题。接下来，将使用改进的 APMQ–QBA 对该优化问题进行求解。

6.2.3　APMQ–QBA 求解最大信息熵 PCNN 模型

PCNN 模型进行图像分割时，最主要的任务就是对模型参数进行设置，利用群智能优化算法对模型中的参数进行优化选择不但没有了大量人工试验设置的麻烦，还能达到对图像进行自动分割的效果。本节研究了改进后的具有量子行为的蝙蝠算法 APMQ–QBA 在脉冲耦合神经网络图像分割中的应用，利用 APMQ–QBA 优化最大信息熵 PCNN 模型，得到自动优化选取参数、自动分割图像的效果，为 PCNN 图像分割问题提供一种新思路。

在第 5 章中针对 APMQ–QBA，通过 15 个经典测试函数的 3 部分对比性实验表明了 APMQ–QBA 优异的求解精度和速度，以及在高维复杂求解问题中的稳健性。为了进一步在实际应用中验证算法的有效性，在本节中将运用 APMQ–QBA 对 PCNN 模型进行自动优化参数，实现自动分割图像。

APMQ-QBA优化PCNN模型参数、实现自动图像分割的算法步骤概述如下。

步骤1：初始化，读入待分割图像。

①设置算法参数（初始化脉冲频率、频度等基本参数）。

②种群初始化，种群大小为20，最大迭代次数为T_{max}，PCNN迭代次数为T_p。

步骤2：将APMQ-QBA优化后的参数解带入PCNN模型，以最大信息熵为适应度函数，计算适应度值。

步骤3：根据APMQ-QBA的更新公式进行迭代更新，比较适应度值，得到较好的适应度值对应的参数取值。

步骤4：重复操作步骤2~3，符合终止条件时，结束算法。

步骤5：输出分割图像结果。

6.2.4 实验结果及分析

在这部分分割应用实验中，选取了经典数据库Berkeley Segmentation Dataset and Benchmark中分别名为“lena”“baboon”“barbara”“peppers”的4个测试图像，测试原图如图6-24所示。

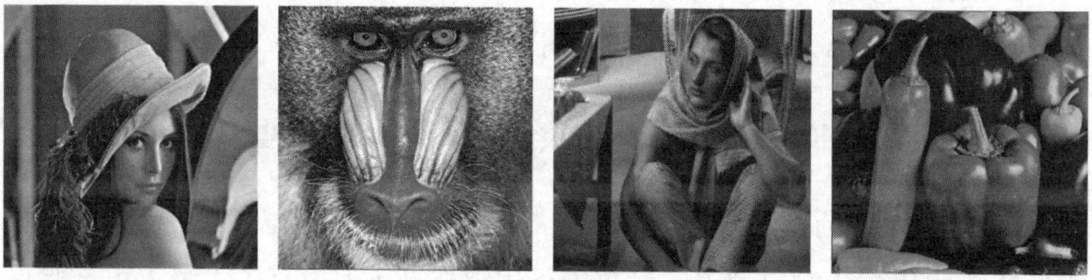

（a）lena （b）baboon （c）barbara （d）peppers

图6-24 4个测试图像的灰度图

1. APMQ-QBA与单纯PCNN模型分割性能对比

为了探索APMQ-QBA与单纯PCNN模型的分割性能，对4个测试图像分别设置由低到高的迭代次数，以对比不同迭代次数下两种方法的分割效果，APMQ-QBA迭代次数从5开始以5为差额递增至30，单纯的PCNN模型迭代次数也进行相同设置。4个测试图像基于单纯PCNN模型方法，在不同迭代次数设置下的分割结果如图6-25~图6-28所示；基于APMQ-QBA方法，在不同迭代次数设置下的分割结果如图6-29~图6-32所示。

图6-25　单纯PCNN模型在不同迭代次数下对“lena”的分割结果

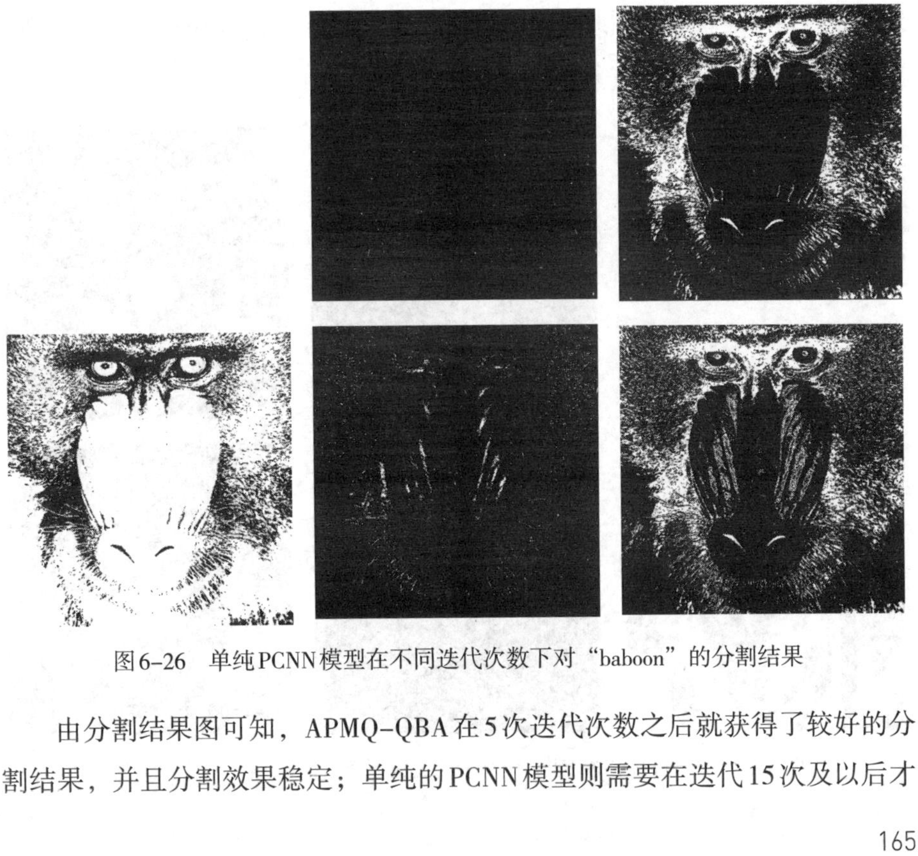

图6-26　单纯PCNN模型在不同迭代次数下对“baboon”的分割结果

由分割结果图可知，APMQ-QBA在5次迭代次数之后就获得了较好的分割结果，并且分割效果稳定；单纯的PCNN模型则需要在迭代15次及以后才获得有效的分割结果，并且其所得结果与APMQ-QBA结果相比分割效果明显较差。

APMQ-QBA在各测试图像上对最大熵的优化迭代曲线如图6-33~图6-36所示，从中可直观看到APMQ-QBA在各迭代次数下对信息熵的迭代取值情况，在各测试图像上的迭代曲线基本在10次迭代以后就能稳定搜索到最大信息熵。为了进一步评价分割效果，给出APMQ-QBA优化PCNN模型和单纯PCNN模型在不同迭代次数下所得分割结果的最大信息熵取值，如表6-3所示，表中还记录了APMQ-QBA优化PCNN模型中3个重要参数的取值情况。由于对PCNN模型中参数的设定至今还是一个难题，从表中APMQ-QBA优化选取的PCNN3个重要参数的结果中，初步发现参数的设置与图像分割效果的关联性似乎并不明显。通过分析定量性数据结果可得，除了“baboon”和“peppers”测试图像在迭代次数为5时，PCNN模型方法取得了较好的信息熵外，在各测试图像其余的迭代次数设置中，APMQ-QBA均取得了更大的信息熵结果。此外，由于信息熵越大，表明分割结果保留的原图信息量越多，得到的分割结果越精确，因此综合分析这些结果可以得出APMQ-QBA的分割效果优于单纯PCNN模型。

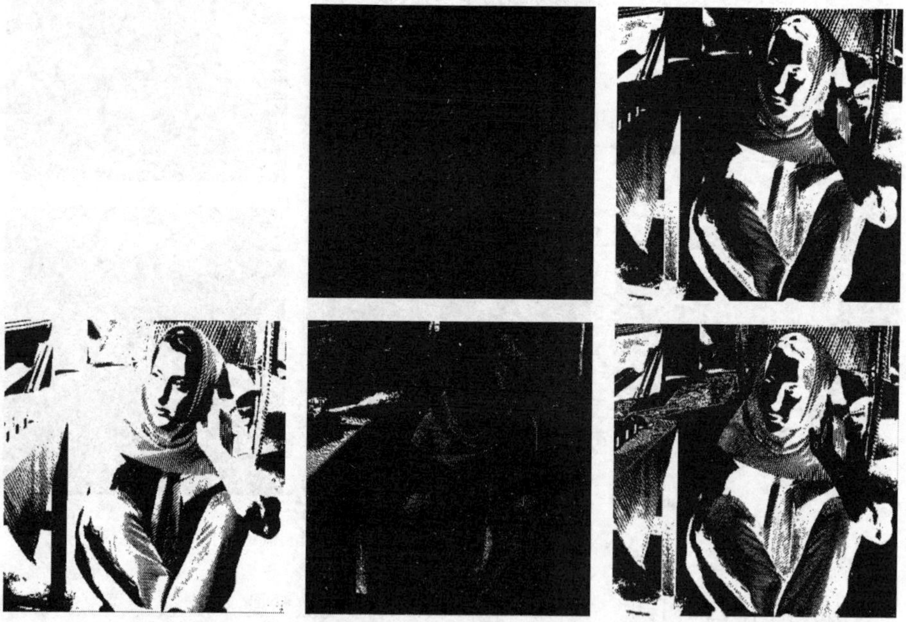

图6-27　单纯PCNN模型在不同迭代次数下对“barbara”的分割结果

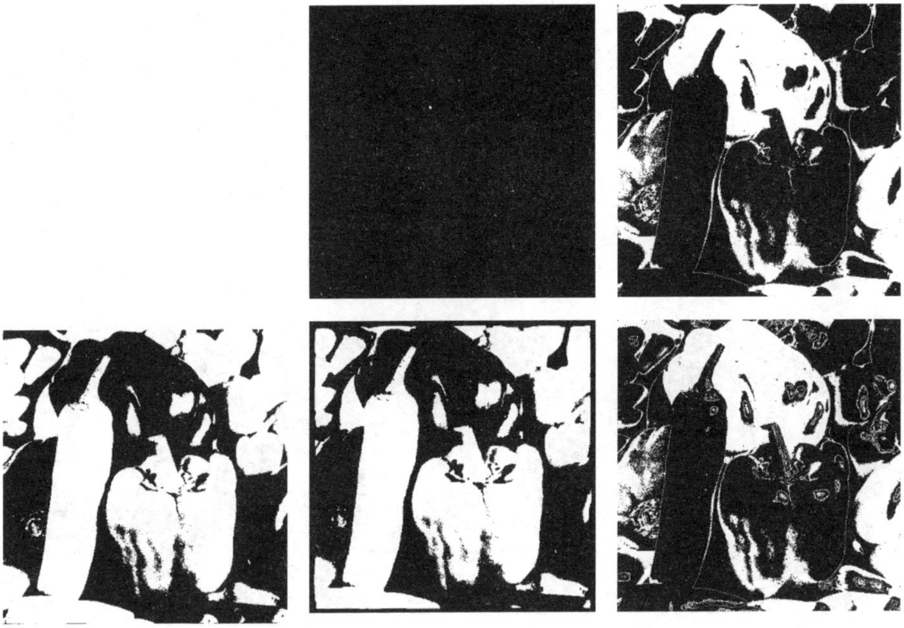

图 6-28　单纯 PCNN 模型在不同迭代次数下对“peppers”的分割结果

图 6-29　APMQ-QBA 在不同迭代次数下对“lena”的分割结果

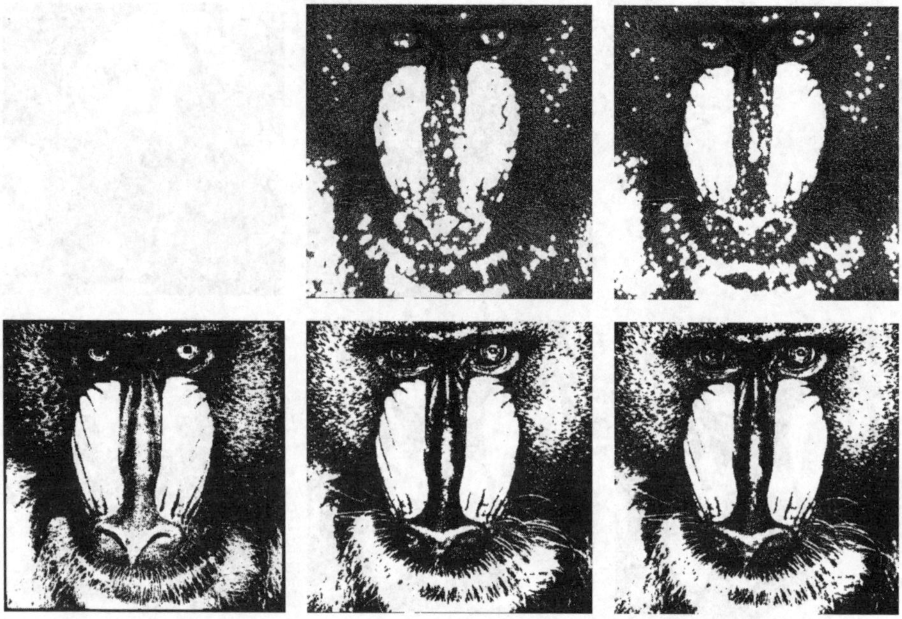

图6-30　APMQ-QBA在不同迭代次数下对“baboon”的分割结果

图6-31　APMQ-QBA在不同迭代次数下对“barbara”的分割结果

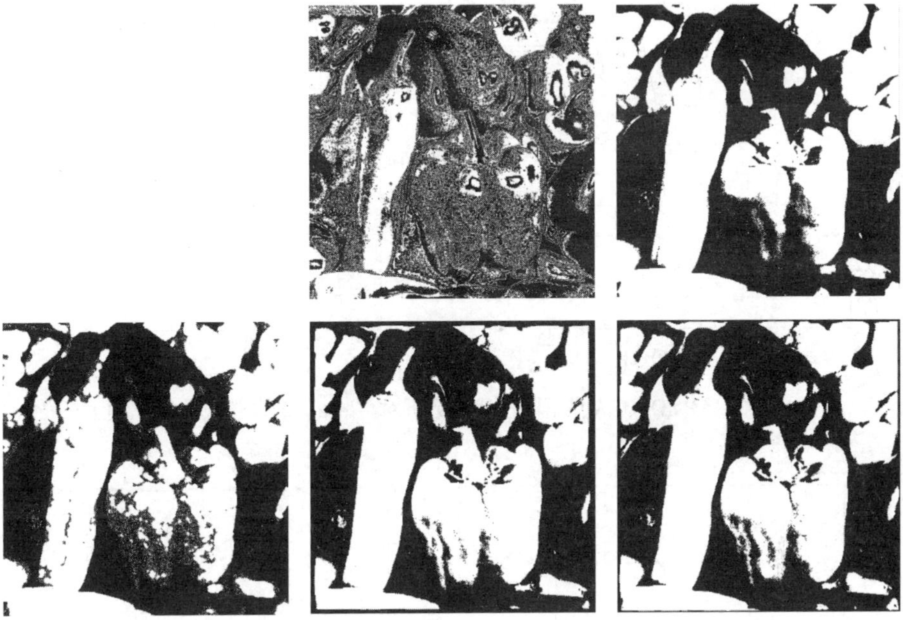

图6-32 APMQ-QBA在不同迭代次数下对“peppers”的分割结果

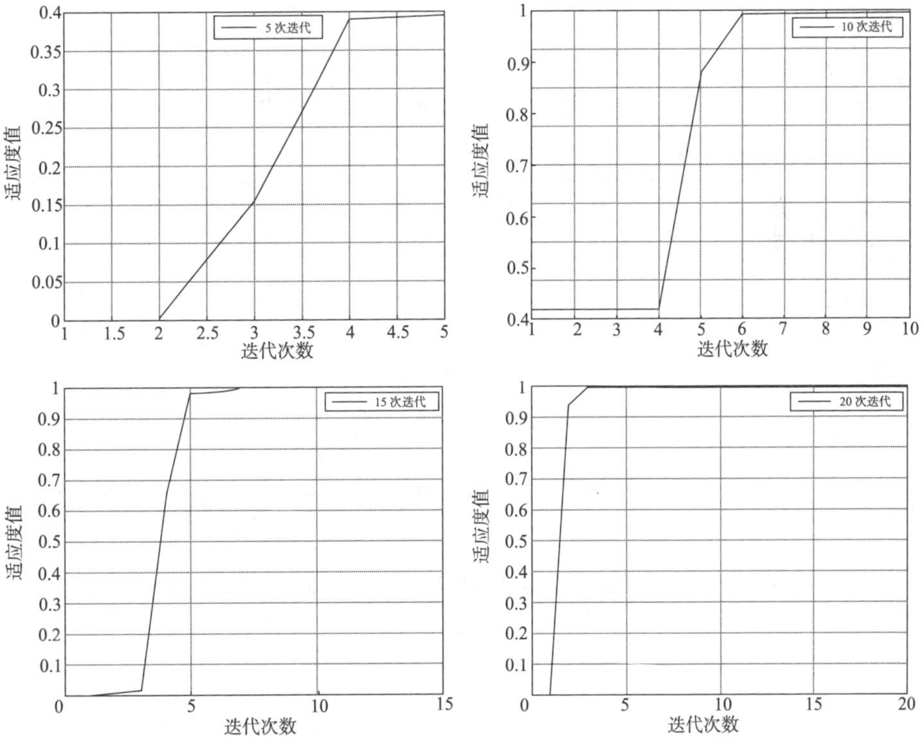

图6-33 APMQ-QBA在不同迭代次数下对“lena”的熵迭代曲线

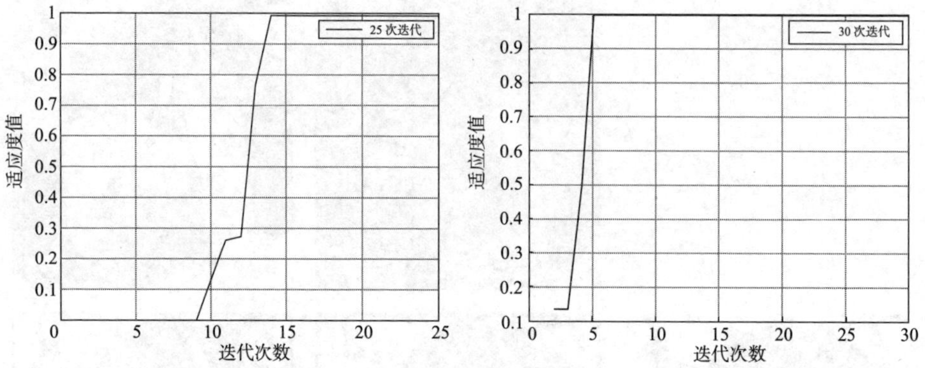

图6-33　APMQ-QBA在不同迭代次数下对“lena”的熵迭代曲线（续）

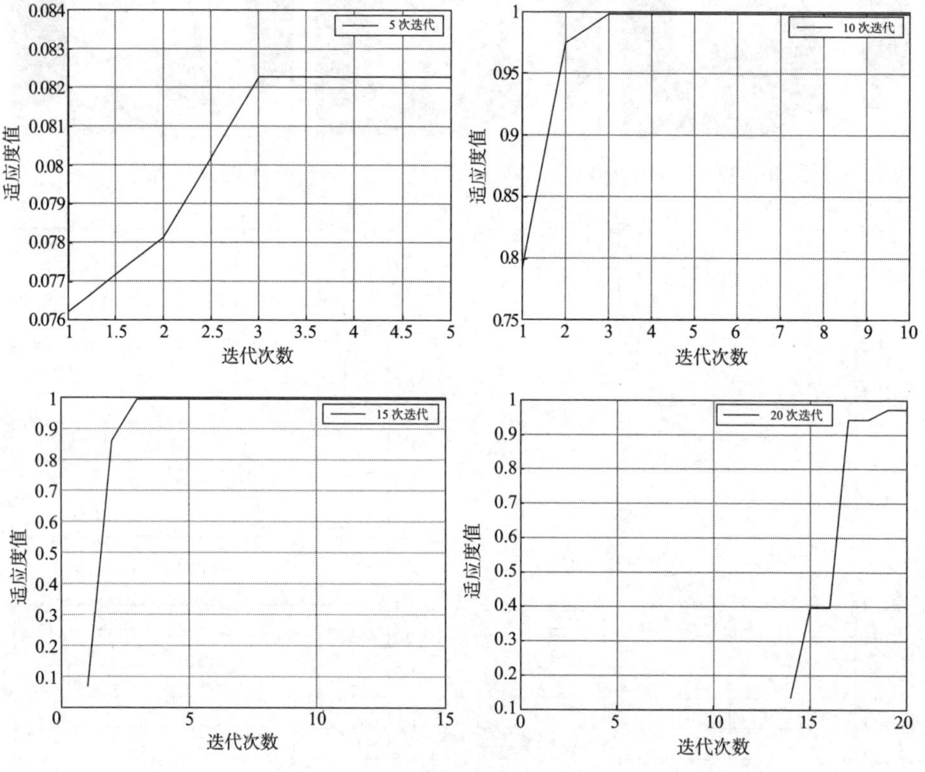

图6-34　APMQ-QBA在不同迭代次数下对“baboon”的熵迭代曲线

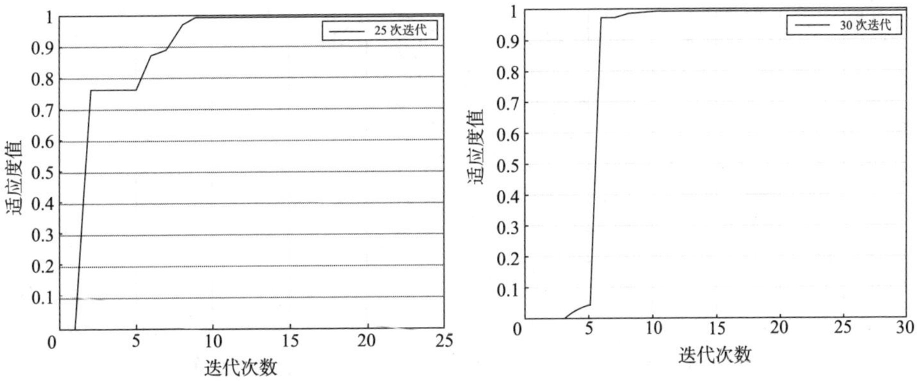

图 6-34　APMQ-QBA 在不同迭代次数下对“baboon”的熵迭代曲线（续）

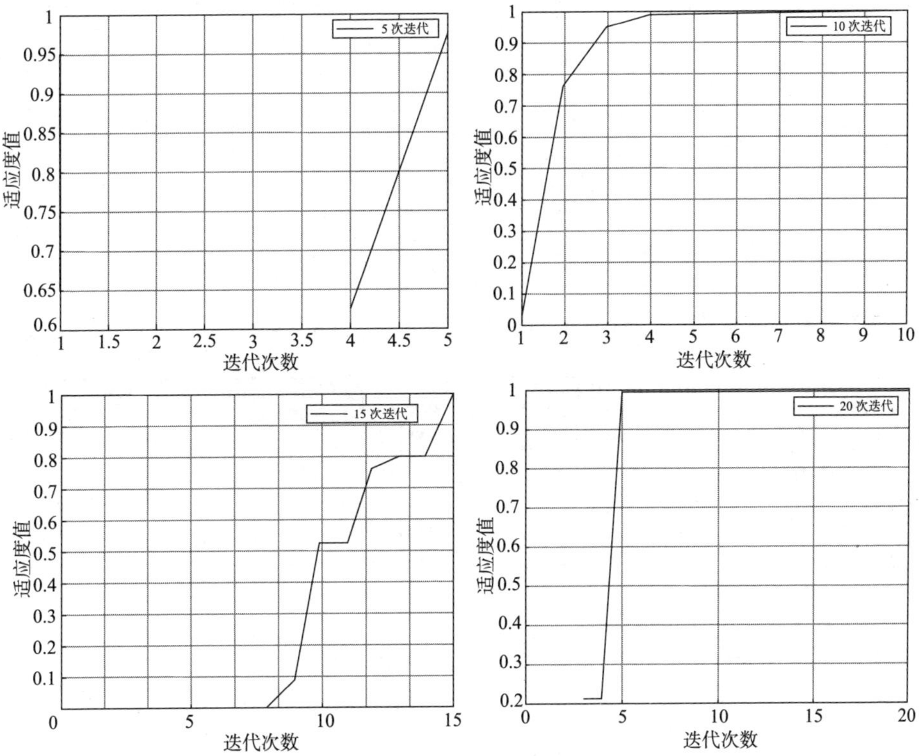

图 6-35　APMQ-QBA 在不同迭代次数下对“barbara”的熵迭代曲线

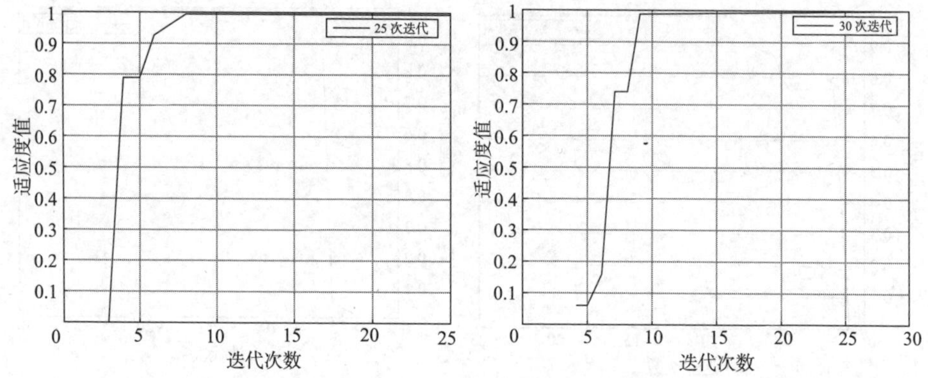

图6-35　APMQ-QBA在不同迭代次数下对“barbara”的熵迭代曲线（续）

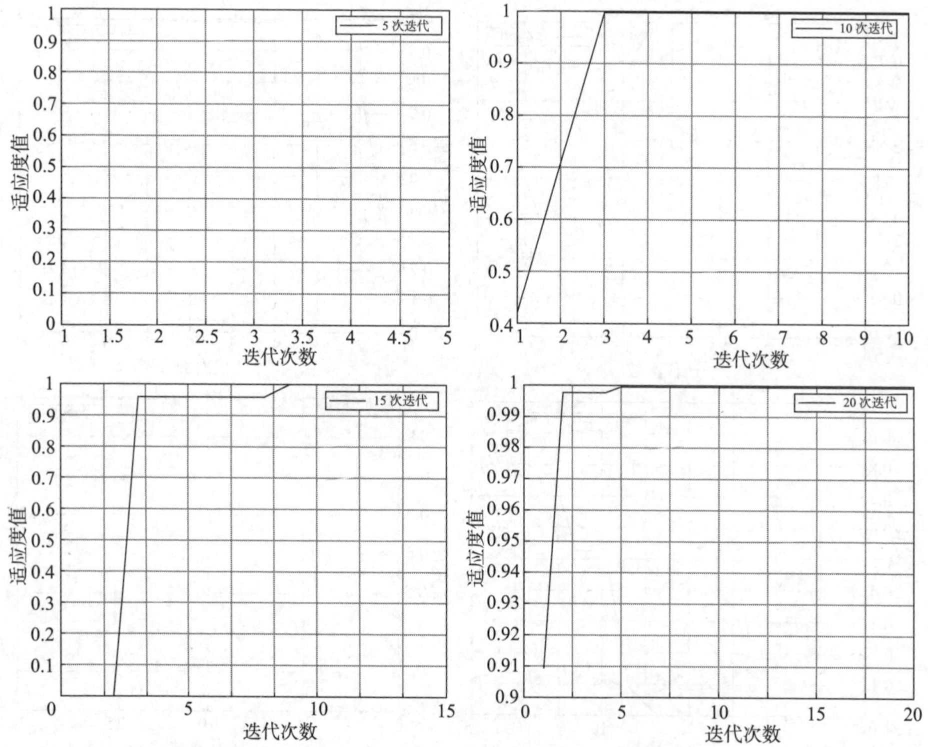

图6-36　APMQ-QBA在不同迭代次数下对“peppers”的熵迭代曲线

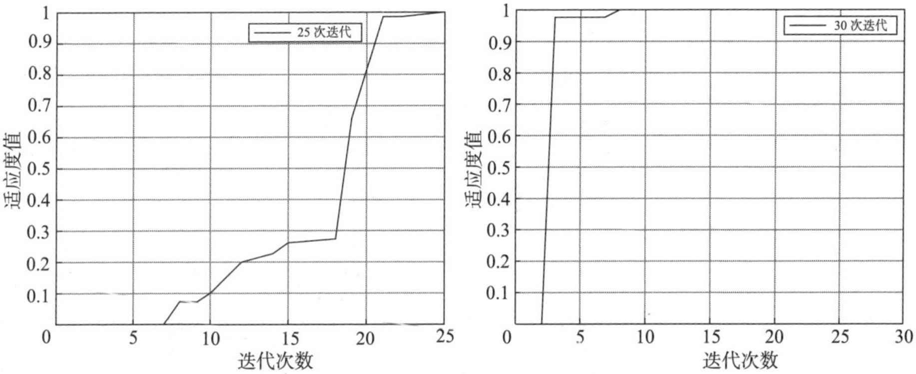

图 6-36　APMQ-QBA 在不同迭代次数下对"peppers"的熵迭代曲线（续）

表 6-3　不同迭代次数下所得分割图像的最大信息熵取值及优化参数情况

测试图像	迭代次数	PCNN 方法		APMQ-QBA		
		$Entropy_1$	$Entropy_2$	β	α_E	V_E
lena	5	0.009316	**0.39533**	39.488	0.001	101.404
	10	0.009316	**0.99996**	1.0792	0.5330	60.1539
	15	0.83739	**0.99999**	3.6210	149.5455	148.6405
	20	0.84035	**0.99999**	2.9757	21.2194	125.7565
	25	0.32078	**1**	1.9802	0.001	7.1246
	30	0.8994	**1**	16.0048	0.001	47.9755
baboon	5	**0.21893**	0.08224	105.8219	0.001	162.7132
	10	0.21893	**0.99944**	4.6677	61.9517	175.6269
	15	0.72981	**0.99992**	0.8933	50.0516	51.9593
	20	0.74453	**0.97385**	0.4859	0.001	2.7833
	25	0.16986	**0.99999**	0.0012	9.4612	23.4975
	30	0.84233	**1**	0.0292	12.1451	24.3683
barbara	5	0.010019	**0.98177**	0.001	1.7929	23.3312
	10	0.010019	**0.99995**	0.001	17.4314	22.6069
	15	0.92472	**0.99962**	0.001	0.0080	1.4735
	20	0.93459	**0.99998**	0.001	14.7322	22.6197

续表

测试图像	迭代次数	PCNN 方法		APMQ-QBA		
		$Entropy_1$	$Entropy_2$	β	α_E	V_E
barbara	25	0.22552	**0.99999**	0.4620	50.8582	37.3368
	30	0.96103	**1**	0.0711	0.0164	1.8791
peppers	5	**0.028456**	-Inf	60.1502	176.5878	26.5550
	10	0.028456	**0.99980**	0.0848	0.4880	18.0390
	15	0.92660	**1**	0.001	3.0647	22.2450
	20	0.99398	**1**	1.4650	83.6205	70.0933
	25	0.58413	**0.99991**	25.711	0.001	73.6703
	30	0.95325	**1**	0.2864	0.001	2.1457

注："-Inf"表示负无穷大。

2. APMQ-QBA与其他算法的分割性能对比

通过APMQ-QBA与单纯PCNN模型在不同的迭代次数设置下的实验结果可知前者在直观定性、客观定量的分割结果上均表现更佳。为了进一步检验APMQ-QBA优化PCNN模型的分割性能，除单纯PCNN模型外，将其与BA、PSO算法、QBA、麻雀优化算法（Sparrow Search Algorithm，SSA）分别优化PCNN模型的分割结果进行对比实验。为保证实验的公平性，各算法的最大迭代次数和种群规模均分别设置为30和20。6种算法在单阈值分割下的对比实验结果如图6-37所示。对分割结果进行对比发现，单纯的PCNN模型的分割方法和SSA优化PCNN模型的方法所得结果明显劣于其他群智能优化算法的分割结果，QBA优化PCNN模型的方法的分割结果次之。在其余方法所得结果中APMQ-QBA优化PCNN模型的分割结果细节更明显，效果更优。为了进一步客观验证分割结果，采用PSNR指标对分割结果进行定量分析，其结果如表6-4所示。从PSNR值中可得，在6种对比算法中，除了"barbara"测试图是BA分割结果较优外，在其余对比实验中均是APMQ-QBA优化PCNN模型取得了最好的结果。因此，综合分析可得，APMQ-QBA优化PCNN模型的分割方法是一种有效的图像分割方法，其为PCNN模型求解图像分割问题提供了新的思路。

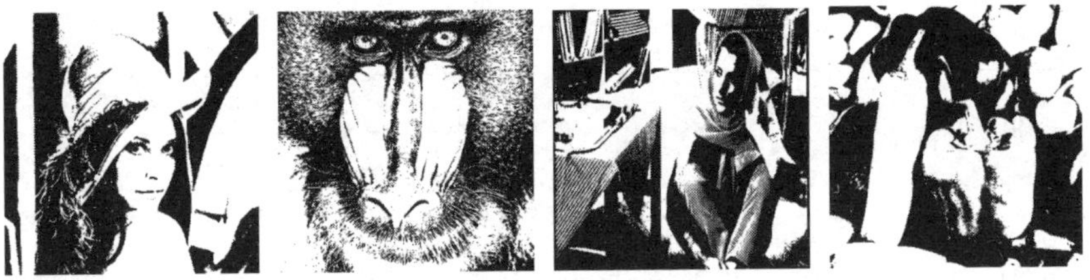

（a）BA 分割结果

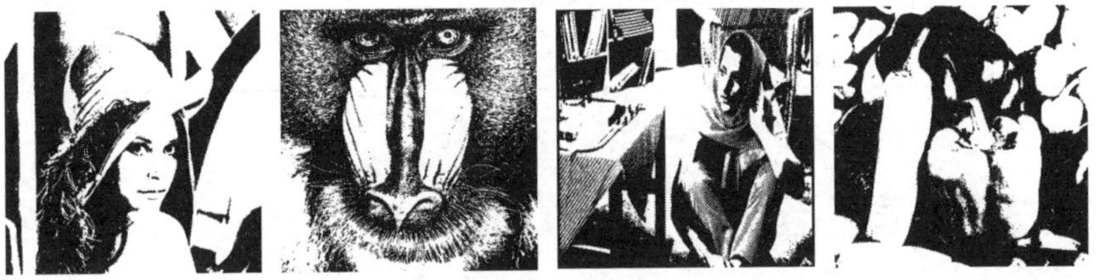

（b）PSO 算法分割结果

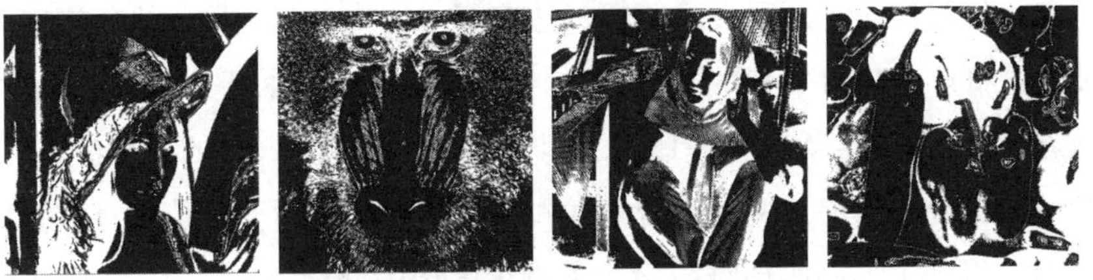

（c）单纯 PCNN 模型方法分割结果

（d）SSA 优化 PCNN 模型方法分割结果

（e）QBA 优化 PCNN 模型方法分割结果

（f）APMQ-QBA 优化 PCNN 模型方法分割结果

图 6-37　与其他算法的分割结果对比

表 6-4　不同算法分割结果的 PSNR 值

测试图像	BA	PSO	PCNN	基于 PCNN 模型		
				QBA	SSA	APMQ-QBA
lena	10.8847	10.9055	6.0536	7.9649	7.0938	10.9417
baboon	10.5557	10.6842	6.4701	9.4769	9.5085	10.8115
barbara	10.7986	10.6086	5.7990	5.7738	5.6962	5.6907
peppers	11.4924	11.5130	6.2505	10.1718	8.3703	11.5788

6.3　本章小结

本章将所提出的两种改进蝙蝠算法应用于图像分割问题，进行了有效性验证。先将SDDW-BA应用于多阈值图像分割问题，探索了SDDW-BA在最大类间方差法和类间-类内方差比法这两种多阈值度量方式下的分割性能，对6个测试图像分别使用这两种度量方式作为算法的函数适应度值的计算方式求解阈值，得到了不同阈值维数设置下测试图像的分割结果，还将SDDW-BA的分割效果与多种算法进行了对比实验，结果证明SDDW-BA的分割效果更佳。此外，将AMPQ-QBA应用于PCNN模型的图像分割问题中，将其与单纯PCNN分割模型进行了不同迭代次数下的分割对比实验，还将AMPQ-QBA与其他算法进行了相同迭代次数的分割效果对比实验，结果证明APMQ-QBA结合PCNN模型的分割方法是一种有效的分割方法，为PCNN模型求解图像分割问题提供了新方案。

参考文献

[1] 袁亚湘，孙文瑜. 最优化理论与方法[M]. 北京：科学出版社，1997.

[2] SUN W Y，YUAN Y X. Optimization theory and methods：nonlinear programming [M]. Berlin：Springer Science and Business Media，2006.

[3] 刘浩洋，户将，李勇锋，等. 最优化：建模、算法与理论[M]. 北京：高等教育出版社，2020.

[4] Xu T Z，Yan H C，Li W W，et al. A design and optimization method of electrical structure network topology for composite aircraft[J]. Aircraft Design，2020，40（1）：44－49.

[5] Zou N，Feng W L，Teng J，et al. Research on application of multidisciplinary design optimization methods in aircraft design[J]. Advances in Aeronautical Science and Engineering，2017，8（1）：92－97.

[6] Zhu M，Yin S，Liang H Q，et al. Near space airship conceptual design and optimization[J].Journal of Communications and Information Networks，2016，1（1）：125－133.

[7] Ciccazzo A，Latorre V，Liuzzi G，et al. Derivative-free robust optimization for circuit design[J]. Journal of Optimization Theory and Applications，2015，164（3）：842－861.

[8] Xu J，Kang A H，Wu Z G，et al. Research on the formulation and properties of a high-performance geopolymer grouting material based on slag and fly ash[J].KSCE Journal of Civil Engineering，2021，25（9）：3437－3447.

[9] Cheng S，López M A. Synergy analysis of agricultural economic cycle fluctuation

based on ant colony algorithm[J]. Open Physics, 2018, 16 (1): 978 – 988.

[10] Zhang Y, Wen S H, Wu W, et al. Optimization logistic regression model for the development of agricultural circular economy[J]. International Journal of Applied Mathematics and Statistics, 2013, 51 (24): 366 – 374.

[11] Cheng B, Leung J Y T, Li K, et al. Integrated optimization of material supplying, manufacturing, and product distribution: Models and fast algorithms[J]. European Journal of Operational Research, 2019, 277 (1): 100 – 111.

[12] Biegler L T. Advanced optimization strategies for integrated dynamic process operations [J]. Computers and Chemical Engineering, 2018, 114: 3 – 13.

[13] Bijani V, Khosravi A, Sarhadi P. Optimal acceleration autopilot design for non–minimum phase missiles using evolutionary algorithms[J]. International Journal of Bio–Inspired Computation, 2016, 8 (4): 221 – 227.

[14] Wu X W, Wang C Q.Event–driven adaptive near–optimal tracking control of the robot in aircraft skin inspection[J]. International Journal of Robust and Nonlinear Control, 2021, 31 (7): 2593 – 2613.

[15] Raphael Z. COLREG–compliant optimal path planning for real–time guidance and control of autonomous ships[J]. Journal of Marine Science and Engineering, 2021, 9 (4): 405 – 415.

[16] Anuoluwapo G P, Kumar S A. Model–based receding horizon control of wind turbine system for optimal power generation[J]. Advanced Engineering Forum, 2021, 6329: 83 – 98.

[17] Xie Y F, Liu J H, Xu D G, et al. Optimal control strategy of working condition transition for copper flash smelting process[J]. Control Engineering Practice, 2016, 46: 66 – 76.

[18] Eiswerth M E, Kooten G C. Maximizing returns from payments for water–based ecosystem services: Incorporating externality effects of land management[J]. JAWRA Journal of the American Water Resources Association, 2019, 55 (5): 1335 – 1348.

[19] Köhler J, Müller M A, Allgöwer F. Periodic optimal control of nonlinear constrained systems using economic model predictive control [J]. Journal of Process Control, 2020, 92: 185 – 201.

[20] Deb K, Pratap A, Agarwal S, et al. A fast and elitist multiobjective genetic algorithm: NSGA-Ⅱ[J].IEEE Transactions on Evolutionary Computation, 2002, 6 (2): 182 - 197.

[21] Leung Y, Wang Y. An Orthogonal genetic algorithm with quantization for global numerical optimization[J]. IEEE Transactions on Evolutionary Computation, 2001, 5 (1): 41 - 53.

[22] Islam S M, Das S, Ghosh S, et al. An adaptive differential evolution algorithm with novel mutation and crossover strategies for global numerical optimization[J]. IEEE Transactions on Systems, Man, and Cybernetics, 2012, 42 (2): 482 - 500.

[23] Qin A K, Huang V L, Suganthan P N. Differential evolution algorithm with strategy adaptation for global numerical optimization[J]. IEEE Transactions on Evolutionary Computation, 2009, 13 (2): 398 - 417.

[24] Das S, Suganthan P N. Differential evolution: A survey of the state-of-the-art[J].IEEE Transactions on Evolutionary Computation, 2011, 15 (1): 4 - 31.

[25] Manjarres D, Landa-Torres I, Gil-Lopez S. A survey on applications of the harmony search algorithm[J]. Engineering Applications of Artificial Intelligence, 2013, 26 (8): 1818 - 1831.

[26] Bouchekara H. Optimal power flow using black-hole-based optimization approach[J]. Applied Soft Computing, 2014, 24 (8): 879 - 888.

[27] Du H F, Zhuang J, Zhang J H, et al. Small-world phenomenon for function optimiza-tion[J]. Journal of Xi'an Jiao tong University, 2005, 39 (9): 1011 - 1015.

[28] Eskandar H, Sadollah A, Bahreininejad A. Water cycle algorithm-A novel metaheuristic optimization method for solving constrained engineering optimization problems[J]. Computers and Structures, 2012, 110 (9): 151 - 166.

[29] Eberhart R C, Kennedy J. A new optimizer using particle swarm theory[J]. Proceedings of the 6th International Symposium on Micro Machine and Human Science, 1995: 39 - 43.

[30] Cai X, Cui Z, Zeng J, et al. Self-adaptive PID-controlled particle swarm optimization[J]. Control Conference, 2007, 16 (6): 799 - 803.

[31] Cui Z, Cai X, Zeng J. Chaotic performance-dependent particle swarm optimization[J]. International Journal of Innovative Computing Information and Control, 2009, 5 (4): 951 - 960.

[32] Cai X, Tan Y. Individual predicted integral-controlled particle swarm optimisation[J]. International Journal of Innovative Computingand Applications, 2009, 2 (2): 115 - 122.

[33] Cui Z, Cai X. Integral particle swarm optimization with dispersed accelerator Information[J]. Fundamenta Informaticae, 2009, 95 (4): 427 - 447.

[34] Cai X, Cui Z, Zeng J, et al. Dispersed particle swarm optimization[J]. Information Processing Letters, 2008, 105 (6): 231 - 235.

[35] Dorigo M, Birattari M, Stuetzle T. Ant colony optimization-artificial ants as a computational intelligence technique[J]. IEEE Computational Intelligence Magazine, 2006, 1 (4): 28 - 39.

[36] Christodoulou S M. Scheduling resource-constrained projects with ant colony optimization artificial agents[J]. Journal of Computing in Civil Engineering, 2010, 24 (1): 135 - 143.

[37] Dorigo M, Maniezzo V, Colorni A. Ant system: optimization by a colony of cooperating agents[J]. IEEE Transactions on Systems Man and Cybernetics, Part B: Cybernetics, 1996, 26 (1): 29 - 41.

[38] Crawford B, Soto R, Johnson F, et al. A max-min ant system algorithm to solve the software project scheduling problem[J]. Expert Systems with Applications, 2014, 41 (15): 6634 - 6645.

[39] Yang X S. A new metaheuristic bat-inspired algorithm[M]. Berlin: Springer Verlag, 2010.

[40] Karaboga D, Basturk B. On the performance of artificial bee colony (ABC) algorithm[J]. Applied Soft Computing, 2008, 8 (1): 687 - 697.

[41] Li B, Gong L G, Yao Y. On the performance of internal feedback artificial bee colony algorithm (IF-ABC) for protein secondary structure prediction[C]//2013

Sixth International Conference on Advanced Computational Intelligence (ICACI). [s. l.: s. n.]2013: 33 – 38.

[42] Karaboga D, Akay B. A Survey: Algorithms simulating bee swarm intelligence[J]. Artificial Intelligence Review, 2009, 31 (1): 61 – 85.

[43] Brajevic I, Tuba M, Subotic M. Performance of the improved artificial bee colony algorithm on standard engineering constrained problems[J]. International Journal of Mathematics and Computers in Simulation, 2011, 5 (1): 135 – 143.

[44] Gandomi A H, Yang X S, Alavi A H. Mixed variable structural optimization using Firefly algorithm[J]. Computers and Structures, 2011, 89 (1): 2325 – 2336.

[45] Efrén M M, Betania H O. Modified bacterial foraging optimization for engineering design [J]. Proceedings of the Artificial Neural Networks in Enginnering Conference, 2009, 19: 357 – 364.

[46] Gandomi A H, Yang X S, Alavi A H. Cuckoo search algorithm: A metaheuristic approach to solve structural optimization problems[J]. Engineering with Computers, 2013, 29: 17 – 35.

[47] Mirjalili S, Mirjalili S M, Lewis A. Grey wolf optimizer [J]. Advances in Engineering Software, 2014, 69: 46 – 61.

[48] Mirjalili S. Dragonfly algorithm: a new meta-heuristic optimization technique for solving single-objective, discrete, and multi-objective problems[J]. Neural Computing and Applications, 2016, 27 (4): 1053 – 1073.

[49] Mirjalili S, Lewis A. The whale optimization algorithm[J]. Advances in Engineering Software, 2016, 95: 51 – 67.

[50] Saremi S, Mirjalili S, Lewis A. Grasshopper optimisation algorithm: theory and application[J].Advances in Engineering Software, 2017, 105: 30 – 47.

[51] Xue J K, Shen B. A novel swarm intelligence optimization approach: sparrow search algorithm[J]. Systems Science & Control Engineering, 2020, 8 (1): 22 – 34.

[52] Formato R A. Central force optimization with variable initial probes and adaptive decision space[J]. Applied Mathematics and Computation, 2011, 217 (21): 8866 – 8872.

[53] Zhu G, Wu T, Zhang Y, et al.Central force optimization algorithm for constrained optimization problems and its engineering applications[J]. Application Research of Computers, 2013, 30 (10): 2923 – 2926, 2961.

[54] Rashedi E, Pour H N, Saryazdi S. GSA: A gravitational search algorithm[J]. Information Sciences, 2009, 179 (13): 2232 – 2248.

[55] Xie L, Zeng J, Formato R A. Convergence analysis and performance of the extended artificial physics optimization algorithm[J]. Applied Mathematics and Computation, 2011, 218 (8): 4000 – 4011.

[56] Irizarry R. Hybrid dynamic optimization using artificial chemical process: Extended LARES–PR[J]. Industrial and Engineering Chemistry Research, 2006, 45 (25): 8400 – 8412.

[57] Cui Z, Cai X. Optimal coverage configuration with social emotional optimisation algorithm in wireless sensor networks[J]. International Journal of Wireless and Mobile Computing, 2011, 5 (1): 43 – 47.

[58] Li X, Cui Z, Shi Z. Newman and watts small world social emotional optimization algorithm with WSN[J]. Sensor Letters, 2012, 10 (8): 1676 – 1681.

[59] Wu J, Cui Z, Liu J. Social emotional optimization algorithm based on quadratic interpolation method[J]. Journal of Computer Applications, 2011, 31 (9): 2522 – 2525, 2533.

[60] Cai X, Liu D, Wang L, et al. Using social emotional optimization algorithm to solve toy model of protein folding[J]. Journal of Computational and Theoretical Nanoscience, 2013, 10 (6): 1545 – 1549.

[61] Cui Z, Fan S, Shi Z. Social emotional optimization algorithm with gaussian distribution for optimal coverage problem[J]. Sensor Letters, 2013, 11 (2): 259 – 263.

[62] Xu Q, Wang L. Recent advances in the artificial endocrine system[J]. Journal of Zhejiang University Science C: Computers and Electronics, 2011, 12 (3): 171 – 183.

[63] Tan K C, Goh C K, Mamun A A, et al. An evolutionary artificial immune system for Multi–Objective Optimization[J]. European Journal of Operational Research, 2008, 187 (2): 371 – 392.

[64] Yao X, Chen G L, Xu H M. A survey of evolutionary algorithms[J]. Journal of Computers, 1995, 18（9）: 694 – 706.

[65] Bonabeau E, Dorigo M, Theraulaz G. Swarm intelligence: From natural to artificial systems[J]. Journal of Artificial Societies and Social Simulation, 1999, 4: 320.

[66] 彭喜元，彭宇，戴毓丰. 群智能理论及应用[J]. 电子学报，2003，31（12）: 1982 – 1988.

[67] Daniel M, Martin M. Swarm intelligence[M]. Search Methodologies: Introductory Tutorials in Optimization and Decision Support Techniques. Boston: Springer US, 2005.

[68] Kennedy, James. Swarm intelligence[M]. Handbook of Nature-Inspired and Innovative Computing: Integrating Classical Models with Emerging Technologies. Boston: Springer US, 2006: 187 – 219.

[69] Yang X S, Cui Z, Xiao R, et al. Swarm intelligence and bio-inspired computation: Theory and applications[M]. Oxford: Elsevier, 2013.

[70] Millonas M M. Swarms, phase transitions and collective intelligence[J], 1992: 417 – 447.

[71] Cui Z, Zhang Y. Swarm intelligence in bioinformatics: Methods and implementations for discovering patterns of multiple sequences[J]. Journal of Nanoscience and Nanotechnology, 2014, 14（2）: 1746 – 1757.

[72] Kennedy J. Review of engelbrecht's fundamentals of computational swarm intelligence[J].Genetic Programming and Evolvable Machines, 2007, 8（1）: 107 – 109.

[73] Smith A E. Swarm intelligence: from natural to artificial systems [Book Reviews][J]. IEEE Transactions on Evolutionary Computation, 2000, 4（2）: 192 – 193.

[74] Fenton M B, Portforrs C V, Rautenbach I L. Compromises sound freequencies used in echolocation by aerial-feeding bats[J]. Zool, 1998, 76: 1174 – 1182.

[75] 李枝勇，马良，张惠珍. 蝙蝠算法收敛性分析[J]. 数学的实践与认识，2013，43（12）: 182 – 190.

[76] Wang G G, Guo L H. A novel hybrid bat algorithm with harmony search for global

numerical optimization[J]. Journal of Applied Mathematics, 2013, 3: 233 - 256.

[77] Fister I, Fong S, Brest J. A novel hybrid self-adaptive bat algorithm[J]. The Scientific World Jounal, 2014: 1 - 12.

[78] Chandrasekhar Y, Sydulu M, Sailaja K M. A multi-objective shuffled bat algorithm for optimal placement and sizing of multi distributed generations with different load model-s[J].Electrical Power and Energy Systems, 2016, 79 (7): 120 - 131.

[79] Sakkayaphop P. A hybrid bat algorithm with natural-inspired algorithms for continuous optimization problem[J]. Artif Life Robotics, 2016, 21 (1): 112 - 119.

[80] Yildizdan G, Baykan K. A novel modified bat algorithm hybridizing by differential evolution algorithm[J/OL]. Expert Systems with Applications, 2020, 141: 112949.

[81] Liu C P, Ye C M. Bat algorithm with chaotic search strategy and analysis of its property[J]. Journal of System Simulation, 2013, 25 (6): 1183 - 1188.

[82] Jordehi A R. Chaotic bat swarm optimization (CBSO) [J].Applied Soft Computing, 2015, 26 (6): 523 - 530.

[83] Chen Z, Zhou Y Q, Lu M D. A simplified adaptive bat algorithm based on frequency[J]. Journal of Computational Information System, 2013, 9 (16): 6451 - 6458.

[84] Cai X J, Gao X Z, Xue Y. Improved bat algorithm with optimal forage strategy and random disturbance strategy[J]. International Journal of Bio-Inspired Computation, 2016, 8 (4): 205 - 214.

[85] Bahmani B, Azizipanah R. Optimal sizing of battery energy storage for microgrid operation management using a new improved bat algorithm[J]. Electrical Power and Energy Systems, 2014, 56: 42 - 45.

[86] Gan C, Cao W H, Wu M. A new bat algorithm based on iterative local search and stochastic inertia weight[J]. Expert Systems with Applications, 2018, 104: 202 - 212.

[87] Cui Z, Li F, Zhang W. Bat algorithm with principal component analysis[J]. International Journal of Machine Learning and Cybernetics, 2019, 10 (3):603 – 622.

[88] Meng X B, Gao X Z, Liu Y. A novel bat algorithm with habitat selection and Doppler effect in echoes for optimization[J]. Expert Systems with Applications, 2015, 42 (17): 6350 – 6364.

[89] Chakri A, Khelif R, Benouaret M. New directional bat algorithm for continuous optimization problems[J]. Expert Systems with Applications, 2017, 69: 159 – 175.

[90] Xie J, Zhou Y Q, Chen H. A bat algorithm based on Lévy flights trajectory[J]. Pattern Recognition and Artificial Intelligence, 2013, 26 (9): 829 – 837.

[91] Deotti L M P, Pereira J L R, Júnior I C S. Parameter extraction of photovoltaic models using an enhanced Lévy flight bat algorithm[J/OL]. Energy Conversion and Management, 2020, 221: 113114.

[92] Huang X W, Zeng X W, Han R. Dynamic inertia weight binary bat algorithm with neighborhood search[J]. Computational Intelligence and Neuroscience, 2017, 8: 1 – 15.

[93] Lu Y, Lu T H. Bi–population based discrete bat algorithm for the low–carbon job shop scheduling problem[J]. IEEE Access, 2019, 7: 14513 – 14522.

[94] Sun J, Xu W, Feng B. A global search strategy of quantum–behaved particle swarm optimization[C]// Proceedings of IEEE Conference on Cybernetics and Intelligent Systems. Piscataway: IEEE Press, 2004.: Vol 1. 2004: 111 – 116 vol.1.

[95] Li Z Y, Ma L, Zhang H Z. Aquantum–behaved bat algorithm for integer programming[J]. Computer Engineering and Science, 2014, 36 (7): 1336 – 1340.

[96] Wang G G, Chu H C, Mirjalili S. Three–dimensional path planning for UCAV using an improved bat algorithm[J].Aerospace Science and Technology, 2016, 49: 231 – 238.

[97] Zhou X, Gao F, Fang X, et al. Improved bat algorithm for UAV path planning in

three-dimensional space[J]. IEEE Access, 2021, 9: 20100 – 20116.

[98] Selim Y, Ecir U K. A new modification approach on bat algorithm for solving optimization problems[J]. Applied Soft Computing, 2015, 28 (3): 259 – 275.

[99] Liu Q, Wu L, Xiao W S, et al. A novel hybrid bat algorithm for solving continuous optimization problems[J]. Applied Soft Computing, 2018, 73: 67 – 82.

[100] Gandomi A, Yang X S, Alavi A. Bat algorithm for constrained optimization tasks[J]. Neural Computing and Applications, 2013, 22 (6): 1239 – 1255.

[101] Zhu B, Liu W Z Z, Duan Q, et al. A novel quantum-behaved bat algorithm with mean best position directed for numerical optimization[J]. Computational Intelligence and Neuroscience, 2016.

[102] Li Y, Ma L. Bat-inspired algorithm: a novel approach for global optimization[J]. Computer Science, 2013, 40 (9): 225 – 229.

[103] Bora T C, Coelho L S, Lebensztajn L. Bat-inspired optimization approach for the brushless DC wheel motor problem[J]. IEEE Transactions on Magnetics, 2012, 48 (2): 947 – 950.

[104] Yang X S. Bat algorithm for multi-objective optimisation[J]. International Journal of Bio-Inspired Computation, 2012, 3 (5): 267 – 274.

[105] Thammarat C, Lurang K, Puangdownreong D, et al. Application of bat-inspired algorithm to optimal PIDA controller design for liquid-level system[C]. 2018 International Electrical Engineering Congress (iEECON). 2018: 1 – 4.

[106] Dao T K, Pan T S, Nguyen T T. Parallel bat algorithm for optimizing makes pan in job shop scheduling problems[J]. Journal of Intelligent Manufacturing, 2015, 29 (2): 451 – 462.

[107] Nguyen T T, Qiao Y, Pan J S, et al. A hybridized parallel bats algorithm for combinatorial problem of traveling salesman[J]. Journal of Intelligent and Fuzzy Systems, 2020, 38 (5): 5811 – 5820.

[108] Chen X H, Zhang B K, Gao D. An improved bat algorithm for job shop scheduling problem[C]// Proceedings of 2019 IEEE International Conference on Mechatronics and Automation. Piscataway: IEEE Press, 2019: 439 – 443.

[109] Limota U, Mujuni E, Mushi A. Solving the university course timetabling problem using bat inspired algorithm[J]. Tanzania Journal of Science, 2021, 47(2): 674 – 685.

[110] Mahdi F P, Vasant P, Abdullah-Al-Wadud M, et al. Quantum-behaved bat algorithm for many-objective combined economic emission dispatch problem using cubic criterion function[J]. Neural Computing and Applications, 2019, 31: 5857 – 5869.

[111] Vasant P, Mahdi F P, Marmolejo-Saucedo J A, et al. Quantum-behaved bat algorithm for solving the economic load dispatch problem considering a valve-point effect[J]. International Journal of Applied Metaheuristic Computing, 2020, 11(3): 41 – 57.

[112] Cheruku R, Edla D R, Kuppili V. RST-BatMiner: a fuzzy rule miner integrating rough set feature selection and bat optimization for detection of diabetes disease[J]. Applied Soft Computing, 2018, 67: 764 – 780.

[113] Zhu L F, Wang J S, Wang H Y, et al. Data clustering method based on improved bat algorithm with six convergence factors and local search operators[J]. IEEE Access, 2020, 8: 80536 – 80560.

[114] Ashish T, Kapil S, Manju B. Parallel bat algorithm-based clustering using mapreduce[C]// Proceeding of Networking communication and data knowledge engineering. [s.l.:s.n.], 2018.

[115] Nakamura R Y M, Pereira L A M, Costa K A, et al. BBA: A binary bat algorithm for feature selection[C]// Proceedings of 2012 25th SIBGRAPI Conference on Graphics, Patterns and Images. 2012: 291 – 297.

[116] Satapathy S C, Raja N S M, Rajinikanth V, et al. Multi-level image thresholding using Otsu and chaotic bat algorithm[J]. Neural Computing and Applications, 2018, 29(12): 1285 – 1307.

[117] Gupta D, Arora J, Agrawal U. Optimized binarybat algorithm for classification of white blood cells[J]. Measurement, 2019, 143: 180 – 190.

[118] Goyal S, Patterh M S. Modified bat algorithm for localization of wireless sensor network[J].Wireless Personal Communications, 2016, 86(2): 657 – 670.

[119] Asadi M, Mazinani S M. Presenting a new clustering algorithm by combining intelligent bat and chaotic map algorithms to improve energy consumption in wireless sensor network[J]. Fundamental Research in Electrical Engineering, 2019, 480: 913 - 929.

[120] Ng C K, Wu C H, Ip W H, et al. A smart bat algorithm for wireless sensor network deployment in 3D environment[J].IEEE Communications Letters, 2018, 22 (10): 2120 - 2123.

[121] Cai X J, Sun Y Q, Cui Z H, et al.Optimal LEACH protocol with improved bat algorithm in wireless sensor networks[J]. KSII Transactions on Internet and Information Systems, 2019, 13 (5): 2469 - 2490.

[122] Hong W C, Li M W, Geng J. Novel chaotic bat algorithm for forecasting complex motion of floating platforms[J]. Applied Mathematical Modelling, 2019, 72: 425 - 443.

[123] Jaddi N S, Abdullah S, Hamdan A R. Optimization of neural network model using modified bat-inspired algorithm[J].Applied Soft Computing, 2015, 37: 1 - 30.

[124] Tien-Bui D, Hoang N D, Nguyen H, et al. Spatial prediction of shallow landslide using Batalgorithm optimized machine learning approach: A case study in Lang Son Province, Vietnam[J/OL].Advanced Engineering Informatics, 2019, 42: 100978.

[125] Li D Z, Peng J B, He D W. Aero-engine exhaust gas temperature prediction based on Light GBM optimized by improved bat algorithm[J]. Thermal Science, 2021, 25: 845 - 858.

[126] Rauf H T, Gao J C, Almadhor A, et al. Enhanced bat algorithm for COVID-19 short-term forecasting using optimized LSTM[J]. Soft Computing, 2021, 25: 12989 - 12999.

[127] Chen G G, Qian J, Zhang Z Z, et al. Multi-objective optimal power flow based on hybrid firefly-bat algorithm and constraints-prior object-fuzzy sorting strategy[J]. IEEE Access, 2019, 7: 139726 - 139745.

[128] Chen G G, Qian J, Zhang Z Z, et al. Multi-objective improved bat algorithm for optimizing fuel cost, emission and active power loss in power system[J]. IAENG

International Journal of Computer Science, 2019, 46（1）: 118 – 133.

[129] Liang H, Liu Y, Li F. A multiobjective hybrid bat algorithm for combined economic/emission dispatch[J]. International Journal of Electrical Power and Energy Systems, 2018, 101: 103 – 115.

[130] Khooban M H, Niknam T. A new intelligent online fuzzy tuning approach for multiarea load frequency control: self adaptive modified bat algorithm[J]. International Journal of Electrical Power and Energy Systems, 2015, 71: 254 – 261.

[131] Bekdas G, Nigdeli S M, Yang X S. A novel bat algorithm based optimum tuning of mass dampers for improving the seismic safety of structures[J]. Engineering Structures, 2018, 159: 89 – 98.

[132] Wu Z, Yu D. Application of improved bat algorithm for solar PV maximum power point tracking under partially shaded condition[J]. Applied Soft Computing, 2018, 62: 101 – 109.

[133] Liu Y, Jia Y M, Du J P, et al. Average–consensus problem in multiagent systems[C]//Proceedings of 2007 European Control Conference（ECC）. [s.l.:s. n.], 2007: 889 – 895.

[134] Li D Q, Wang X F. Agreement for networked multi–agent systems with noisy communications[C]. Proceedings of the 31st Chinese Control Conference. 2012: 5998 – 6003.

[135] 张波，张景肖 . 应用随机过程[M]. 北京：清华大学出版社，2005.

[136] Geetha C, Ramyachita D. Enhanced gaussian bat algorithm and doppler effect（EGBADE）and supervised HFNN approach for effective classification of Alzheimer's disease[J]. Int. J. Pure and Applied Maths, 2018, 119（10）:273 – 299.

[137] Ramli M R, Abas Z A, Desa M I, et al. Enhanced convergence of bat algorithm based on dimensional and inertia weight factor[J]. Journal of King Saud University–Computer and Information Sciences, 2019, 31（4）: 452 – 458.

[138] Li Y, Pei Y H, Liu J S. Bat optimal algorithm combined uniform mutation with Gaussian mutation[J]. Control and Decision, 2017, 32（10）: 1776 – 1781.

[139] Li Z Y, Ma L, Zhang H Z. A Quantum-behaved bat algorithm for integer programming[J]. Computer Engineering and Science, 2014, 36 (7): 1336 - 1340.

[140] Sun J, Fang W, Wu X J. Quantum-behaved particle swarm optimization: Theory and application[M]. Beijing: Tsinghua University Press, 2011.

[141] Solis F J, Wets R J B. Minimization by random search techniques[J]. Mathematics of Operations Research, 1981, 6 (1): 19 - 30.

[142] Lan R, Fan J L, Liu Y, et al. Image thresholding by maximizing the similarity degree based on intuitionistic fuzzy sets[C]//Proceedings of Quantitative Logic and Soft Computing 2016. Cham: Springer International Publishing, 2017: 631 - 640.

[143] Suresh S, Lal S. Multilevel thresholding based on Chaotic Darwinian Particle Swarm Optimization for segmentation of satellite images[J]. Applied Soft Computing, 2017, 55: 503 - 522.

[144] Otsu N. A Threshold selection method from gray-level histograms[J]. IEEE Transactions on Systems, Man, and Cybernetics, 1979, 9 (1): 62 - 66.

[145] Eckhorn R, Bauer R, Jordan W, et al. Coherent oscillations: A mechanism of feature linking in the visual cortex[J]. Biol. Cybern., 1988, 60 (2): 121 - 130.

[146] Eckhorn R, Reitboeck H J, Arndt M, et al. Feature linking via synchronization among distributed assemblies: Simulations of results from cat visual cortex[J]. Neural Computation, 1990, 2 (3): 293 - 307.

[147] 林德布拉德. 脉冲耦合神经网络图像处理[M]. 北京：高等教育出版社，2008.

[148] Subashini M M, Sahoo S K. Pulse coupled neural networks and its applications [J].Expert Systems with Applications, 2014, 41 (8): 3965 - 3974.

[149] Wang Z B, Sun X G, Zhang Y N, et al. Leaf recognition based on PCNN[J]. Neural Comput. Appl., 2016, 27 (4): 899 - 908.

[150] Helmy A K, El-Taweel G S. Image segmentation scheme based on SOM-PCNN in frequency domain[J]. Appl. Soft Comput., 2016, 40 (C): 405 - 415.